# 参数的 E-Bayes 估计法
# 理论及相关问题研究

季 梅 ⊙ 著

中国海洋大学出版社

·青岛·

**图书在版编目（CIP）数据**

参数的 E-Bayes 估计法理论及相关问题研究 / 季梅著
. -- 青岛：中国海洋大学出版社，2021. 6
　ISBN 978-7-5670-2108-2

　Ⅰ. ①参…　Ⅱ. ①季…　Ⅲ. ①贝叶斯估计—研究
Ⅳ. ① O211.67

中国版本图书馆 CIP 数据核字（2019）第 026830

**参数的 E-Bayes 估计法理论及相关问题研究**

| | | | |
|---|---|---|---|
| **出版发行** | 中国海洋大学出版社 | | |
| **社　　址** | 青岛市香港东路 23 号 | **邮政编码** | 266071 |
| **出 版 人** | 杨立敏 | | |
| **网　　址** | http://pub.ouc.edu.cn | | |
| **电子邮箱** | 2586345806@qq.com | | |
| **责任编辑** | 矫恒鹏　刘宗寅 | **电　　话** | 0532-85902349 |
| **印　　制** | 天津雅泽印刷有限公司 | | |
| **版　　次** | 2021 年 9 月第 1 版 | | |
| **印　　次** | 2021 年 9 月第 1 次印刷 | | |
| **成品尺寸** | 170mm×240mm | | |
| **印　　张** | 17.5 | | |
| **字　　数** | 275 千 | | |
| **印　　数** | 1-1000 | | |
| **定　　价** | 72.00 元 | | |
| **订购电话** | 0532-82032573 | | |

**如发现印装质量问题，请致电 022-29645110，由印刷厂负责调换。**

# 目　录

## 上篇 Bayes 统计推断基础

1

## 下篇 参数的 E–Bayes 估计法及其应用

# 上篇 Bayes 统计推断基础

# 第1章 绪 论

在国际数理统计学界中有两大学派——贝叶斯学派和经典学派（或频率学派），这两个学派之间长期存在争论，至今没有定论. 在 20 世纪，Lindley 教授预言 21 世纪将是贝叶斯统计的天下，Efron（埃弗龙）教授则认为出现这种局面的主观概率为 0.15. 事实上，这两个学派的争论构成了现代数理统计学发展的一个特色. 这两个学派的学者们都承认，这场争论对现代数理统计学的发展起到了积极的促进作用.

贝叶斯定理（或称贝叶斯公式），包含在英国学者贝叶斯（Thomas Bayes，1702—1761）于 1763 年（在他去世后两年）发表的论文 *An essay towards solving a problem in the doctrine of chances*（机遇理论中一个问题的解）中. 从形式上看，它不过是条件概率的一个简单推论，但它包含了归纳推理的一种思想. 以后被一些学者发展为一种系统的统计推断的理论和方法，称为**贝叶斯方法**（Bayesian method）. 采用这种方法进行统计推断所得的全部结果，构成**贝叶斯统计**（Bayesian statistics）的内容. 认为贝叶斯方法是唯一合理的统计推断方法的统计学者，组成**贝叶斯学派**. 在 20 世纪下半叶，也许统计学界发生的最值得人们关注的事件，莫过于贝叶斯学派的重新崛起. 目前，贝叶斯学派已发展成国际统计学界充满活力的学派，并对世界科学界产生了广泛的影响.

美国 *Technology Review*（技术评论）杂志（创刊于 1899 年），根据 2003 年的调查刊发的调查报告显示，"全球九大开拓性新兴科技领域"中的第 4 项为"**贝叶斯统计技术**"（其他为：合成生物学、通用翻译、纳米导线、T 射线、核糖核酸干扰分子疗法、大电网的控制、微射流光纤、个人基因组学）. 调查报告指出：应用贝叶斯统计学不仅能解决诸如基因如何起作用等问题，还可揭示长期存在的计算学上的难题，以及按照对真实世界不完整了解来做出预测. 统计学，特别是贝叶斯统计对于当今科技发展的重要作用由此可见一斑. 我国也有相关报道，见《科技日报》，2004 年 2 月 12 日；央视国际——科技频道，2004 年 2 月 13 日.

以下是美国 *Technology Review* 杂志对"贝叶斯统计技术"的部分评价：

（1）科学家们认为，贝叶斯机器学习将是下一波软件开发工具.

（2）它可能在外语翻译、微型芯片制造和药物发现等领域里发生巨大进步.

（3）英特尔、微软、IBM、Google 等大公司都已挤入这一新领域的研发. 英特尔公司基于贝叶斯统计技术已开发一种程序，可解释半导体晶片质量测试数据. Google 公司已用贝叶斯统计技术，寻找互联网上大量相互关联的数据的关系. 实际上，采用贝叶斯技术的软件已进入市场，2003 年版微软 Outlook 就包括贝叶斯办公室助手软件.

把统计学的一个分支——贝叶斯统计作为"全球九大开拓性新兴科技领域"之一，这充分说明了统计学（特别是贝叶斯统计）对于未来科技发展的重要作用. 这也应该引起我国有关部门、相关人士的高度重视. 我国的一些学者也在关注这一动向，见韦博成（2011），刘乐平等（2013），韩明（2014）等.

在 19 世纪，由于贝叶斯方法在理论和实际应用中存在不完善之处，并未得到普遍认可. 但在 20 世纪，随着统计学广泛应用于自然科学、经济研究、心理学、市场研究等领域，人们愈发认识到了贝叶斯方法的合理部分，贝叶斯统计的研究与应用逐渐受到国际统计学界的关注.

事实上，贝叶斯的思想，经过其支持者的发展并因其在应用上的良好表现，如今已成长为数理统计学中的两个主要学派之一——贝叶斯学派，占据了数理统计学这块领地的半壁江山（陈希孺，2002）.

为了纪念统计学史上的伟人——贝叶斯，著名的国际统计学术期刊 *Statistical Science* 在 2004 年出版了纪念贝叶斯诞辰 300 周年的专刊（19 卷第 1 期）. 整本期刊围绕贝叶斯统计的历史与现状，世界著名的贝叶斯统计学者们从各种不同的角度讨论了贝叶斯统计的思想和贡献等.

1763 年 12 月 23 日，由理查德·普莱斯（Richard Price）在伦敦皇家学会会议上宣读了贝叶斯的遗世之作——*An essay towards solving a problem in the doctrine of chances*（后来此文发表于 1764 年伦敦皇家学会的刊物 *Philosophical Transactions*），提出了一种归纳推理的理论，从此贝叶斯定理诞生于世，后来的许多研究者在此基础上不断完善，最终发展为一种系统的统计推断方法——贝叶斯方法.

为纪念贝叶斯定理发表 250 周年这个对统计学具有重要意义的日子，以国际贝叶斯分析学会(International Society for Bayesian Analysis，ISBA)为代表的国际组织举行了贯穿于 2013 年全年的全球性系列纪念活动，详见其网站(http：//bayesian. org/). 该网站的首页(当时)就有醒目的标题：2013 International Year of Statistics Celebrating 250 Years of Bayes Theorem!

2013 年 1 月 14 日，国际贝叶斯分析学会(ISBA)组织的"纪念贝叶斯定理发现 250 周年"活动在中国拉开序幕——贝叶斯模型选择国际研讨会(International Workshop on Bayes Model Selection)在上海举行. 美国科学院院士、Duke 大学 Berger 教授介绍了其所领衔的美国近 20、30 个在自然科学和社会科学领域中应用贝叶斯模型的项目后表示，2013 年是贝叶斯定理发表 250 周年，由于通过计算机程序加快了运算速度，运用贝叶斯模型综合分析能力，可以将错综复杂的问题处理得更为简易. 同时，贝叶斯理论容易学习和掌握，为此，贝叶斯模型已成为各国自然科学和社会科学领域内处理复杂问题的重要方式，相信在中国也将被广泛应用.

相关的系列活动还包括：贝叶斯青年统计学家会议于 2013 年 6 月 5 日在意大利米兰举行；第九届贝叶斯非参数研讨会于 2013 年 6 月 10 日在阿姆斯特丹举行；由 Duke 大学、美国国家统计科学研究院(NISS)和统计与应用数学研究所(SAMSI)共同主办的 2013 年目标贝叶斯(O-Bayes)会议于 2013 年 12 月 15 日在美国举行；由美国国家统计科学研究院和统计与应用数学研究所共同主办的贝叶斯方法在经济、金融和商业领域的应用及相关教学研讨会于 2013 年 12 月 15 日在美国召开；基于贝叶斯理论的 MCMC 方法和应用会议于 2014 年 1 月 6 日至 8 日在法国夏蒙尼勃朗峰(Chamonix Mont-Blanc)举行. 此外，ISBA 还在印度瓦拉纳西(Varanasi)、南非罗得岛大学和加拿大蒙特利尔举行了 3 场地区纪念性学术会议.

为纪念贝叶斯定理发表250周年，著名统计学家、美国斯坦福大学的Efron教授(曾担任美国统计学会主席)于2013年6月在 *Science* 上还发表了论文 *Bayes' Theorem in the 21st Century*.

为了纪念贝叶斯定理发表250周年，"首届中国贝叶斯统计学术论坛"于2013年12月21日在天津财经大学成功召开(http://cos. name/2013/12/to-commemorate-the-250th-anniversary-of-bayes-theorem/).

2013年12月23日，是理查德·普莱斯在伦敦皇家学会会议上宣读贝叶斯著名论文的250周年纪念日，世界范围的纪念活动也在2013年12月达到高潮.

关于贝叶斯学派的观点、贝叶斯学派和经典学派之间的争论、贝叶斯统计及其在一些领域中的应用等，部分具有代表性的文献见：Lindley(1965)，Zellner (1971)，Lindley 和 Smith(1972)，Box 和 Tiao(1973)，Box(1980)，Martz 和 Waller(1982)，Berger(1985)，Zellner(1985)，铃木雪夫，国友直人(1989)，Press(1989)，言茂松(1989)，成平(1990)，陈希孺(1990)，Herzog(1990)，周源泉，翁朝曦(1990)，Lavine(1991)，林叔荣(1991)，Singpurwalla(1991)，张尧庭，陈汉峰(1991)，张金槐，唐雪梅(1993)，Zellner(1997)，茆诗松(1999)，Berger(2000)，Kotz，吴喜之(2000)，Dey et al.（2000)，陈希孺(2002)，Banerjee et al.（2003)，Koop(2003)，Bayarri 和 Berger(2004)，Jensen et al. (2004)，Andrieu 和 Robert(2004)，Lancaster(2004)，蔡洪，张士峰，张金槐(2004)，Geweke(2005)，Colosimo 和 Castillo(2006)，朱慧明，韩玉启(2006)，张连文，郭海鹏(2006)，Clark(2007)，Gill(2007)，张金槐，刘琦，冯静(2007)，Carlin 和 Louis(2008)，Lawson(2008)，Hamada et al.（2008)，Albert(2009)，Ntzoufras(2009)，King et al.（2009)，朱慧明，林静(2009)，Ando(2010)，Dey et al.（2010)，韩明(2010)，Broemeling(2011)，明志茂 等(2011)，Kruschke(2011)，Yau et al.（2011)，Baio(2012)，Lunn et al. (2012)，Efron(2013)，韦来生(2013)，Chen et al.（2014)，韦程东(2015)，Downey(2015)，韩明(2015)，郝立亚，朱慧明(2015)，Rosner 和 Laud(2015)，刘金山，夏强(2016)等.

现代贝叶斯学者们定期组织学术会议. 瓦伦西亚往事——著名的国际贝叶斯统计会议的历史回顾，见王宏炜(2008a). 现代贝叶斯学者们不仅精力充沛、乐观向上，而且多才多艺．几乎在每次学术会议的结束宴会后，他们都要登台表演自己的节目，其中包括杂耍、魔术、幽默搞笑剧，并演唱他们自己作词、套用名曲的有关贝叶斯的歌曲．关于 The Bayesian Singalong Book，见 http：//www. biostat. umn. edu/~brad/cabaret. html.

International Society for Bayesian Analysis（ISBA）成立于 1992 年，并于 2004 年在美国创办了杂志 *Bayesian Analysis*. 关于三个重要国际贝叶斯组织——SBIES、ASA‐SBSS、ISBA 简介，见王宏炜（2008b）．关于贝叶斯的介绍、纪念等，见 Robert 和 Casella(2004)，Bellhouse(2004)等．关于贝叶斯身世之谜，见刘乐平等（2013）．关于贝叶斯小传，见孙建州（2011）.

贝叶斯思想是如此的令人着迷，以至于一旦深入其中就难以自拔．陈希孺院士在《数理统计学简史》(陈希孺，2002)中讲述了这样一段故事：美国有一位统计学家 Berger 写了一本《统计决策理论》的书．在序言中他说，在开始写作时，他原是打算对各派取不抱偏见的态度，但随着写作的进展，他成了一个"狂热的贝叶斯派"．理由是他逐渐认识到，只有从贝叶斯观点去看问题，才能最终显示其意义．

# 1.1　经典统计与贝叶斯统计的比较

经典统计是指 20 世纪初，由 Pearson 等人开始，经 Fisher 的发展，到Neyman完成理论的一系列成果．在目前国内外已出版的统计教材中，经典统计的理论和方法占有绝大部分．实践证明，经典统计的理论和方法是很有意义的，它指导人们在许多领域中做出了重要贡献．然而这并不意味着它对任何问题都是适用的，更不能理解为它是独一无二的统计理论和方法．

詹姆斯·伯努利(James Bernoulli)意识到在可用于机会游戏的演绎逻辑和每日生活中的归纳逻辑之间的区别，他提出一个著名的问题：前者的机理如何能帮助处理后面的推断．托马斯·贝叶斯对这个问题产生浓厚的兴趣，并且对这个问题进行认真的研究，他写了一篇文章来回答这个问题，提出了后来以他的名字命名的定理——贝叶斯定理．

1812 年，Laplace 在他的概率论教科书第一版中首次将贝叶斯思想以贝叶斯定理的现代形式展示给世人. Laplace 本人不仅重新发现了贝叶斯定理，阐述得远比贝叶斯更为清晰，而且还用它来解决天体力学、医学统计、甚至法学问题（Kotz，吴喜之，2000）.

目前被承认的现代贝叶斯统计，应归功于 Jeffreys(1939)，Wald(1950)，Savage(1954)，Raiffa 和 Schlaifer(1961)，De Finetti(1974，1975)等.

值得一提的是，詹姆斯·普莱斯(James Press，1989)的 *Bayes Statistics：Principles，Models，and Applications*(中译本，中国统计出版社，1992)中除了对贝叶斯学派观点和在当时的应用实例作了充分介绍外，另一个显著特点是全文刊录了贝叶斯的论文原作，并对贝叶斯的生平作了详细的介绍. 了解一下贝叶斯的生平，读一读他的原著，有助于我们亲身去体会贝叶斯的思想和方法.

尽管贝叶斯统计可以导出一些有意义的结果，但它在理论上和实际应用中也出现了各种问题，因而它在 19 世纪并未被大众普遍接受. 20 世纪初，De Finetti，稍后一些 Jeffreys 都对贝叶斯统计理论作出了重要贡献. 第二次世界大战后，Wald 提出了统计决策理论，在该理论中贝叶斯解占有重要地位. 信息论的发展也对贝叶斯统计作出了贡献，更重要的是在一些实际应用的领域中，尤其是在自然科学、社会科学以及商业活动中，贝叶斯统计取得了成功. 1958 年，英国历史最悠久的统计杂志 Biometrika 全文重新刊登了贝叶斯的论文. 1955 年，Robbins 提出了经验贝叶斯方法，把贝叶斯方法和经典方法相结合，引起了统计界的注意，Neyman 曾赞许它为统计界中的一个突破.

什么是贝叶斯统计？茆诗松，王静龙，濮晓龙(1998)的解释非常简单明了："贝叶斯推断的基本方法是将关于未知参数的先验信息与样本信息综合，再根据贝叶斯定理，得出后验信息，然后根据后验信息去推断未知参数".

王梓坤院士在林叔荣(1991)的书《实用统计决策与 Bayes 分析》的序中指出，经典学派认为，母体分布中的参数 $\theta$ 是常数，不是变数，尽管人们暂时还不知道它的值，但可以利用样本来对它进行估计. 而贝叶斯学派则把 $\theta$ 看成随机变量，至于对 $\theta$ 的分布，则可视 $\theta$ 的情况而假定它有某一先验分布；然后利用先验分布和样本来对母体进行统计推断.

贝叶斯学派与经典学派之间的差异是明显的. 首先，两个学派的核心差别是对于概率的不同定义. 经典学派认为概率可以用频率来进行解释，估计和假设检验可以通过重复抽样来加以实现. 而贝叶斯学派认为概率是一种信念. 结合这种信念加以假设检验(先验机会比),当数据出现以后就产生后验机会比. 这种方法结合了先验和样本信息辅助假设检验. 其次,两者使用的信息不同. 经典学派使用了总体信息和样本信息,总体信息即总体分布或总体所属分布族的信息,样本信息即抽取样本(数据)提供给我们的信息. 贝叶斯学派除利用上述两种信息外,还利用了一种先验信息,即总体分布中未知参数的分布信息. 两者在使用样本信息上也有差异,经典统计对某个参数的估计说是无偏的,其实是利用了所有可能的样本信息,经典学派只关心出现了的样本信息. 而贝叶斯学派将未知参数看作是一个随机变量,用分布来刻划,即抽样之前就有有关参数问题的一些信息,先验信息主要来自经验和历史资料. 而经典统计把样本看成是来自具有一定概率分布的总体,所研究的对象是总体,而不局限于数据本身,将未知参数看作常量.

由于频率学派与贝叶斯学派在基本观点上存在根本性的差异,因此,它们之间的争论和对对方的批判是不可避免的. 从理论的高度来看,我们必须注意这样一个基本点:统计推断是在不掌握完全信息条件下的推断,也就是说,所掌握的信息还不足以决定问题的唯一解,这就提供了建立多种理论体系和方法的可能. 事实上,两个学派都有其成功和不足的地方,都有广阔的发展前景,在实用上是相辅相成的.

Kotz,吴喜之(2000)从概率的定义、推断根据、推断过程、研究的主要问题、估计的方法以及估计方法评估准则等方面,用清晰的表格,将贝叶斯统计方法与经典统计方法进行了比较.

著名的贝叶斯统计学家 Lindley 教授为《现代贝叶斯统计学》(Kotz,吴喜之,2000)专门写了第一章——贝叶斯立场. 最近,在 International Society for Bayesian Analysis网站(http：//bayesian.org/)上看到一条不幸的消息：Dennis V. Lindley 于 2013 年 12 月 14 日逝世.

## 1.1.1　经典统计的缺陷

成平(1990)指出：经典统计的最大缺陷是,在作统计推断和结论时着眼于当前数据,忽视历史经验,人们已有的认识和知识,人们主观的能动性. 我们看经典统计推断的模式：首先假定研究对象（特征）的观察值的分布属于某种类型的分布族（总体分布），然后选择一个被认为是好的统计方法作估计，假设检验、预报，作统计推断的依据只有观察数据和模型假定，人的主观能动作用只是局限于对模型和统计方法的选择，人们的历史经验及认识是不大起作用的. 提高统计推断的精度，主要靠数据多少决定，这对于特小样本，往往发生很大困难甚至无能为力. 例如在导弹等尖端武器的可靠性评定中，有相同条件下全弹试验数据难以超过 10 个，有时甚至只有两三个，就必须作出决策.

## 1.1.2　对经典学派的批评

对经典学派的批评主要有两点：一个是对一些问题的提法不妥，另一个是统计方法好坏的标准不妥. 首先以正态分布的参数估计为例. 设 $X_1$，$X_2$，$\cdots$，$X_n$ 是来自正态分布 $N(\mu, \sigma^2)$ 的样本，如果方差 $\sigma^2$ 为已知，则可求出参数 $\mu$ 的置信区间. 它的推理过程是这样的：

对于来自 $N(\mu, \sigma^2)$ 的样本 $X_1$，$X_2$，$\cdots$，$X_n$，取样本均值 $\overline{X} = \dfrac{1}{n} \sum\limits_{i=1}^{n} X_i$，于是 $\overline{X} \sim N(\mu, \sigma^2/n)$，则 $\dfrac{\overline{X}-\mu}{\sigma/\sqrt{n}} \sim N(0, 1)$，设 $z_{\frac{\alpha}{2}}$ 为标准正态分布的上侧 $\dfrac{\alpha}{2}$ 分位数，则有

$$P\left\{ \left| \frac{\overline{X}-\mu}{\sigma/\sqrt{n}} \right| < z_{\frac{\alpha}{2}} \right\} = 1-\alpha,$$

$$P\left\{ \overline{X} - \frac{\sigma}{\sqrt{n}} z_{\frac{\alpha}{2}} < \mu < \overline{X} + \frac{\sigma}{\sqrt{n}} z_{\frac{\alpha}{2}} \right\} = 1-\alpha.$$

于是得到了 $\mu$ 的置信水平为 $1-\alpha$ 的置信区间为

$$\left( \overline{X} - \frac{\sigma}{\sqrt{n}} z_{\frac{\alpha}{2}}, \ \overline{X} + \frac{\sigma}{\sqrt{n}} z_{\frac{\alpha}{2}} \right). \tag{1.1.1}$$

问题在于如何理解置信区间(1.1.1)，$\mu$ 是一个客观存在的量，经典统计的观点是参数 $\mu$ 不能看作随机变量，因而置信区间(1.1.1)不能理解为 $\mu \in \left( \overline{X} - \frac{\sigma}{\sqrt{n}} z_{\frac{\alpha}{2}}, \ \overline{X} + \frac{\sigma}{\sqrt{n}} z_{\frac{\alpha}{2}} \right)$ 的概率是 $1-\alpha$. 置信区间(1.1.1)按照经典学派的解释是：

重复使用很多次，区间$\left(\overline{X}-\dfrac{\sigma}{\sqrt{n}}z_{\frac{\alpha}{2}},\ \overline{X}+\dfrac{\sigma}{\sqrt{n}}z_{\frac{\alpha}{2}}\right)$能盖住真实参数$\mu$的频率是$1-\alpha$.

从标准正态总体$N(0，1)$生成容量为 200 的随机样本，由此得到均值($\mu=0$)的置信水平为 0.95 的置信区间，并且重复 100 次，得到 100 个置信区间，如图 1-1 所示.

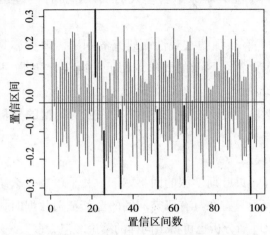

图 1-1　均值($\mu=0$)的置信水平为 0.95 的置信区间(100 个)

由图 1-1 可以看到，在 100 个区间中包含均值($\mu=0$)的有 94 个，不包含均值($\mu=0$)的有 6 个. 这就是经典统计中对置信水平为 0.95 的置信区间的解释.

然而人们关心的恰好是参数$\mu$在什么范围内的概率有多大？或者说，能有多大的把握判断参数$\mu$在某一个区间内？因此经典统计中区间估计问题的提法与解释是不能令人满意的.

而贝叶斯统计恰好不发生上述困难，因为它把参数看成随机变量，它本身就有分布. 事实上，从贝叶斯假设直接可以导出与置信区间(1.1.1)完全相同的结果(见后面的例 3.2.1). 但此时由于$\mu$是随机变量，因此按照贝叶斯统计的观点(1.1.1)就是$\mu\in\left(\overline{X}-\dfrac{\sigma}{\sqrt{n}}z_{\frac{\alpha}{2}},\ \overline{X}+\dfrac{\sigma}{\sqrt{n}}z_{\frac{\alpha}{2}}\right)$的概率是$1-\alpha$.

在经典统计中，无论是点估计，还是区间估计，或者是假设检验中犯两类错误的概率，都是重复使用很多次，或长期使用情况下评判好坏标准. 以无偏估计为例，设$\hat{\theta}$是$\theta$的无偏估计，这一性质保证了：当$\hat{\theta}$重复使用相当多次之后，它的平均值与理论上的真值没有系统偏差(即$E(\hat{\theta})=\theta$)，它是一种长期使用时"平均"地考察结果的优良性. 这说明好坏的标准不妥.

### 1.1.3 对贝叶斯方法的批评

贝叶斯方法受到了经典学派中一些人的批评，批评的理由主要集中在以下三点：

（1）贝叶斯方法具有很强的主观性而研究的问题需要更客观的工具．经典统计学是"客观的"，因此符合科学的要求．而贝叶斯统计学是"主观的"，因而（至多）只对个人决策有用．

（2）应用的局限性，特别是贝叶斯方法有许多封闭型的分析解法，不能广泛地使用．

（3）先验分布的误用．

对以上这些批评，贝叶斯学派的回答如下：几乎没有什么统计分析哪怕只是近似是"客观的"．因为只有在具有研究问题的全部覆盖数据时，才会得到明显的"客观性"，此时，贝叶斯分析也可得出同样的结论．但大多数统计研究都不会如此幸运，以模型作为特性的选择对结论会产生严重的影响．实际上，在许多研究问题中，模型的选择对答案所产生的影响比参数的先验选择所产生的影响要大得多．

Box(1980)说：不把纯属假设的东西看作先验，我相信，在逻辑上不可能把模型的假设与参数的先验分布区别开来．Good(1973)说的更直截了当：主观主义者直述他的判断，而客观主义者以假设来掩盖其判断，并以此享受着客观性的荣耀．

防止误用先验分布的最好方法就是给人们在先验信息方面以适当的教育．另外，在贝叶斯分析的最后报告中，应将先验（和数据、损失）分开来报告，以便使其他人对主观的输入做合理性的评价．两个"接近的"先验可能会产生很不相同的结果．没有办法使这个问题完全消失，但通过"稳健贝叶斯"方法和选择"稳健先验"可以减轻．

Kotz，吴喜之(2000)的观点：认为杰出的当代贝叶斯统计学家 A. O'Hagan (1977)的观点是最合适的：劝说某人不加思考地利用贝叶斯方法并不符合贝叶斯统计的初衷，进行贝叶斯分析要花更多的努力．如果存在只有贝叶斯计算方法才能处理的很强的先验信息或者更复杂的数据结构，这时收获很容易超过付出，由此能热情地推荐贝叶斯方法. 另一方面，如果有大量的数据和相对较弱的先验信息，而且一目了然的数据结构能导致已知合适的经典方法（即近似于弱先验信息时的贝叶斯分析），则没有理由去过分极度地敲贝叶斯的鼓（过分强调贝叶斯方法）.

如何在特定的问题中定出"适合的"先验分布？如果先验分布是一个纯主观随意性得东西，那么还有什么科学意义？确实，到现在为止贝叶斯统计未能提出一种放之四海皆准的确定先验分布的方法，且看来今后也难以做到这一点，因而这确实是贝叶斯统计的一个重大弱点. 但在承认这一点的同时也应当看到，贝叶斯学派提出的主观概率，并不等于说主张可以用主观随意的方式选取先验分布. 事实上，对怎样确定先验分布这个问题，贝叶斯学派作了不少探索，提出了一些有意义的见解.

## 1.1.4　贝叶斯统计存在的问题

贝叶斯统计存在两个主要问题：一是先验分布的确定，这是关于贝叶斯统计争论最多的问题；二是后验分布的计算，这里包括许多从表面上的公式所看不到的理论上的和计算上的问题. 除了一些比较容易的外，这些问题一直以各种方式影响着当代贝叶斯统计的研究发展方向（Kotz，吴喜之，2000）.

20、30 年前，人们经常听到的一句话是："贝叶斯分析在理论上确实很完美，但遗憾的是在实际应用过程中不能计算出结果". 令人高兴的是，现在情况已大有改进. 这种改进已经吸引了许多新人加入贝叶斯统计研究和应用的行列，而且还减少了关于贝叶斯方法可行性的"哲学"上的争论.

近些年来，一些学者提出了数值和解析近似的方法来解决参数的后验分布密度和后验分布各阶矩的计算问题. 然而这些方法的实现，需要依靠复杂的数值技术及相应的软件支撑. MCMC(Markov Chain Monte Carlo)方法的研究对推广贝叶斯统计推断理论和应用开辟了广阔的前景，使贝叶斯方法的研究与应用得到了再度复兴. 目前 MCMC 已经成为一种处理复杂统计问题特别流行的工具.

关于 MCMC 方法最重要的软件包是 BUGS 和 WinBUGS. BUGS 是对 Bayesian Inference Using Gibbs Sampling 只取首字母的缩写，最初由剑桥大学的生物统计研究所研制的. 它是一种通过贝叶斯分析利用 MCMC 方法解决复杂统计模型的软件. WinBUGS 是在 BUGS 基础上开发面向对象交互式的 Windows 版本，它可以在 Windows 95/98/NT/XP 等中使用，WinBUGS 提供了图形界面，允许通过鼠标的点击直接建立研究模型. 关于 WinBUGS 软件的介绍，见 Sturtz et al.（2005），孟海英，刘桂芬，罗天娥（2006），刘乐平，张美英，李姣娇（2007），Ntzoufras（2009），Woodward（2011），Lunn et al.（2012），韩明（2015）等. 关于 WinBUGS 在统计分析中的应用，见 Kruschke（2011），郝立亚，朱慧明（2015），刘金山，夏强（2016），http：//cos. name/tag/winbugs/等.

## 1.2　从一个例子来看经典统计与贝叶斯统计

作为统计学的两大学派，贝叶斯学派和频率学派理念有别，方法也各异. 撇开哲学层面的争论，以下从解决具体问题的角度入手，从一个例子来看经典统计与贝叶斯统计.

### 1.2.1　基于 R 语言的一个例子

在关于药物 D 的临床试验中，将背景相似，病情相似的 500 名患者分为治疗组（针对病情控制饮食，服用药物 D）和控制组（相同饮食，服用安慰剂）. 设饮食的控制可以使 10% 的病患恢复正常. 而由于某种未知的隐藏因素 F（比如基因），会影响药物 D 正常发挥作用. 设病患的 90% 为 FA，药物 D 是不起作用的；而 10% 的病患为 FB，其中 95% 可以通过药物 D 的治疗恢复正常（http：//site. douban. com/182577/widget/notes/10567181/note/278503359/）.

以下给出这个试验的 R 代码：

```
n<－500
diet<－0.1
effect<－c(0，0.95)
names(effect)<－c('FA'，'FB')
f. chance<－runif(n)
f<-ifelse(f. chance<0.9, 'FA', 'FB')
group<－runif(n)
```

```
group<-ifelse(group<0.5，'control'，'drug')
diet. chance<-runif(n)
drug. chance<-runif(n)
outcome<-((diet. chance<diet)|(drug. chance<effect[f]*(group=='drug')))
trail<-data. frame(group=group, F=f, treatment=outcome)
summary(trail)
```

运行结果为

| group | F | treatment |
|---|---|---|
| control：253 | FA：458 | Mode：logical |
| drug：247 | FB：42 | FALSE：435 |
| | | TRUE：65 |
| | | NA's：0 |

以上结果说明：控制组 253 人，治疗组 247 人，因素 FA 458 人，因素 FB 42 人，共治愈 65 人.

分别看一下控制组和治疗组的情况.

控制组：

```
>with(trail[group=='control',], table(F, treatment))
```

treatment

| F | FALSE | TRUE |
|---|---|---|
| FA | 216 | 16 |
| FB | 17 | 4 |

治疗组：

```
>with(trail[group=='drug',], table(F, treatment))
```

treatment

| F | FALSE | TRUE |
|---|---|---|
| FA | 202 | 24 |
| FB | 0 | 21 |

分组的治疗效果：

治疗组的治愈率为 18.22%，控制组的治愈率为 7.91%.

## 1.2.2 频率学派方法

频率学派方法——治疗组和控制组的疗效的差异是否显著.

对列联表的独立性进行检验,需检验的是:药物 D 的疗效和单纯的调节饮食有无显著的差异.

进行 $\chi^2$ 检验,其 R 代码如下:

＞chisq. test(treat. group)

　　　　Pearson's Chi-squared test with Yates' continuity correction

data： treat. group

X-squared＝10. 8601,df＝1, p-value＝0.0009826

以上结果说明:药物 D 的疗效和单纯的调节饮食有明显的差异.

## 1.2.3 贝叶斯学派方法

如果医生面对的是一位病人个体,那么这个病人服用药物 D 被治愈的概率适于使用贝叶斯学派的观点,而非使用由总体抽样得出的结果(频率学派).

按贝叶斯学派的观点,治愈率 $p$ 是一个随机变量.

贝叶斯定理:后验密度函数"正比于"先验密度函数与似然函数的乘积(注:关于贝叶斯定理及其意义,将在第 2 章中详细讨论). 即

$$Posterior(p|x)＝C \cdot Prior(p)f(x \mid p).$$

可以把某病人治愈的概率看作掷(非均匀的)硬币时出现正面的概率,即似然函数 $f(x \mid p)$ 看作二项分布 $B(n, p)$,此时 $p$ 的共轭先验分布为 Beta 分布 $Be(\alpha, \beta)$(即后验分布为 Beta 分布 $Be(\alpha+r, \beta+n-r)$,$r＝0, 1, \cdots, n$). 注:关于共轭先验分布,将在第 2 章中详细讨论.

在贝叶斯方法中,经常采用后验分布的均值或者众数(简称后验均值或者后验众数)作为 $p$ 的点估计(注:关于这一点,将在第 2 章中详细讨论).

现在假设已知控制饮食得到的治愈率为 10%,那么设先验分布的均值为 0.1(比如取 $\alpha＝0.1$,$\beta＝0.9$). 以下是画"先验分布 Be(0.1,0.9)的密度函数"的 R

代码：

```
library(ggplot2)
p<－ggplot(data. frame(x＝c(0, 1)), aes(x＝x))
p＋stat _ function(fun＝dbeta, args＝list(0.1, 0.9), colour＝'red')
```

运行结果如图 1－2 所示.

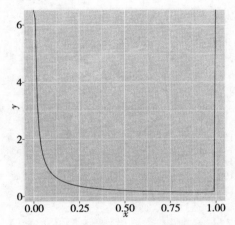

图 1－2　先验分布 Be(0.1, 0.9)的密度函数

下面是画"后验密度函数"的 R 代码：

```
betad. mean<－function(alpha, beta)
{alpha/(alpha＋beta)}
betad. mode<－function(alpha, beta)
{(alpha＋1)/(alpha＋beta－2)}
alpha<－0.1
beta<－0.9
false. control<－treat. group[1, 1]
true. control<－treat. group[1, 2]
false. drug<－treat. group[2, 1]
true. drug<－treat. group[2, 2]
alpha. control<－alpha＋true. control
beta. control<－beta＋false. control
alpha. drug<－alpha＋true. drug
```

beta. drug＜－beta＋false. drug

p＜－ggplot(data. frame(x＝c(0,.3)), aes(x＝x)

p＋stat _ function(fun＝dbeta, args＝list(alpha. drug, beta. drug), colour＝'red')＋

stat _ functionfun＝dbeta, args＝list(alpha. control, beta.control), colour＝'blue')＋

annotate″text″, x＝.03, y＝20, label＝″control″)＋

annotate(″text″, x＝.23, y＝15, label＝″drug″)

运行结果如图 1－3 所示.

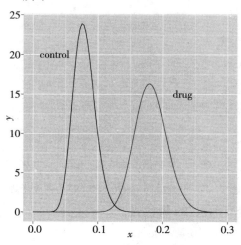

图 1－3　控制组和治疗组的后验密度函数

计算控制组的后验均值和众数($p$ 的后验估计)：

＞betad. mean(alpha. control，beta. control)

[1]0. 07913386

＞betad. mode(alpha. control，beta. control)

[1]0. 08373016

以上结果说明：控制组的后验均值和众数分别为 0.07913386 和 0.08373016.

计算治疗组的后验均值和众数($p$ 的后验估计)：

＞betad. mean(alpha. drug，beta. drug)

[1]0. 1818548

＞betad. mode(alpha. drug，beta. drug)

[1]0. 1873984

以上结果说明：治疗组的后验均值和众数分别为 0.1818548 和 0.1873984.

这些后验估计值就是在知道样本分布之后，对于先验信息治愈率 10% 的修正.

# 1.3 贝叶斯统计的兴起与发展

贝叶斯统计的起源，一般要追溯到贝叶斯的论文，该论文包含了初等概率统计教材中人所共知的贝叶斯公式（或贝叶斯定理），时隔几百多年后的现代贝叶斯学派，其基本思想和施行方法，仍然是这个公式. 如果把 1900 年作为近代数理统计学开始的一年，则到现在为止的 110 多年中，前半期——约到二战结束时 Cramer 的书（1946）问世为止，可以说基本上是经典学派一统天下. 但随着统计应用的扩大，贝叶斯统计受到欢迎，特别是决策性问题在统计应用中越来越多且重要，而对这种问题来说，先验知识的使用很重要以至不可缺少，而且与纯科学问题相比，在这种问题中主观概率的提法往往更为自然且反映决策者掌握信息的情况，因而易于接受.

从这种意义上说，贝叶斯统计与主观概率是不可分的，因此为了说明贝叶斯统计的发展过程，先来简要地介绍一下主观概率的发展过程. 20 世纪 50 年代 Lindley，Savage，Jeffeys 等统计学家大力提倡，几乎同时，在第四次 Berkley 会议上也在论述主观概率的观点. Jeffeys（1957）强调在统计决策时，不仅看数据，而且要根据人的主观认识. 以上贝叶斯学派的主要代表人物，对主观概率及贝叶斯学派观点的描述，大致上反映了贝叶斯学派的主要观点. 他们强调了主观的认识，主观的能动性，这正是贝叶斯学派的核心所在，有它合理的成分.

成平（1990）指出，作统计决策时要考虑两个方面，一是当前数据所提供的信息，二是历史上决策者对此类事物的认识和经验. 按照贝叶斯学派的观点，后者反映在先验分布的选择上. 这只是使用先验信息的一种方式，通常在人们对一个问题作出决定时，自觉不自觉地利用经验，定性分析后拍板，这个过程就是使用了先验信息. 但如何使用先验信息，各有各的处理方式，经验多的人，用得好一点，经验少的人，用得差一点，但尽量用先验信息，应当是一个原则. 人们日常生活中也常使用先验信息，如打电话时，如果是你的熟人，一拿起话筒，对方一说话就能判断出对方是谁，若是一位生人给你打电话，不报名字就很难判断对方是谁了．因为没有用先验信息，也就是说，有同样的当前信息，有无先验信息效果就显然不同．

随着统计学广泛应用于自然科学、经济学、医学、社会科学等领域，人们逐渐发现了贝叶斯方法的合理部分，终于到 20 世纪 60 年代，这一古老理论得到了复苏．史密斯教授在 1984 年就曾预言"到本世纪末，贝叶斯理论加上计算机的图示，将成为现代统计实践中最受欢迎的形式"．不论这一预言是否偏颇，但近些年来贝叶斯统计的发展确实很快．

现在不但在国内外杂志上经常看到贝叶斯统计方面的论文，并且在这方面已经出版了一些专著、教材等．Berger(2000)，对贝叶斯统计学今天的状况和明天的发展进行了综述．王佐仁，杨琳(2012)，综述了贝叶斯统计推断及其主要进展．朱喜安，陈巧玉(2012)，对我国贝叶斯统计研究进展情况进行了综述．韩明(1995，2014)，综述了贝叶斯统计的兴起、发展和应用情况．

## 1.4　贝叶斯统计的广泛应用

随着贝叶斯统计的兴起与发展，贝叶斯统计得到了广泛的应用．目前，贝叶斯统计理论在英美等西方国家已经成为当前两大统计学派之一，并在实践中获得了广泛应用．从国内外的文献资料来看，贝叶斯统计推断理论几乎可以作为每一个学科的研究工具之一，它既可以用于质量控制、软件质量评估、核电站可靠性评价和缓慢周转物品的存储问题，又可以应用于水文事件频率的估计、犯罪学不完全记数的估计以及保险精算；尤其是，近年来贝叶斯统计理论在宏观经济预测中取得了巨大的成功，从模型的稳定性和预测精度两个方面来看，贝叶斯预测模型优于非贝叶斯模型，因此贝叶斯方法获得越来越多专家学者的认同(朱慧明，2003)．

在近三十年以来，贝叶斯统计在理论上取得了一些进展，在实际问题中又获得了广泛的应用．美国 Duke 大学 Berger 教授的书 *Statistical Decision Theory* (1980)，*Statistical Decision Theory and Bayesian Analysis* (Second Edition，1985)在美国相继问世(第二版的中译本，中国统计出版社，1998)，把贝叶斯统计作了较完整的叙述．Berger 教授可以称得上是当代国际贝叶斯统计学领域研究的顶尖人物，他是 ISBA 的发起者，他在贝叶斯理论和应用方面的做了许多重要的研究工作. 他于 2000 年在 *Journal of the American Statistical Association* 上发表文章 *Bayesian Analysis：A Look at Today and Thoughts of Tomorrow*，对贝叶斯统计学今天的状况和明天的发展进行了综述. 我们仅以国际上关于贝叶斯统计分析的专著数量的增长为例，来看贝叶斯统计分析的发展情况. Berger (2000)指出：从 1769 年到 1969 年，200 年间大概有 15 本著作出版，从 1970 年到 1989 年 20 年间，贝叶斯统计学的书籍仅有 30 本，然而从 1990 年到 1999 年的最近 10 年中，贝叶斯分析的专著就有 60 本出版，这还不包括数十本关于贝叶斯会议的文集等. 著名的经典统计学家，美国科学院院士、加州大学 Berkley 分校的 Lehmann 教授，在 *Theory of Point Estimation*（第一版，1983；第二版，1998)的第二版中增加了贝叶斯统计推断方面的篇幅(该书的第二位作者是 George Casella，他是佛罗里达大学的终生教授，还是统计系的系主任. 中译本，中国统计出版社，2005). 1991 年和 1995 年，在美国连续出版了两本 *Case Studies in Bayesian Statistics*（Singpurwalla，1991，1995)，使贝叶斯统计在理论上和实际应用上以及在它们的结合上都取得了长足的发展.

在 20 世纪 90 年代，由于高维计算上的困难，贝叶斯方法的应用受到了很大的限制. 但随着计算机技术的发展和贝叶斯方法的改进，特别是 MCMC 方法的发展和 WinBUGS 软件的应用，原来复杂异常的数值计算问题如今变得非常简单，参数后验分布的模拟也趋于方便，所以现代贝叶斯理论和应用得到了迅速的发展(刘乐平，袁卫，2004). Lee(2007)，在 *Structural Equation Modeling：A Bayesian Approach*（中译本，高等教育出版社，2011)，全面地介绍了结构方程的各种推广，详细地阐述了分析模型的贝叶斯方法，包括如何实现 Gibbs 抽样、Metropolis-Hasting 算法、如何推导所需的条件分布等，应用案例采用 WinBUGS 软件实现. Clark(2007)*Models for Ecological Data：An Introduction；Statistical Computation for Environmental Sciences in R：Lab Manual for Models for Ecological Data*（中译本，科学出版社，2013)，该书涵盖方法引论与实验分析应用两部分，针对多个时空尺度，介绍了适合于生态学数据的统计推断方法和层次模型，涉及经典统计和贝叶斯统计的模型、算法和具体编程. 在应用操作部分，配合方法部分的各章内容介绍基于 R 的算法与编程实践. 还包括如何实现 Gibbs 抽样、Metropolis-Hasting 算法等. Kruschke

(2011)*Doing Bayesian Data Analysis：A Tutorial with R and BUGS*（英文影印版：贝叶斯统计方法——R 和 BUGS 软件数据分析示例，北京：机械工业出版社，2015），作者从统计和编程两方面入手，由浅入深地指导读者如何对实际数据进行贝叶斯分析. 全书分成三部分，第一部分为基础篇：关于参数、概率、贝叶斯法则及 R 软件，第二部分为二元比例推断的基本理论，第三部分为广义线性模型. 内容包括贝叶斯统计的基本理论、实验设计的有关知识、以层次模型和MCMC 为代表的复杂方法等. 针对不同的学习目标（如 R、BUGS 等）列出了相应的重点章节，整理出贝叶斯统计中某些与传统统计学可作类比的内容，方便读者快速学习.

Kotz，吴喜之（2000），给出了许多贝叶斯统计在实际中的应用，主要包括领域有：生物统计，临床试验，可靠性，质量控制，精算学，排队论，核电站，法庭，图像分析等.

由于贝叶斯统计的应用十分广泛，实在难以罗列，以下给出具有代表性的几个方面.

## 1.4.1　促进了统计科学自身的发展

目前，针对其他学派批评最多的"先验分布如何确定"，这个贝叶斯统计的难题，已初步研究出一些方法，概括起来有：

(1)无信息先验分布.

(2)共轭先验分布.

(3)用经验贝叶斯方法确定先验分布.

(4)用最大熵方法确定先验分布.

(5)用专家经验确定先验分布.

(6)用自助法（Bootsrap）和随机加权法确定先验分布.

(7)参照先验分布（reference prior）.

(8)概率匹配先验分布（probability matching prior）.

由于贝叶斯学派和其他学派相比较而存在，相争论而发展，促进了统计科学自身的发展.

### 1.4.2 在经济、金融和保险中的应用

美国经济学联合会将 2002 年度"杰出资深会员奖"（Distinguished Fellow Award）授予了芝加哥大学 Arnold Zellner 教授，以表彰他在"贝叶斯方法"方面对计量经济学所做出的杰出贡献．国外已经出版了贝叶斯统计在经济学的某一领域中应用的书，其中 Zellner 教授是贝叶斯学派在计量经济学方面应用的主要领导者．Zellner(1971)的书 *An Introduction to Bayesian Analysis in Econometrics* 的出版，在贝叶斯计量经济学的发展史上具有里程碑的意义．东京大学的铃木雪夫教授、国友直人教授是日本贝叶斯统计及其应用的领导者．

1985 年，Zellner 教授在 *Econometrica* 上发表论文 *Bayesian Econometrics*，近年来，Koop(2003)的 *Bayesian Econometrics*、Lancaster（2004）的 *An Introduction to Modern Bayesian Econometrics* 和 Geweke（2005）的 *Contemporary Bayesian Econometrics and Statistics* 等，加上大量出现在各种计量经济学重要期刊上的文献无疑已逐渐形成了现代计量经济学研究的一个重要方向——贝叶斯计量经济学（Bayesian Econometrics）．

1986 年，美国学者利特曼提出明尼苏达先验分布，解决了贝叶斯时间序列向量自回归(简称 BVAR)模型应用中的关键问题，自此以后 BVAR 模型在西方国家的经济预测中发挥了很大的作用．其中，影响比较大的模型主要有：用于预测英国经济的 BVAR 模型、用于电力消费与价格预测的综合 BVAR 模型、用于估计了美国 50 个州及哥伦比亚地区 4 类家庭平均收入的 BVAR 模型、用于预测爱尔兰通货膨胀的 BVAR 模型、用于预测日本经济 BVAR 预测模型，该模型包括居民消费价格指数等 8 个经济指标．

当代许多杰出的计量经济学家都应用贝叶斯计量经济学解决经济问题，Qin(1996)对贝叶斯计量经济学理论发展进行了回顾．Poirier(2006)对 1970－2000 年间几种重要的期刊在经济和计量经济学文章中使用的贝叶斯方法数量发展速度进行了回顾．关于贝叶斯统计在卫生经济学中的应用，见 Baio(2012)．

在国内，平新乔，蒋国荣(1994)结合我国的实际研究"三角债"的博弈理论分析时，把贝叶斯方法、博弈论、经济学的"均衡理论"结合起来，提出了"贝叶斯

博弈均衡理论". 刘乐平，袁卫（2002），综述了贝叶斯方法在精算学中的应用. 刘乐平，袁卫，张琅（2006），讨论了保险公司未决赔款准备金的稳健贝叶斯估计. 孙瑞博（2007）综述了计量经济学的贝叶斯统计方法. 李小胜，夏玉华（2007），综述了贝叶斯计量经济学分析的框架. 朱慧明，林静（2009）研究了贝叶斯计量经济学的几个重要专题，并深入地进行了讨论. 丁东洋，周丽莉，刘乐平（2013），对贝叶斯方法在信用风险度量中的应用研究进行了综述. 在韩明（2015）中，有一章介绍"贝叶斯统计在计量经济学和金融中的应用"，还有一章介绍"贝叶斯统计在保险、精算中的应用". 郝立亚，朱慧明（2015）研究了贝叶斯金融随机波动模型及应用.

## 1.4.3 在生物、医学、生态学中的应用

在以前，贝叶斯统计一直都被生物统计所忽略，Cornfield 在 1965 年发表的关于贝叶斯统计及其应用展望的文章使得生物统计学家开始认真对待贝叶斯统计思想. 由于 Lindley 在 1965 年关于贝叶斯统计的哲学意义的介绍和 Smith et al. 在 1985、1987 年的关于统计计算工具的重要贡献，使得实际工作者能够处理复杂统计问题. 随着统计计算的不断发展，特别是 MCMC 等方法的应用，使得贝叶斯统计越来越受到人们的欢迎.

贝叶斯定理的一个简单应用是在有疾病($D$)和没有疾病($D^C$)的条件下的暴露($E$)和没有暴露($E^C$)之间的优比(odds ratio)的概念(Kotz，吴喜之，2000)：

$$\frac{P(E \mid D^C)P(E^C \mid D^C)}{P(E^C \mid D)P(E \mid D^C)} = \frac{P(D \mid E)P(D^C \mid E^C)}{P(D^C \mid E)P(D \mid E^C)}$$

由此可以估计稀有疾病的相对风险. 现在的案例控制数据大都是从这个概念发展起来的，不仅在流行病学上，在统计遗传学上，贝叶斯定理也扮演了重要的角色.

在临床试验，基因疾病的关系，职业病的防治，病毒学方面，环境性流行病研究以及牙医学方面，需要在可能相关的条件下估计代表不同处理的未知参数. 经验贝叶斯理论在这方面发展的很快. 在临床试验，流行病学等领域，贝叶斯统计发挥了重要的作用.

在生物统计中，纵向数据的研究是很重要的，Laird 和 Ware 在 1982 年关于

随机效应混合模型做了很多工作，强调了 REML 估计和贝叶斯估计之间的关系以提供一个通过 EM 算法对估计和计算的统一处理.

在地理区域和癌症发病情况的估计和标识问题，经验贝叶斯方法也是很有效的，见 Clayton 和 Kaldor(1987)，Tsutakawa(1988). 在诸如从动物试验结果推广到人类的外推研究中，生物等价性的研究，序贯临床试验研究，模型的不确定的估计等领域，都有贝叶斯方法的重要应用.

Clark(2007)，介绍了适合于生态学数据的统计推断方法和层次模型，涉及经典频率论和贝叶斯统计的模型、算法和具体编程. 首先阐述了生态学数据的层次结构和时空变异性，以及频率论和贝叶斯统计. 然后介绍贝叶斯推断的基础概念、分析框架和算法原理；并进一步针对生态学层次模型、时间序列及时空复合格局数据依次展开分析模拟.

贝叶斯统计在生物中的其他应用，见 Moye（2007），Dey et al.（2010），Rosner 和 Laud（2015）；贝叶斯统计在医学中的其他应用，见 Spiegelhalter(2004)，Broemeling(2007，2011)，Lawson(2008)；贝叶斯统计在生态学中的其他应用，见 King et al.（2009）.

## 1.4.4　在可靠性中的应用

美国在 1982 年出版了 Martz 和 Waller 的书 *Bayesian Reliability Analysis*（Martz 和 Waller，1982），系统地介绍了贝叶斯方法在可靠性中的应用. 2008 年出版了 Hamada 等的书 *Bayesian Reliability*（Hamada et al.，2008），除介绍了可靠性中的一些基本概念和贝叶斯推断外，还收录了超过 70 个实际应用案例（其中许多是首次公开发表的）. 贝叶斯方法在可靠性中应用的一个成功案例是，美国研制 MX 导弹时，应用贝叶斯方法把发射试验从原来的 36 次减少到 25 次，可靠性却从 0.72 提高到 0.93，节省费用 2.5 亿美元.

从国际上可靠性领域知名的杂志 *IEEE Transactions on Reliability*、*Quality and Reliability Engineering International*、*Reliability Engineering & System Safety* 等，以及每年在世界各地举行的各类可靠性国际会议，都能感受到贝叶斯方法在可靠性领域的应用.

在我国，1990 年《数理统计与应用概率》杂志(第 5 卷第 4 期)有一期"贝叶斯专辑"，其中多数论文是贝叶斯方法在可靠性中的应用. 在《应用概率统计》、《数理统计与管理》、《统计与决策》等杂志上也经常可以看到贝叶斯方法在可靠性中的应用方面的论文. 周源泉，翁朝曦(1990)，用经典、贝叶斯、Fiducial(信赖)三个学派的观点，来处理在可靠性评定、设计、验收等实践中提出的各种问题，并加以比较. 蔡洪，张士峰，张金槐(2004)，用贝叶斯估计法对武器装备试验分析与评估进行研究，并出版了《Bayes 试验分析与评估》. 茆诗松，汤银才，王玲玲(2008)，有一章"可靠性中的贝叶斯统计分析". 林静(2008)在其博士论文中，研究了基于 MCMC 的贝叶斯生存分析理论及其在可靠性评估中的应用，将贝叶斯生存分析理论较系统地引入可靠性寿命数据的建模分析中，对可靠性评估理论进行了进一步地完善. 本书作者提出了可靠性参数的修正贝叶斯估计法，并出版了《可靠性参数的修正 Bayes 估计法及其应用》(韩明，2010). 明志茂，陶俊勇，陈盾，张忠华(2011)，针对装备研制阶段可靠性试验与评估的工程需要，将变动统计学理论与贝叶斯方法引入到装备研制阶段可靠性试验中，并出版了《动态分布参数的贝叶斯可靠性分析》. 张志华(2012)，有一章"可靠性试验数据的 Bayes推断". 韩明(2015)，有一章介绍"贝叶斯可靠性统计分析基础".

## 1.4.5　在机器学习中的应用

机器学习(Machine Learning)是一门多领域交叉学科. 专门研究计算机怎样模拟或实现人类的学习行为，以获取新的知识或技能，重新组织已有的知识结构使之不断改善自身的性能. 它是人工智能的核心，是使计算机具有智能的根本途径，其应用遍及各个领域，它主要使用归纳、综合而不是演绎. Tom Mitchell 的书 *Machine Learning* 在第 6 章专门详细介绍了贝叶斯学习理论.

在机器学习中，贝叶斯学习是一个重要内容，近几年来发展很快，受到人们的关注. 贝叶斯学习是利用参数的先验分布和由样本信息求来的后验分布，直接求出总体分布. 贝叶斯学习理论使用概率去表示所有形式的不确定性，通过概率规则来实现学习和推理过程. 贝叶斯学习的结果表示为随机变量的概率分布，它可以理解为我们对不同可能性的信任程度. 这种技术在分析故障信号模式时，应用了被称为"贝叶斯学习"的自动学习机制，积累的故障事例越多，检测故障的准确率就越高．根据邮件信息判断垃圾邮件的垃圾邮件过滤器也采用了这种机制．

贝叶斯分类器的分类原理是通过某对象的先验概率，利用贝叶斯公式计算出其后验概率，即该对象属于某一类的概率，选择具有最大后验概率的类作为该对象所属的类．也就是说，贝叶斯分类器是最小错误率意义上的优化．贝叶斯分类器是基于贝叶斯学习方法的分类器，其原理虽然较简单，但是其在实际应用中很成功．

尽管实际上独立性假设常常是不够准确的，但朴素贝叶斯分类器（Naive Bayes Classify）的若干特性让其在实践中能够取得令人惊奇的效果．特别地，各类条件特征之间的解耦意味着每个特征的分布都可以独立地被当作一维分布来估计．这样减轻了由于维数灾带来的阻碍，当样本的特征个数增加时就不需要使样本规模呈指数增长．然而朴素贝叶斯在大多数情况下不能对类概率做出非常准确的估计，但在许多应用中这一点并不要求．例如，朴素贝叶斯分类器中，依据最大后验概率决策规则只要正确类的后验概率比其他类要高就可以得到正确的分类．所以不管概率估计轻度的甚至是严重的不精确都不影响正确的分类结果．在这种方式下，分类器可以有足够的鲁棒性去忽略朴素贝叶斯概率模型上存在的缺陷．

## 1.4.6  贝叶斯定理成为 Google 计算的新力量

搜索巨人 Google 和一家出售信息恢复工具的 Autonomy 公司，都使用了贝叶斯定理为数据搜索提供近似的结果．研究人员还使用贝叶斯模型来判断症状和疾病之间的相互关系，创建个人机器人，开发能够根据数据和经验来决定行动的人工智能设备．

这听起来好像很深奥，其实它的意思却是很简单：某件事情发生的概率大致可以由它过去发生的频率近似地估计出来．研究人员把这个原理应用在每件事上，从基因研究到过滤电子邮件．贝叶斯理论的一个著名的倡导者就是微软．该公司把概率用于它的公共平台上．该技术将会被内置到微软未来的软件中，而且让计算机和蜂窝电话能够自动地过滤信息，不需要用户帮助，自动计划会议并且和其他人联系. 如果成功的话, 该技术将会导致一种叫"上下文的服务器"电子管家的出现, 它能够解释人的日常生活习惯并在不断变换的环境中组织他们的生活.

微软研究部门的高级研究员埃里克·侯卫茨说他们正在进行贝叶斯的研究, 它将被用于决定怎样最好地分配计算和带宽, 他个人相信"在这个不确定的世界里, 你不能够知道每件事, 而概率论是任何智能的基础."

Intel 也将发布它自己的基于贝叶斯理论的工具包. 一个关于照相机的实验警告医生说病人可能很快遭受痛苦. 在本周晚些时候在该公司的开发者论坛上将讨论这种发展. 虽然它在今天很流行, 但贝叶斯的理论并不是一直被广泛接受的: 就在十几年前, 贝叶斯研究人员还在他们的专业上踌躇不前. 但是其后, 改进的数学模型, 更快的计算机和实验的有效结果增加了这种学派新的可信程度.

贝叶斯的理论可以粗略地被简述成一条原则: 为了预见未来, 必须要看看过去. 贝叶斯的理论表示未来某件事情发生的概率可以通过计算它过去发生的频率来估计. 一个弹起的硬币正面朝上的概率是多少? 实验数据表明这个值是 50%. 斯坦福大学管理科学和工程系的教授霍华德认为, 贝叶斯表示从本质上说, 每件事都有不确定性, 你有不同的概率类型. 例如, 假设不是硬币, 一名研究人员把塑料图钉往上抛, 想要看看它钉头朝上落地的概率有多大, 或者有多少可能性是侧面着地, 而钉子是指向什么方向的. 形状, 成型过程中的误差, 重量分布和其他的因素都会影响该结果.

贝叶斯技术的吸引力在于它的简单性. 预测完全取决于收集到的数据——获得的数据越多, 结果就越好. 贝叶斯模型的另一个优点是它能够自我纠正, 也就是说数据变化了, 结果也就跟着变化.

贝叶斯定理的思想改变了人们和计算机互动的方式. Google 的安全质量总监彼得说"这种想法是计算机能够更像一个帮助者而不仅仅是一个终端设备, 你在寻找的是一些指导, 而不是一个标准答案". 他们从这种转变中, 研究获益非浅. 现在的搜索引擎采用了复杂的运算法则来搜索数据库, 并找出可能的匹配. 如同图钉的那个例子显示的那样, 复杂性和对于更多数据的需要可能很快增长. 由于功能强大的计算机的出现, 对于把好的猜测转变成近似的输出所必需的结果进行控制成为可能.

　　螺旋式上升的科学研究"舞台"充满戏剧性,19世纪上半叶备受争议和冷落的贝叶斯学派会在21世纪大数据时代重新登场,光芒四射. 进入21世纪后,我们现在的大部分信息主要来自于网络搜索,非常有趣的是这些网络信息搜索背后的理论计算基础就是贝叶斯定理. "18世纪的贝叶斯定理成为 Google 计算的新力量".

## 1.4.7　应用贝叶斯方法搜寻失联航班

　　北京时间 2014 年 3 月 8 日凌晨 1 时 20 分,由马来西亚吉隆坡飞往北京的马来西亚航空公司 MH370 航班与地面失去联系. "MH370"作为航班代码,是近日震惊世界的马来西亚航空公司客机失去联络事件(后简称"马航事件")留给公众最深刻的数字印象. 时至今日(注:2014 年 4 月 19 日),有关马航事件的调查和搜救工作仍在继续.

　　最近在"统计之都"上刚看到"失联搜救中的统计数据分析"(http://cos.name/2014/04/search-rescue-plane-statistical-data-analysis/,作者:统计之都创作小组(code99)). 大数据时代如何活用数据可视化、大数据与众包、群体智慧、贝叶斯方法等为失联搜救出谋献策? 以下是该文部分内容的节选(有删改).

　　当我们在搜救过程中逐渐收集到更多更准确的数据,科学地结合现有数据、科学知识,以及主观经验无疑可为找寻失联客机带来一线曙光. 在统计学领域,贝叶斯方法(Bayesian Methods)提供了一个可以将观测数据、科学知识以及各种经验结合在一起的应用框架.

　　下面谈谈如何利用贝叶斯方法帮助寻找失联马航 MH370 客机呢? 对于失联飞机,不仅需要找到它的三维坐标,同样需要找到它的失事原因. 新线索的出现,帮助我们积累了经验,从而改变飞机是由于自然事故还是遭遇劫机等人为事故造成的概率. 当然,还可以利用一些其他的线索帮助我们改变判断,比如飞机的原计划航线、风速、洋流,以及扫描过的海域的情况. 法航事件的飞机残骸搜寻工作给我们提供了一个参考案例.

　　我们来回顾贝叶斯方法在法航事件搜救过程中的应用. 在 2009 年 6 月 1 日

早晨，法航447航班在暴风雨中失去了联系．2010年7月，法国航空事故调查处委任Metron负责重新检查分析已有的搜救信息以便绘制一幅飞机残骸可能地点的"概率分布图"，在该图上概率由大到小的顺序为：红、橙、黄、绿、蓝．2011年1月20日，法国航空事故调查处于其网站刊登了分析结果．直到2011年4月8日，法国航空事故调查处发言人表示2011年1月20日刊出分析结果暗示，在一个圆形范围内有很大可能性会发现飞机残骸；并且，在对该区域进行持续一周的搜寻之后，残骸被发现．随后，飞行数据记录器和驾驶舱语音记录器被找到．最终确认残骸的位置离前述的"概率分布图"的概率中心位置并不远，可见贝叶斯方法非常有效．

基于贝叶斯方法对整体概率进行计算所利用的信息来自四个阶段的搜寻工作．阶段一：利用被动声学技术搜寻水下定位信号器．法航447装备的飞行数据记录器和驾驶舱语音记录器可以帮助分析事故发生时的状况．同时，在飞机沉入水中时，飞机装配的水下定位信号器发出信号协助通讯．水下定位信号器的电池可以工作至少30天，平均可以工作40天．搜寻持续了31天并于2009年7月10日停止．两台搜救船——费尔蒙特冰川号和探险号，均装备了美国海军提供的声波定位装置——参与了搜救．阶段二：旁侧声呐搜寻．在声波搜寻结束后，BEA决定使用Pourquoi Pas提供的IFREMER旁侧声呐技术继续搜寻．在本阶段，一些由于时间关系未能在第一阶段搜寻的海域也被搜寻．阶段三：旁侧扫描声呐搜寻．阶段四：即我们在上一段提及的利用贝叶斯方法进行搜救，并最终找到了飞机残骸．

由法航事件，可以看到贝叶斯方法确实可以为搜救飞机残骸提供理论依据．由于既得数据有时并不能为计算后验概率提供太多信息，需要纠集所有有用的信息，并使所有信息都可以转化为贝叶斯方法中的先验信息．诚如香港城市大学Nozer Singpurwalla教授所言，即使在数据量极为丰富的情况下，应用贝叶斯方法的时候都应考虑专家的主观判断、证据以及想象力．在搜寻飞机的过程中，搜寻队可以估算出已经搜寻过的海域中存在残骸但由于失误没有找到的概率、坏掉一个信号器与坏掉两个信号器是否是独立事件等等．

# 1.5　贝叶斯统计的今天和明天

　　Berger 教授可以称得上是当代国际贝叶斯统计领域研究的顶尖人物，他是 ISBA 的发起者，他在贝叶斯理论和应用方面的做了许多重要的研究工作．他于 2000 年在 *Journal of the American Statistical Association* 上发表文章 *Bayesian Analysis：A Look at Today and Thoughts of Tomorrow*，对贝叶斯统计学今天的状况和明天的发展进行了综述．

## 1.5.1　客观贝叶斯分析

　　将贝叶斯分析当作主观的理论是一种普遍的观点．但这无论在历史上，还是在实际中都不是非常准确的．Bayes 和 Laplace 进行贝叶斯分析时，对未知参数使用常数先验分布．事实上，在统计学的发展中，这种被称为"逆概率"(inverse probability)方法在 19 世纪非常具有代表性，而且对 19 世纪初的统计学产生了巨大的影响．对使用常数先验分布的批评，使得 Jeffreys 对贝叶斯理论进行了具有非常重大意义的改进．Berger 认为，大多数贝叶斯应用研究学者都受过 Laplace，Jefferys 贝叶斯分析客观学派的影响，当然在具体应用上也可能会对其进行现代意义下的改进．

　　许多贝叶斯学者的目的是想给自己贴上"客观贝叶斯"(Objective Bayesian)的标签，这种将经典统计分析方法当作真正客观的观点是不正确的．对此，Berger 认为，虽然在哲学层面上同意上述这个观点，但他觉得这里还包含很多实践和社会学中的原因，使得人们不得已地使用这个标签．他强调，统计学家们应该克服那种用一些吸引人的名字来对自己所做的工作大加赞赏的不良习惯．

　　客观贝叶斯学派的主要内容是使用无信息先验分布(noninformative or default prior distribution)．其中大多数又是使用 Jeffreys 先验分布．最大熵先验分布(maximum entropy priors)是另一种常用的无信息先验分布(虽然它们也常常使用一些待分析总体的已知信息，如均值或方差等)．在最近的统计文献中经常强调的是参照先验分布(reference priors)，这种先验分布无论从贝叶斯的观点，还是从非贝叶斯的观点进行评判，都取得了显著的成功.

客观贝叶斯学派研究的另一个完全不同的领域是研究对"默认"模型（default model）的选择和假设检验. 这个领域有着许多成功的进展. 而且，当对一些问题优先选择默认模型时，还有许多值得进一步探讨的问题.

经常使用非正常先验分布（improper prior distribution）也是客观贝叶斯学派面临的主要问题. 这不能满足贝叶斯分析所要求的一致性（coherency）. 同样，一个选择不适当的非正常先验分布可能会导致一个非正常的后验分布. 这就要求贝叶斯分析过程中特别要对此类问题加以重视，以避免上述问题的产生. 同样，客观贝叶斯学派也经常从非贝叶斯的角度进行分析，而且得出的结果也非常有效.

## 1.5.2 主观贝叶斯分析

虽然在传统贝叶斯学者的眼里看起来比较"新潮"，但是，主观贝叶斯分析（Subjective Bayesian Analysis）已被当今许多贝叶斯分析研究人员普遍地接受，他们认为这是贝叶斯统计学的"灵魂"（soul）. 不可否认，这在哲学意义上非常具有说服力. 一些统计学家可能会提出异议并加以反对，他们认为当需要主观信息（模型和主观先验分布）的加入时，就必须对这些主观信息完全并且精确的加以确定. 这种"完全精确的确定"的不足之处是这种方法在应用上的局限性.

有很多问题，使用主观贝叶斯先验分布信息是非常必要的，而且也容易被其他人所接受. 对这些问题使用主观贝叶斯分析可以获得令人惊奇的结论. 即使当研究某些问题时，如使用完全的主观分析不可行，那么同时使用部分的主观先验信息和部分的客观先验信息对问题进行分析，这种明智的选择经常可以取得很好的结果.

## 1.5.3 稳健贝叶斯分析

稳健贝叶斯分析（Robust Bayesian Analysis）研究者认为，不可能对模型和先验分布进行完全的主观设定，即使在最简单的情况下，完全主观设定也必须包含一个无穷数. 稳健贝叶斯的思想是构建模型与先验分布的集合, 所有分析在这个集合框架内进行, 当对未知参数进行多次推导(elicitation)之后, 这个集合仍然可以反映此未知参数的基本性质.

关于稳健贝叶斯分析基础的争论是引人注目的, 关于稳健贝叶斯分析的文献可参见 Berger(1985). 通常的稳健贝叶斯分析的实际运用需要相应的软件.

## 1.5.4　频率贝叶斯分析

统计学存在许多不断争议的学科基础——这种情况还会持续多久, 现在很难想象. 假设必须建立一个统一的统计学科基础, 它应该是什么呢? 今天, 越来越多的统计学家不得不面对将贝叶斯思想和频率思想相互混合成为一个统一体的统计学科基础的事实, 并在此基础上形成了频率贝叶斯分析(Frequentist Bayesian Analysis).

Berger 从三个方面谈了他个人的观点. 第一, 统计学的语言(Language of Statistics)应该是贝叶斯的语言. 统计学是对不确定性进行测度的科学. 50 多年的实践表明(当然不是令人信服的严格论证): 在讨论不确定性时统一的语言就是贝叶斯语言. 另外, 贝叶斯语言在很多种情况下不会产生歧义, 比经典统计语言要更容易理解. 贝叶斯语言既可对主观的统计学, 又可以对客观的统计学进行分析. 第二, 从方法论角度来看, 对参数问题的求解, 贝叶斯分析具有明显的方法论上的优势. 当然, 频率的概念也是非常有用的, 特别是在确定一个好的客观贝叶斯过程方面. 第三, 从频率学派的观点看来, 基础统一也应该是必然的. 我们早就已经认识到贝叶斯方法是"最优"的非条件频率方法(Berger, 1985), 现在从条件频率方法的角度, 也产生了许多表明以上结论是正确的依据.

## 1.5.5　拟贝叶斯分析

有一种目前不断在文献中出现的贝叶斯分析类型, 它既不属于"纯"贝叶斯分析, 也不同于非贝叶斯分析. 在这种类型中, 各种各样的先验分布的选取具有许多特别的形式, 包括选择不完全确定的先验分布(vague proper priors): 选择先验分布对似然函数的范围进行"扩展"(span);对参数不断进行调整,从而选择合适的先验分布使得结论"看起来非常完美". Berger 称之为拟贝叶斯分析(Quasi-Bayesian Analysis),因为虽然它包含了贝叶斯的思想,但它并没有完全遵守主观贝叶斯或客观贝叶斯在论证过程中的规范要求.

拟贝叶斯方法,伴随着 MCMC 方法的发展,已经被证明是一种非常有效的方法,这种方法可以在使用过程中,不断产生新的数据和知识. 虽然拟贝叶斯方法还存在许多不足,但拟贝叶斯方法非常容易创造出一些全新的分析过程,这种分析过程可以非常灵活地对数据进行分析,这种分析过程应该加以鼓励. 对这种分析方法的评判,没有必要按照贝叶斯内在的标准去衡量,而应使用其他外在的标准去判别(例如,敏感性,模拟精度等).

# 1.6　参数的 E-Bayes 估计法概述

以下简要地介绍:提出 E-Bayes 估计法的背景、E-Bayes 估计法的发展概况,以及参数的 E-Bayes 估计定义.

## 1.6.1　提出 E-Bayes 估计法的背景

前面已提过,应用 Bayes 方法进行统计推断有两个方面的困难,在这两个方面都取得了一些进展. 但 Bayes 统计的发展过程中始终还存在一些问题,至今没有解决好. 关于先验分布的确定,已有一些研究,在此先不谈,详见 Berger (1985),茆诗松(1999),Kotz 与吴喜之(2000),韩明(2015)等. 这里以下简要综述一下与后验分布计算有关的一些问题.

Dempster(1980)认为,统计推断技术的应用受到概念和计算因素的阻碍. Bayes 统计推断从概念上要比非 Bayes 统计推断直观得多,而非 Bayes 统计推断仅有一套复杂的特殊规则,Bayes 方法更广泛应用的主要障碍是计算上的. 近些年来,一些学者提出了数值和解析近似的方法来解决参数的后验分布密度和后验分布各阶矩的计算问题,如 Lindley(1980)数值逼近法,Naylor 和 Smith(1982)近似法,Tierney 和 Kadane(1984)近似法等. 然而这些方法的实现,需要依靠复杂的数值技术及相应的软件支撑. MCMC(Markov Chain Monte Carlo)方法的研究对推广 Bayes 统计推断理论和应用开辟了广阔的前景，使 Bayes 方法的研究与应用得到了再度复兴. 目前 MCMC 已经成为一种处理复杂统计问题特别流行的工具，尤其是在经常需要复杂的高维积分运算的 Bayes 统计推断领域更是如此. 由于一些复杂的高维积分运算用通常的方法无法得到后验分布密度，在这个背景下，一些其他方法(如一些线性近似、高斯积分方法等)，或者不可行，或者无法提供精确的结果. 而如果合理定义和实施，MCMC 方法总能得到一条或几条收敛的马尔可夫链(Markov Chain)，该马尔可夫链的极限分布就是所需要的后验分布，而且 MCMC 还具有一些其他重要性质. 例如，它能把复杂的高维积分运算问题转化为一系列简单的低维问题.

　　目前，在 Bayes 方法中应用最为广泛的 MCMC 方法主要有两种，一种是 Gibbs 抽样方法，另一种是 Metroplis-Hastings 方法. 如 Roberts 和 Smith(1993) 提出了 Gibbs 抽样方法. 还有一些文献研究了 Gibbs 抽样方法和 Metroplis-Hastings 方法的结合的问题，如 Gilks，Best 和 Tan(1995)提出一种基于 Gibbs 抽样的调整筛选 Metroplis 抽样方法. 尽管 MCMC 方法应用广泛，但很难判断何时马尔可夫链已经渐近收敛于平稳分布. 对 MCMC 方法收敛性的研究，一直是一个重要课题，主要集中在两个领域. 第一个是理论上的，主要是分析马尔可夫链转移核. 例如，Polson(1994)给出了离散跳跃 Metroplis-Hastings 算法的多项式时间收敛边界，而 Rosenthal(1995)则给出了谱系模型在有限样本空间下连续情形的边界. 实践证明，这些结果在实际问题中难以应用. 因此，几乎所有的 MCMC 方面的工作都转向第二种方法，即对算法产生的样本作收敛诊断，如黎曼和收敛诊断(Riemann sum convergence diagnosis)方法等. Besag(2001)，Brooks(1998)，Shao 和 Ibrhim(1989)，朱慧明，林静(2009)，Kruschke(2011)，郝立亚，朱慧明(2015)，刘金山，夏强(2016)等，从不同的角度对 Bayes 统计推断中的 MCMC 方法及相关问题进行了研究.

　　近些年来，国内外对 Bayes 方法的研究与应用得到了重视，但用 Bayes 方法得到的结果在应用上遇到了一些困难，虽然有 MCMC(Markov Chain Monte Carlo)等方法.

## 1.6.2　E-Bayes 估计法概述

E-Bayes 估计法是在现有理论的基础上，对 Bayes 方法、多层 Bayes 方法中参数的点估计——Bayes 估计、多层 Bayes 估计进行修正，主要包括：参数的 E-Bayes 估计(expected Bayesian estimation)的定义、E-Bayes 估计及其性质等.

本书作者在前期工作中，首先在**无失效数据**(zero-failure data)情形，提出了**可靠性参数的 E-Bayes 估计法**，对几个常见的可靠性参数(失效率、可靠度、失效概率等)提出了 E-Bayes 估计的定义，并给出了它们的 E-Bayes 估计及其性质等. 并在吴喜之教授的指导下完成了博士学位论文《基于无失效数据的可靠性参数估计》，其后在中国统计出版社出版，韩明(2005a)(其中包括在无失效数据情形提出了可靠性参数的 E-Bayes 估计法等. 在此作者还要感谢张尧庭教授等给予的具体指导和帮助). 关于无失效数据问题的其他研究，见 Bartholomew(1957)，Martz 和 Waller(1979)，茆诗松，罗朝斌(1989)，韩明(1999，2002，2013a)，Rahrouh(2005)等. 后来的研究发现，参数的 E-Bayes 估计法的理论研究和实际应用方面还有很多问题需要进一步研究，该方法不但可以用于无失效数据情形的可靠性参数估计问题，还可以用于一般情形的可靠性参数估计以及其他参数估计等问题. 需要进一步研究的问题还不少，例如，参数的 E-Bayes 估计法与已有的参数估计方法(经典方法、Bayes 方法、多层 Bayes 方法等)的关系等. 本书作者在前期工作的基础上，出版了《可靠性参数的修正 Bayes 估计法及其应用》(韩明，2010).

参数的 E-Bayes 估计法不但可以应用于可靠性参数的估计，还可以应用于其他参数估计. 例如，已将参数的 E-Bayes 估计法用于证券投资预测等，见韩明(2005b，2007b)，Han(2007b)，王珊珊，刘龙(2007)，徐伟卿(2012)，李聪，朱复康，赖民(2013)等.

在韩明(2003a，2003b，2004a)，Han 和 Ding(2004)，Han(2007a，2009a，2011a，2011b，2015，2017a，2017b)，徐天群，刘焕彬，陈跃鹏（2011），Jaheen和 Okasha(2011)，翟艳敏(2012)，韩明(2009，2011a，2011b，2013b)，Okasha(2014)等中，对不同的参数提出了 E-Bayes 估计法，并给出了有关参数的

E-Bayes 估计及其性质等. 最近，看到 E-Bayes 估计法的一些新发展，一些学者提出了模糊(Fuzzy)E-Bayes 估计，拟(Quasi)E-Bayes 估计等，见 Gholizadeh et al. (2016)，Reyad et al. (2016)等.

孙亮，徐廷学，王冬梅(2004)应用韩明(2003a)提出的 E-Bayes 估计法和综合 E-Bayes 估计法，给出了失效率的 E-Bayes 估计以及失效率和可靠度的综合 E-Bayes 估计. 最后，结合某型导弹实际数据进行了计算和分析，结果表明该方法简单、有效，便于导弹维护人员使用.

韩明(2006a)对位置—尺度参数模型，借助失效概率的 E-Bayes 估计，给出了位置参数、尺度参数的最小二乘估计和加权最小二乘估计，从而可以得到寿命服从位置—尺度参数模型产品可靠度的估计. 最后，结合某型发动机的实际问题进行了计算，结果表明本文提出的方法可行且便于应用.

王婷婷，师义民，刘英(2009)基于逐步增加 II 型截尾样本，讨论了某型号液体火箭发动机可靠性指标的 Bayes 估计及 E-Bayes 估计. 在刻度平方误差损失函数下，给出了火箭发动机寿命分布参数、可靠度函数及失效率函数的 Bayes 估计及 E-Bayes 估计. 最后运用 Monte Carlo 方法对各种估计的均方误差进行了模拟比较. 结果表明，E-Bayes 估计给出的估计精度高.

Jaheen 和 Okasha(2011)应用 Han(2009)提出的 E-Bayes 估计法，给出了有关参数的 E-Bayes 估计，并进行了模拟计算. 该文的 Abstract：This paper is concerned with using the E-Bayesian method [M. Han, Applied Mathematical Modeling (2009) 1915−1922] for computing estimates for the parameter and reliability function of the Burr type XII distribution based on type‐2 censored samples. The estimates are obtained based on squared error and LINEX loss functions. A comparison between the new method and the corresponding Bayes and maximum likelihood techniques is made using the Monte Carlo simulation.

许道军，李国望，沈浮(2013)分别给出了在特定超参数先验分布的条件下，失效率的E-Bayes估计和多层 Bayes 估计的计算公式. 结果表明，失效率的 E-Bayes 估计避免了多层 Bayes 估计复杂的积分计算，形式上更加简洁，便于计算. 并通过实例的具体计算说明，对于同一组实验数据，失效率的 E-Bayes 估计和多层 Bayes 估计的数值计算结果十分接近. 研究表明，失效率的 E-Bayes 估计不仅具有多层 Bayes 估计的稳健性，而且具有多层 Bayes 估计的精确性，从而表明本文提出的失效率的 E-Bayes 估计法是可行的，且比失效率的多层 Bayes 估计更加简洁，更便于应用.

李聪，朱复康，赖民(2013)研究对称熵损失下成功概率的 Bayes 估计和 E-Bayes 估计，证明了前者的存在性及唯一性. 模拟结果表明 E-Bayes 估计优于极大似然估计和 Bayes 估计. 并将 E-Bayes 方法应用在证券投资预测之中，预测效果较好.

自从本书作者提出了 E-Bayes 估计法以来，已逐渐引起了国内外同行关注. 一些学者在该领域陆续发表了一些研究论文，见：孙亮，徐廷学，王冬梅(2004)，熊常伟等(2007)，王珊珊，刘龙(2007)，郭金龙等(2008)，王建华，夏小艳(2008)，周燕燕(2008)，梅军建等(2009)，苏清华，刘次华(2009)，鞠瑞年等(2009)，郭金龙(2009)，王婷婷等(2009)，王建华，毛娟(2009)，王建华，袁力(2010)，孙波等(2010)，蔡国梁等(2010)，Zhao 和 Cai(2010)，Yin 和 Liu(2010)，Jaheen 和 Okasha(2011). 徐天群，刘焕彬，陈跃鹏(2011)，徐天群，陈跃鹏，徐天河，刘焕彬(2012a，2012b)，翟艳敏(2012)，李聪，朱复康，赖民(2013)，许道军，李国望，沈浮(2013)，Okasha(2014)，Yousefzadeh 和 Hadi(2017)等.

还有一些研究生(包括作者的学生)也在该领域进行了一些研究(作为学位论文)，见严惠云(2007)，张琼英(2008)，吴来林(2009)，郭金龙(2009)，唐燕贞(2010)，韦师(2010)，刘永峰(2011)，邱燕(2011)，赵梦琳(2012)，徐伟卿(2012)，仲崇刚(2012)，杨敏(2015)，殷铜(2015)等.

为了后面应用上的方便，以下将以一个超参数情形和两个超参数情形为例，分别给出参数的 E-Bayes 估计的定义.

## 1.6.3　一个超参数情形

以下将在参数 $\theta$ 的先验分布中含有一个超参数时，给出参数的 E-Bayes 估计的定义. 设 $\theta$ 为待估参数，$a$ 是参数 $\theta$ 的先验分布中的未知参数——超参数(hyper parameter).

**定义 1.6.1**　对 $a \in D$，若 $\hat{\theta}_B(a)$ 是连续的，称

$$\hat{\theta}_{EB} = \int_D \hat{\theta}_B(a)\pi(a)\mathrm{d}a$$

是参数 $\theta$ 的 **E-Bayes 估计**（expected Bayesian estimation）. 其中 $\int_D \hat{\theta}_B(a)\pi(a)\mathrm{d}a$ 是存在的，$D$ 为超参数 $a$ 取值的集合（$D \subset \mathbf{R}$，$\mathbf{R}$ 为实数集合），$\pi(a)$ 是 $a$ 在集合 $D$ 上的密度函数，$\hat{\theta}_B(a)$ 为 $\theta$ 的 Bayes 估计（用超参数 $a$ 表示）.

由定义 1.6.1 可以看出，参数 $\theta$ 的 E-Bayes 估计

$$\hat{\theta}_{EB} = \int_D \hat{\theta}_B(a)\pi(a)\mathrm{d}a = E\left[\hat{\theta}_B(a)\right]$$

是参数 $\theta$ 的 Bayes 估计 $\hat{\theta}_B(a)$ 对超参数 $a$ 的数学期望（expectation），即 $\theta$ 的 E-Bayes估计是 $\theta$ 的 Bayes 估计对超参数的数学期望.

## 1.6.4 两个超参数情形

以上在参数 $\theta$ 的先验分布中含有一个超参数时，给出了 $\theta$ 的 E-Bayes 估计的定义. 以下将在参数 $\theta$ 的先验分布中含有两个超参数的情形下，给出参数 $\theta$ 的E-Bayes 估计的定义. 设 $\theta$ 为待估参数，$a$ 和 $b$ 是参数 $\theta$ 的先验分布中的两个超参数.

**定义 1.6.2** 对 $(a, b) \in D$，若 $\hat{\theta}_B(a, b)$ 是连续的，称

$$\hat{\theta}_{EB} = \iint_D \hat{\theta}_B(a,b)\pi(a,b)\mathrm{d}a\mathrm{d}b$$

是参数 $\theta$ 的 **E-Bayes 估计**. 其中 $\iint_D \hat{\theta}_B(a,b)\pi(a,b)\mathrm{d}a\mathrm{d}b$ 是存在的，$D$ 为超参数 $a$ 和 $b$ 取值的集合（$D \subset \mathbf{R}^2$），$\pi(a, b)$ 是 $a$ 和 $b$ 在集合 $D$ 上的密度函数，$\hat{\theta}_B(a, b)$ 为 $\theta$ 的 Bayes 估计（用超参数 $a$ 和 $b$ 表示）.

由定义 1.6.2 可以看出，参数 $\theta$ 的 E-Bayes 估计

$$\hat{\theta}_{EB} = \iint_D \hat{\theta}_B(a,b)\pi(a,b)\mathrm{d}a\mathrm{d}b = E\left[\hat{\theta}_B(a,b)\right]$$

是参数 $\theta$ 的 Bayes 估计 $\hat{\theta}_B(a, b)$ 对超参数 $a$ 和 $b$ 的数学期望，即 $\theta$ 的 E-Bayes 估计是 $\theta$ 的 Bayes 估计对超参数的数学期望.

在以后几章中，将结合具体问题中的参数给出其 E-Bayes 估计的定义、E-Bayes估计及其性质，并给出模拟算例和应用实例等.

# 1.7 参数的 M-Bayes 可信限的定义

以下将以一个超参数情形为例，分别给出参数的单测 M-Bayes 可信限和双测 M-Bayes 可信限的定义.

## 1.7.1 单测 M-Bayes 可信限

以下将分别给出参数 $\theta$ 的单测 M-Bayes 可信上限和单测 M-Bayes 可信下限的定义. 设 $\theta$ 为待估参数，$a$ 是参数 $\theta$ 的先验分布中的超参数.

**定义 1.7.1** 对 $a \in D$，若 $\hat{\theta}_{BU-\alpha}(a)$ 是连续的，称

$$\hat{\theta}_{MBU-\alpha} = \int_D \hat{\theta}_{BU-\alpha}(a)\pi(a)\mathrm{d}a$$

是参数 $\theta$ 的可信水平为 $1-\alpha(0<\alpha<1)$ 的**单测 M-Bayes 可信上限**（one-sided modified Bayesian upper credible limit）. 其中 $\int_D \hat{\theta}_{BU-\alpha}(a)\pi(a)\mathrm{d}a$ 是存在的，$D$ 为超参数 $a$ 取值的集合（$D \subset \mathbf{R}$），$\pi(a)$ 是 $a$ 在集合 $D$ 上的密度函数，$\hat{\theta}_{BU-\alpha}(a)$ 为 $\theta$ 的可信水平为 $1-\alpha$ 的单测 Bayes 可信上限（用超参数 $a$ 表示）.

由定义 1.7.1 可以看出，参数 $\theta$ 的可信水平为 $1-\alpha$ 的单测 M-Bayes 可信上限

$$\hat{\theta}_{MBU-\alpha} = \int_D \hat{\theta}_{BU-\alpha}(a)\pi(a)\mathrm{d}a = E\left[\hat{\theta}_{BU-\alpha}(a)\right]$$

是 $\hat{\theta}_{BU-\alpha}(a)$ 对超参数 $a$ 的数学期望，即 $\theta$ 的单测 M-Bayes 可信上限是 $\theta$ 的单测 Bayes 可信上限对超参数的数学期望.

类似地，可以给出参数 $\theta$ 的单测 M-Bayes 可信下限的定义.

**定义 1.7.2** 对 $a \in D$，若 $\hat{\theta}_B(a)$ 是连续的，称

$$\hat{\theta}_{MBL-\alpha} = \int_D \hat{\theta}_{BL-\alpha}(a)\pi(a)\mathrm{d}a$$

是参数 $\theta$ 的可信水平为 $1-\alpha(0<\alpha<1)$ 的**单测 M-Bayes 可信下限**（one-sided modified Bayesian lower credible limit）. 其中 $\int_D \hat{\theta}_{BL-\alpha}(a)\pi(a)\mathrm{d}a$ 是存在的，$D$ 为超参数

$a$ 取值的集合($D \in \mathbf{R}$)，$\pi(a)$ 是 $a$ 在集合 $D$ 上的密度函数，$\hat{\theta}_{BL-\alpha}(a)$ 为 $\theta$ 的可信水平为 $1-\theta$ 的单测 Bayes 可信下限(用超参数 $a$ 表示).

由定义 1.7.2 可以看出，参数 $\theta$ 的可信水平为 $1-\theta$ 的单测 M-Bayes 可信下限

$$\hat{\theta}_{MBL-\alpha} = \int_D \hat{\theta}_{BL-\alpha}(a)\pi(a)\mathrm{d}a = E\left[\hat{\theta}_{BL-\alpha}(a)\right]$$

是 $\hat{\theta}_{BL-\alpha}(a)$ 对超参数 $a$ 的数学期望，即 $\theta$ 的单测 M-Bayes 可信下限是 $\theta$ 的单测 Bayes 可信下限对超参数的数学期望.

## 1.7.2　双测 M-Bayes 可信限

以上给出了参数 $\theta$ 的单测 M-Bayes 可信限的定义，类似地，可以给出参数 $\theta$ 的双测 M-Bayes 可信限的定义.

以下将分别给出参数 $\theta$ 的双测 M-Bayes 可信上限和双测 M-Bayes 可信下限的定义. 设 $\theta$ 为待估参数，$a$ 是参数 $\theta$ 的先验分布中的超参数.

**定义 1.7.3**　对 $a \in D$，若 $\hat{\theta}_{BU-\frac{\alpha}{2}}(a)$ 是连续的，称

$$\hat{\theta}_{MBU-\frac{\alpha}{2}} = \int_D \hat{\theta}_{BU-\frac{\alpha}{2}}(a)\pi(a)\mathrm{d}a$$

是参数 $\theta$ 的可信水平为 $1-\alpha(0<\alpha<1)$ 的**双测 M-Bayes 可信上限**(two-sided modified Bayesian upper credible limit). 其中 $\int_D \hat{\theta}_{BU-\frac{\alpha}{2}}(a)\pi(a)\mathrm{d}a$ 是存在的，$D$ 为超参数 $a$ 取值的集合($D \subset \mathbf{R}$)，$\pi(a)$ 是 $a$ 在集合 $D$ 上的密度函数，$\hat{\theta}_{BU-\frac{\alpha}{2}}(a)$ 为 $\theta$ 的可信水平为 $1-\alpha$ 的双测 Bayes 可信上限(用超参数 $a$ 表示).

由定义 1.7.3 可以看出，参数 $\theta$ 的可信水平为 $1-\alpha$ 的双测 M-Bayes 可信上限

$$\hat{\theta}_{MBU-\frac{\alpha}{2}} = \int_D \hat{\theta}_{BU-\frac{\alpha}{2}}(a)\pi(a)\mathrm{d}a = E\left[\hat{\theta}_{BU-\frac{\alpha}{2}}(a)\right]$$

是 $\hat{\theta}_{BU-\frac{\alpha}{2}}(a)$ 对超参数 $a$ 的数学期望，即 $\theta$ 的双测 M-Bayes 可信上限是 $\theta$ 的双测 Bayes 可信上限对超参数的数学期望.

以上给出了参数 $\theta$ 的双测 M-Bayes 可信上限的定义，类似地，以下给出参数

$\theta$ 的双测 M-Bayes 可信下限的定义.

**定义 1.7.4** 对 $a \in D$，若 $\hat{\theta}_{BL-\frac{\alpha}{2}}(a)$ 是连续的，称

$$\hat{\theta}_{MBL-\frac{\alpha}{2}} = \int_D \hat{\theta}_{BL-\frac{\alpha}{2}}(a)\pi(a)\mathrm{d}a$$

是参数 $\theta$ 的可信水平为 $1-\alpha(0<\alpha<1)$ 的**双测 M-Bayes 可信下限**（two-sided modified Bayesian lower credible limit）. 其中 $\int_D \hat{\theta}_{BL-\frac{\alpha}{2}}(a)\pi(a)\mathrm{d}a$ 是存在的，$D$ 为超参数 $a$ 取值的集合（$D \subset \mathbf{R}$），$\pi(a)$ 是 $a$ 在集合 $D$ 上的密度函数，$\hat{\theta}_{BL-\frac{\alpha}{2}}(a)$ 为 $\theta$ 的可信水平为 $1-\alpha$ 的双测 Bayes 可信下限（用超参数 $a$ 表示）.

由定义 1.7.4 可以看出，参数 $\theta$ 的可信水平为 $1-\alpha$ 的双测 M-Bayes 可信下限

$$\hat{\theta}_{MBL-\frac{\alpha}{2}} = \int_D \hat{\theta}_{BL-\frac{\alpha}{2}}(a)\pi(a)\mathrm{d}a = E\left[\hat{\theta}_{BL-\frac{\alpha}{2}}(a)\right]$$

是 $\hat{\theta}_{BL-\frac{\alpha}{2}}(a)$ 对超参数的 $a$ 的数学期望，即 $\theta$ 的双测 M-Bayes 可信下限是 $\theta$ 的双测 Bayes 可信下限对超参数的数学期望.

若 $\hat{\theta}_{MBL-\frac{\alpha}{2}}$ 和 $\hat{\theta}_{MBU-\frac{\alpha}{2}}$ 分别为参数 $\theta$ 的可信水平为 $1-\alpha$ 的双测 M-Bayes 可信下限、双测 M-Bayes 可信上限，则参数 $\theta$ 的可信水平为 $1-\alpha$ 的双测 M-Bayes 可信区间为 $\left(\hat{\theta}_{MBL-\frac{\alpha}{2}}, \hat{\theta}_{MBU-\frac{\alpha}{2}}\right)$.

在以后几章中，将结合具体问题中的参数给出其单测 M-Bayes 可信限和双测 M-Bayes 可信限的定义、单测 M-Bayes 可信限和双测 M-Bayes 可信限的估计及其性质，并给出模拟算例和应用实例.

# 1.8　本书的内容安排

本书主要介绍作者提出的"参数的 E-Bayes 估计法""参数的 M-Bayes 可信限法"，以及国内外学者在该领域的主要代表性研究成果. 为了增加可读性，在本书还将介绍 Bayes 统计推断基础，这部分内容主要来自韩明（2015）的相应部分（说明：有补充、删改）.

自从本书作者提出了"参数的 E-Bayes 估计法""参数的 M-Bayes 可信限法"以来，已逐渐引起了国内外同行关注，相关研究已被国内外学者多次引用，并且已

取得了一些成果.

基于国内外同行的关注，为了帮助具有一定基础的读者能在尽量短的时间内进入前沿研究领域，也为了总结该领域的研究成果，作者认为有必要写这本书，系统地介绍**参数的 E-Bayes 估计法和 M-Bayes 可信限法及其应用**.

《可靠性参数的修正 Bayes 估计法及其应用》(韩明，2010)，主要介绍了该领域在 2008 年以前"可靠性参数"的 E-Bayes 估计法、M-Bayes 可信限法及其应用的主要成果. 本书在韩明(2010)基础上，还要将介绍 E-Bayes 估计法在证券投资预测中的应用、一般分布(Pareto 分布、Poisson 分布等)参数的 E-Bayes 估计法及其应用等，特别是 2008 年以后该领域的主要成果.

全书分三篇，共 12 章：

**第一篇——Bayes 统计推断基础**，包括第 1 章~第 4 章：绪论，先验分布和后验分布，参数估计和假设检验，先验分布的选取.

**第二篇——参数的 E-Bayes 估计法及其应用**，包括第 5 章~第 10 章：Pareto 分布形状参数的 E-Bayes 估计及其应用，Poisson 参数的 E-Bayes 估计及其应用，指数分布参数的 E-Bayes 估计及其应用，失效概率的 E-Bayes 估计及其应用，二项分布参数的 E-Bayes 估计及其应用，E-Bayes 估计法在证券投资预测中的应用.

**第三篇——参数的 M-Bayes 可信限法及其应用**，包括第 11 章和第 12 章：指数分布参数的 M-Bayes 可信限及其应用，二项分布参数的 M-Bayes 可信限及其应用.

另外还有一个附录，用英文介绍作者在国外新发表的一篇论文.

# 第 2 章　先验分布和后验分布

先验分布和后验分布是贝叶斯统计基础理论部分的重要内容. 在本章中将介绍: 统计推断的基础, 贝叶斯定理, 共轭先验分布, 充分统计量等.

## 2.1　统计推断的基础

统计推断是根据样本信息对总体分布或总体的数字特征进行推断. 事实上, 这是经典学派对统计推断的规定. 这里的统计推断使用到两种信息: **总体信息**和**样本信息**; 而贝叶斯学派则认为, 除了上述两种信息以外, 统计推断还应使用第三种信息: **先验信息**. 以下先简要说明这三种信息.

1. 总体信息

总体信息就是总体分布或总体所属分布族提供的信息. 例如, 若已知总体是正态分布, 则可知道一些信息: 总体的各阶矩都存在, 总体的密度函数关于均值对称, 总体所有性质由其一、二阶矩决定, 有许多比较成熟的统计推断方法可供我们选用等.

2. 样本信息

样本信息就是抽取样本所得观察值提供的信息. 例如, 有了样本观察值以后, 可以根据它大概知道总体的一些数字特征, 如总体均值、总体方差等在一个什么范围内. 这是最"新鲜"的信息, 并且越多越好, 希望通过样本对总体分布或总体的某些数字特征作出比较精确的统计推断. 没有样本信息也就没有统计推断可言.

3. 先验信息

什么是先验信息? 为了对未知参数作统计推断(或统计决策), 需要从总体抽取样本，并且愈多愈好. 因为样本含有未知参数的信息，并且是最"新鲜"的信息. 这是经典统计推断的主要依据. 可是我们周围还存在有一些非样本信息. 这些非样本信息主要来源于经验和历史资料. 由于这些经验和历史资料大多存在于（获得样本的）试验之前，故又称为先验信息. 先验信息同样也可以用于统计推断和统计决策，因为当需要对未来的不确定性作出统计推断时，当前的状态固然重要，但历史的经验也同样是举足轻重的.

如果把抽取样本看作是做一次试验，则样本信息就是试验中获得的信息. 实际上，人们在进行试验前对要做的问题在经验上和资料上总是有所了解的，这些信息对统计推断是有益的. 先验信息就是在抽样（试验）之前有关统计问题的一些信息. 一般来说，先验信息来源于经验和历史资料. 先验信息在日常生活中是很重要的.

基于上述三种信息进行统计推断的统计学称为**贝叶斯统计学**（Bayesian Statistics）. 它与经典统计学的差别就在于是否利用先验信息. 贝叶斯统计在重视使用总体信息和样本信息的同时，还注重先验信息的收集、挖掘和加工，使它数量化，形成先验分布，参加到统计推断中来，以提高统计推断的质量. 忽视先验信息的利用是一种浪费，有时甚至还会导致出现不合理的结论.

贝叶斯学派的基本观点是：任何一个未知量 $\theta$ 都可以看作随机变量，可用一个概率分布去描述，这个分布称为**先验分布**（prior distribution）. 在获得样本之后，总体分布、样本与先验分布通过贝叶斯公式（或贝叶斯定理）结合起来得到一个关于未知量 $\theta$ 的新分布——**后验分布**（posterior distribution），任何关于 $\theta$ 的统计推断都应该基于 $\theta$ 的后验分布进行.

关于未知量是否可以看作随机变量，在经典学派和贝叶斯学派之间争论了很长时间. 因为任何未知量都有不确定性，而在表述不确定性的程度时，概率与概率分布是最好的语言，因此把它看作随机变量是合理的. 如今经典学派已不反对这一观点：著名的美国经典统计学家莱曼（Lehmann）教授在他的 *Theory of point estimation* 一书中写道："把统计问题中的参数看作随机变量的实现要比看作未知参数更合理一些". 如今两个学派的争论焦点是：如何利用各种先验信息合理地确定先验分布. 这在有些情况是容易解决的，但在很多情况是相当困难的.

# 2. 2　贝叶斯定理

贝叶斯学派奠基性的工作是贝叶斯定理(或贝叶斯公式). 贝叶斯定理可以分为: 事件形式和随机变量形式. 事件形式的贝叶斯定理在通常的《概率论与数理统计》教材中都有叙述, 这里再用事件的形式和随机变量的形式来分别叙述.

## 2. 2. 1　事件形式的贝叶斯定理

设试验 $E$ 的样本空间为 $\Omega$, $A$ 为 $E$ 的事件, $B_1$, $B_2$, $\cdots$, $B_n$ 为样本空间 $\Omega$ 的一个划分, 且 $P(A)>0$, $P(B_i)>0(i=1, 2, \cdots, n)$, 则

$$P(B_i|A) = \frac{P(A|B_i)P(B_i)}{\sum\limits_{j=1}^{n} P(A|B_j)P(B_j)}, \quad i=1,2,\cdots,n. \tag{2.2.1}$$

式(2.2.1)称为事件形式的贝叶斯定理.

事件形式的贝叶斯定理最简单的情况是(两个事件情形):

$$P(A|B) = \frac{P(B|A)P(A)}{P(B|A)P(A)+P(B|\overline{A})P(\overline{A})},$$

其中 $\overline{A}$ 表示事件 $A$ 的对立事件, 且 $P(B)>0$, $P(A)>0$, $P(\overline{A})>0$.

为了说明贝叶斯定理的意义, 以下给出两个例子.

**例 2. 2. 1**　设从某个城市的人口中随机选取一个人作结核病皮肤试验(简称为"皮试"), 而试验的结果是阳性, 问给出皮试阳性结果(记为事件 $B$)这个人正是结核病患者(记为事件 $A$)的概率是多少?

从医疗机构和专家那里, 可以得到如下信息:

(1)在一项研究皮试效果的报告中得知, 一个结核病人其皮试结果为阳性的概率为 0.98, 即 $P(B|A)=0.98$.

(2)在上述报告中还得知, 一个没有结核病的人, 而其皮试结果错误地呈阳性的概率为 0.05, 即 $P(B|\overline{A})=0.05$.

(3)根据该市卫生部门的统计资料得知, 该城市人口中有 1% 患有结核病, 即 $P(A)=0.01$.

根据贝叶斯定理(2.2.1)，则从该城市随机选取一个人作皮试，结果呈阳性(事件 $B$)而此人正是结核病患者(事件 $A$)的概率为

$$P(A|B) = \frac{P(B|A)P(A)}{P(B|A)P(A) + P(B|\overline{A})P(\overline{A})} = \frac{0.98 \times 0.01}{0.98 \times 0.01 \times + 0.05 \times 0.99} = 0.165.$$

以上结果说明：在皮试之前人口中有 1‰患有结核病，然而在皮试之后，这个呈阳性的人确是结核病患者(事件 $A$)的概率上升到16.5%. 另一方面，皮试结果呈阴性(事件 $\overline{B}$)而此人真正是结核病患者(事件 $A$)(被误诊并被遗漏)的概率为

$$P(A|\overline{B}) = \frac{P(\overline{B}|A)P(A)}{P(\overline{B}|A)P(A) + P(\overline{B}|\overline{A})P(\overline{A})} = \frac{0.02 \times 0.01}{0.02 \times 0.01 + 0.95 \times 0.99} = 0.0002.$$

以上结果说明：在皮试之前人口中有 1‰患有结核病，然而在皮试之后，这个呈阴性的人确是结核病患者(事件 $A$)的概率下降到 0.02‰.

在例 2.2.1 中，从医疗机构和专家那里得到的信息有三条. 第 1 条和第 2 条信息来自研究皮试效果的报告，它是从抽样试验结果得到的，因此叫做**抽样信息**(或**样本信息**). 而第 3 条信息是在没有进行皮试之前的信息，因此叫做**先验信息**.

根据贝叶斯定理得到的计算结果是综合了样本信息和先验信息之后的信息，因此叫做**后验信息**. "先验"与"后验"是相对于抽样而言的.

贝叶斯定理可以理解为：利用"样本信息"对"先验信息"进行修正而得到"后验信息".

**例 2.2.2(质量控制问题)**  某质量管理人员考虑某产品，由一个生产线生产，按照过去的经验不合格品率(记为 $p$)有四种可能：0.01，0.05，0.10，0.25. 假设该质量管理人员有关于参数 $p$ 有如下先验信息(即取以上四个值的概率)：

$$P(p=0.01)=0.6, \quad P(p=0.05)=0.3, \quad P(p=0.10)=0.08, \quad P(p=0.25)=0.02.$$

除以上先验信息外，该质量管理人员决定从生产过程中进行抽样，以便获得一些样本信息. 设在整个过程中不合格产品率保持不变，而且每次抽样是独立的.

一个有 5 个产品的样品来自这个生产过程，且 5 个样品中有 1 个不合格. 如何把这个样本信息与先验信息结合呢? 首先计算**似然函数**(也简称为**似然**)——在假设不合格产品率为某个值的条件下的样本分布. 假设不合格产品率 $p=0.01$，0.05，0.10，0.25 的条件下，5 个样品中有 1 个不合格的似然，根据二项分布，有：

$$P(r=1|n=5, p=0.01) = C_5^1 (0.01)^1 (0.99)^4 = 0.0480,$$

$$P(r=1|n=5, p=0.05) = C_5^1 (0.05)^1 (0.95)^4 = 0.2036,$$

$$P(r=1|n=5,p=0.10)=C_5^1(0.10)^1(0.90)^4=0.3280,$$

$$P(r=1|n=5,p=0.25)=C_5^1(0.25)^1(0.75)^4=0.3955.$$

根据贝叶斯定理(2.2.1)，有

$$P(B_i|A)=\frac{P(A|B_i)P(B_i)}{\sum\limits_{j=1}^{4}P(A|B_j)P(B_j)}, \quad i=1,2,\cdots,4.$$

其中，事件 $A$ 表示"5 个样品中有 1 个不合格"，$B_i=p_i(i=1,2,\cdots,4)$，$p_1=0.01$，$p_2=0.05$，$p_3=0.10$，$p_4=0.25$.

有关计算结果如表 2-1 所示.

表 2-1　有关计算结果

| 不合格品率 $p_i$ | 先验概率 $P(B_i)$ | 似然 $P(A|B_i)$ | 先验×似然 | 后验概率 $P(B_i|A)$ |
|---|---|---|---|---|
| 0.01 | 0.6 | 0.0480 | 0.02880 | 0.232 |
| 0.05 | 0.3 | 0.2360 | 0.06108 | 0.492 |
| 0.10 | 0.08 | 0.3280 | 0.02624 | 0.212 |
| 0.25 | 0.02 | 0.3955 | 0.00791 | 0.064 |
| $\sum$ | 1.00 | | 0.12403 | 1.00 |

由上表可以看出，先验概率之和为 1，后验概率之和也为 1(这是先验分布和后验分布本身的要求)，然而似然之和不为 1(也没有必要是 1).

为了获得更多的有关生产过程的信息，该质量管理人员决定再从生产过程中进行一次抽样，这次又随机抽取 5 个样品，结果发现其中有 2 个不合格. 对于这个样本而言，它的先验分布正是上一次抽样后的后验分布，再次假设在整个过程中不合格产品率保持不变，而且每次抽样是独立的. 根据贝叶斯定理，有关计算结果如表 2-2 所示.

表 2-2　有关计算结果

| 不合格品率 $p_i$ | 先验概率 $P(B_i)$ | 似然 $P(A|B_i)$ | 先验×似然 | 后验概率 $P(B_i|A)$ |
|---|---|---|---|---|
| 0.01 | 0.232 | 0.0010 | 0.00023 | 0.005 |
| 0.05 | 0.492 | 0.0214 | 0.01053 | 0.244 |
| 0.10 | 0.212 | 0.0729 | 0.01545 | 0.359 |
| 0.25 | 0.064 | 0.2637 | 0.01688 | 0.392 |
| $\sum$ | 1.00 | | 0.04309 | 1.00 |

有趣的是，观察一下新的样本信息之后概率分布的变化，如图 2-1 所示. 原先质量管理人员在低的不合格品率处，即在 $p=0.01$ 处有高的概率；在第一次抽样后，5 个样品中有 1 个不合格的，则最大概率位移到 $p=0.05$ 处；在第二次抽样后，5 个样品中有 2 个不合格的，则最大概率位移到 $p=0.25$ 处了，而原先质量管理人员评定的最大先验概率 0.6 竟变成最小概率 0.005 了. 换言之，样本信息导致了概率分布的变化，这说明该生产线在什么地方出了问题.

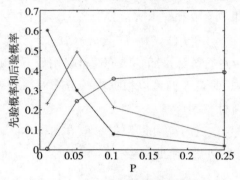

图 2-1　先验概率和后验概率

说明：＊表示"先验概率"，＋表示第一次抽样的"后验概率"，。表示第二次抽样的"后验概率".

你可别以为样本信息总是这么大地改变先验概率分布！例如，若在一次抽样后，10 个样品中有 1 个是不合格的，那么后验分布将如何变化？请读者自己计算一下，并说明你的结论.

## 2.2.2　随机变量形式的贝叶斯定理

设 $X_1$，$X_2$，$\cdots$，$X_n$ 是来自总体 $X$ 的样本，$x_1$，$x_2$，$\cdots$，$x_n$ 为其观察值，则 $X_1$，$X_2$，$\cdots$，$X_n$ 的联合密度函数为 $f(x,\theta)=f(x_1,x_2,\cdots,x_n,\theta)$，其中 $\theta\in\Theta$ 是总体 $X$ 中的未知参数（$\Theta$ 是参数 $\theta$ 取值范围，称为**参数空间**），从总体中抽样得到样本信息包含在联合密度函数 $f(x,\theta)$ 之中. 经典统计认为未知参数 $\theta$ 是常数，而贝叶斯统计认为未知参数 $\theta$ 是随机变量. 这样，样本 $X_1$，$X_2$，$\cdots$，$X_n$ 的联合密度函数就是在给定 $\theta$ 下的条件密度函数——称为**似然函数**，即

$$L(x|\theta)=f(x_1,x_2,\cdots,x_n,\theta). \tag{2.2.2}$$

由于参数 $\theta$ 是随机变量，因此它具有分布，设 $\pi(\theta)$ 是它的密度函数. 一般 $\pi(\theta)$ 由参数 $\theta$ 的先验信息来确定，称 $\pi(\theta)$ 为参数 $\theta$ 的**先验密度函数**（对应的分布称为**先验分布**）. 先验密度或先验分布有时简称为**先验**（prior）. 关于先验分布的确定，详见后面的第 4 章.

由此可见，在上述统计问题中有两类信息：参数 $\theta$ 的先验信息来（包含在参数 $\theta$ 的分布中）和样本的抽样信息［包含在联合密度函数式（2.2.2）中］. 为了综合上述两类信息，可以求参数 $\theta$ 和样本 $X_1$，$X_2$，…，$X_n$ 的联合密度函数，即

$$h(x,\theta)=L(x|\theta)\pi(\theta) \tag{2.2.3}$$

为了对未知参数 $\theta$ 进行统计推断，人们通常采用如下策略：

（1）当没有抽样信息时，人们可以根据先验分布对参数 $\theta$ 作出推断. 这实际上就是所谓的经验型统计推断.

（2）如果有抽样信息，这时就可以根据参数 $\theta$ 和样本 $X_1$，$X_2$，…，$X_n$ 的联合密度函 $h(x,\theta)$ 对参数 $\theta$ 进行推断. 令

$$m(x)=\int_{\Theta} h(x,\theta)\mathrm{d}\theta=\int_{\Theta} L(x\mid\theta)\pi(\theta)\mathrm{d}\theta,$$

则上式为样本的边缘密度函数，于是 $h(x,\theta)$ 可以分解为

$$h(x,\theta)=\pi(\theta|x)m(x).$$

其中 $\pi(\theta|x)$ 是在给定样本观察值情况下参数 $\theta$ 的条件密度函数. 由于 $m(x)$ 与参数 $\theta$ 无关，即 $m(x)$ 中不含 $\theta$ 的任何信息，因此，在对参数 $\theta$ 进行统计推断时，人们仅需要关注 $\pi(\theta|x)$，即

$$\pi(\theta|x)=\frac{L(x|\theta)\pi(\theta)}{\int_{\Theta} L(x|\theta)\pi(\theta)\mathrm{d}\theta}. \tag{2.2.4}$$

称式（2.2.4）为连续型随机变量形式的贝叶斯定理（即密度函数形式的贝叶斯定理）. 称 $\pi(\theta|x)$ 为**后验密度函数**（对应的分布称为**后验分布**），它综合了有关参数 $\theta$ 的先验信息和抽样信息. 因此，基于后验分布对参数 $\theta$ 进行统计推断更加有效，也更加合理.

也可以把式（2.2.4）写成

$$\pi(\theta|x)\propto L(x|\theta)\pi(\theta). \tag{2.2.5}$$

其中 $\propto$ 表示"正比于"（两边只差一个常数因子）.

式(2.2.5)的右边虽然不是正常的密度函数，但它是后验密度函数 $\pi(\theta \mid x)$ 的核(它与后验密度函数 $\pi(\theta|x)$ 只差一个常数因子).

式(2.2.5)的意义：后验密度函数 $\pi(\theta|x)$ 的核"正比于"先验密度函数 $\pi(\theta)$ 与似然函数 $L(x|\theta)$ 的乘积.

关于密度函数的核，有时用起来是简洁、方便的. 例如正态分布 $N(\mu, \sigma^2)$，其密度函数的核为 $e^{-\frac{(x-\mu)^2}{2\sigma^2}}$.

一般来说，先验分布(或先验密度函数 $\pi(\theta)$)反映了人们在抽样前对参数 $\theta$ 的认识；后验分布(或后验密度函数 $\pi(\theta|x)$)反映了人们在抽样后对参数 $\theta$ 的认识，它实际上是通过抽样信息对参数 $\theta$ 的先验信息进行调整.

在 $\theta$ 是离散型随机变量时，先验分布可用先验分布律 $\pi(\theta_i)$ 来表示($i=1$，2，…). 此后验分布也有离散形式——后验分布律

$$\pi(\theta_i|x) = \frac{L(x|\theta_i)\pi(\theta_i)}{\sum_j L(x|\theta_j)\pi(\theta_j)}, \quad i=1, 2, \cdots. \qquad (2.2.6)$$

称式(2.2.4)和式(2.2.6)为贝叶斯定理(也称为贝叶斯公式)，其中 $\int_\Theta L(x \mid \theta)\pi(\theta)\mathrm{d}\theta$ (连续场合)或 $\sum_j L(x \mid \theta_j)\pi(\theta_j)$ 称为边缘分布(或边际分布)，它们与参数 $\theta$ 无关. 以后若不作特别说明，我们仅讨论参数是连续的场合.

在 $x$ 被观测到之前，它是有分布可言的，并称

$$\int_\Theta L(x \mid \theta)\pi(\theta)\mathrm{d}\theta$$

为 $x$ 的边际分布或先验预测分布. 而当 $x$ 一经观测得到，我们就可对任一未知但可观测的量 $\tilde{x}$ 进行预测，其后验分布

$$\pi(\tilde{x}|x) = \int_\Theta \pi(\tilde{x}, \theta|x)\mathrm{d}\theta = \int_\Theta \pi(\tilde{x}|\theta, x)\pi(\theta|x)\mathrm{d}\theta$$
$$= \int_\Theta \pi(\tilde{x}|\theta)\pi(\theta|x)\mathrm{d}\theta \qquad (2.2.7)$$

称之为 $x$ 的后验预测分布.

**例 2.2.3(市场分析问题)** 某公司开发了一个新产品，它很不同于同类其他产品，以至于经理对于该新产品在市场上是否有竞争力没有把握. 为此该经理把这个不确定性量化为一个参数 $\theta$，它是 0 到 1 连续变化的数，当该产品在市场上

极有吸引力时 $\theta$ 接近于 1，当该产品在市场上没有多少吸引力时 $\theta$ 接近于 0. 显然假设 $\theta$ 是连续型随机变量是合理的.

进一步该经理要对 $\theta$ 的先验分布作一个评定：认为 $\theta$ 低的可能性大于 $\theta$ 高的可能性，也就是认为这个新产品在市场上不是很有竞争力，于是该经理确定 $\theta$ 的先验分布用三角分布，其密度函数为

$$\pi(\theta)=\begin{cases}2(1-\theta), & 0\leqslant\theta\leqslant1,\\ 0, & \text{其他.}\end{cases}$$

这个先验密度函数的图像如图 2-2 所示.

下一步评定似然函数. 为了获得有关 $\theta$ 的更多信息，该经理调查了 5 个顾客，结果是其中 1 位购买了这个新产品，而另 4 位没有购买了这个新产品. 参数 $\theta$ 就是这个新产品在市场中有竞争力的度量（简称为市场"竞争力"）.

设在整个过程市场"竞争力"保持不变，而且是否购买这个新产品是独立的.

根据二项分布，5 个顾客中有 1 位购买了这个新产品的似然函数为

$$L(x|\theta)=P(r=1|n=5,\theta)=C_5^1\theta^1(1-\theta)^4=5\theta(1-\theta)^4, \quad 0\leqslant\theta\leqslant1.$$

这个似然函数的图像如图 2-3 所示.

根据贝叶斯定理(2.2.4)，后验密度函数为

$$\pi(\theta|x)=\frac{L(x|\theta)\pi(\theta)}{\int_{\Theta}L(x|\theta)\pi(\theta)\mathrm{d}\theta}=\frac{2(1-\theta)\left[5\theta(1-\theta)^4\right]}{\int_0^1 2(1-\theta)\left[5\theta(1-\theta)^4\right]\mathrm{d}\theta}=42\theta(1-\theta)^5, \quad 0\leqslant\theta\leqslant1.$$

这个后验密度函数的图像如图 2-4 所示.

把先验密度函数、似然函数和后验密度函数的图像放在同一个图中，如图 2-5 所示.

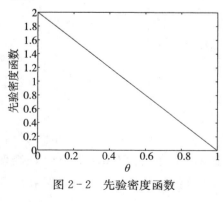

图 2-2　先验密度函数

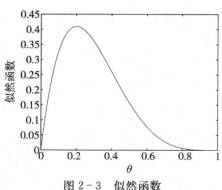

图 2-3　似然函数

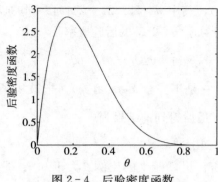

图2-4 后验密度函数

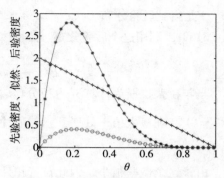

图2-5 三个函数放在同一个图中

说明:在图2-5中,+表示"先验密度函数",。表示"似然函数",*表示"后验密度函数".

由图2-5可以看到:应用样本信息(通过似然函数)修正先验密度函数得到后验密度函数的情况.

**例 2.2.4** 在伯努利(Bernoulli)试验中,设事件 $A$ 的概率为 $\theta$,即 $P(A)=\theta$,为了对参数 $\theta$ 进行推断而作 $n$ 次独立观察,结果是事件 $A$ 出现的次数为 $X$,则 $X$ 服从二项分布 $B(n, \theta)$,即

$$P(X=x|\theta)=C_n^x\theta^x(1-\theta)^{n-x}, \quad x=0, 1, \cdots, n.$$

这就是似然函数,即

$$L(x|\theta)=P(X=x|\theta)=C_n^x\theta^x(1-\theta)^{n-x}, \quad x=0, 1, \cdots, n.$$

如果在试验前对事件 $A$ 没有什么了解,从而对其发生的概率 $\theta$ 也说不出是大是小. 在这种情况下,贝叶斯建议用区间(0,1)上的均匀分布 $U(0,1)$ 作为 $\theta$ 的先验分布. 贝叶斯的这个建议被后人称为**贝叶斯假设**. 此时 $\theta$ 的先验密度函数为

$$\pi(\theta)=\begin{cases}1, & 0<\theta<1 \\ 0, & \text{其他.}\end{cases}$$

根据贝叶斯定理(2.2.4),$\theta$ 的后验密度函数为

$$\pi(\theta|x)=\frac{L(x|\theta)\pi(\theta)}{\displaystyle\int_\Theta L(x|\theta)\pi(\theta)\mathrm{d}\theta}=\frac{C_n^x\theta^x(1-\theta)^{n-x}}{\displaystyle\int_0^1 C_n^x\theta^x(1-\theta)^{n-x}\mathrm{d}\theta}=\frac{\theta^{(x+1)-1}(1-\theta)^{(n-x+1)-1}}{B(x+1, n-x+1)}, \quad 0<\theta<1.$$

它是参数为 $x+1$ 和 $n-x+1$ 的 Beta 分布,记为 $Be(x+1, n-x+1)$.

拉普拉斯在1786年研究了巴黎男婴诞生的比例,他希望检验男婴诞生的比例 $\theta$ 是否大于0.5. 为此他收集了1745年到1770年在巴黎诞生的婴儿数据. 其中男婴251527个,女婴241945个. 他选用(0,1)上的均匀分布 $U(0,1)$ 作为 $\theta$ 的先验分

布，于是得到后验分布 $Be(x+1, n-x+1)$，其中 $n=251527+241945=493472$，$x=251527$. 利用这个后验分布，拉普拉斯计算了"$\theta \leqslant 0.5$"的后验概率

$$P(\theta \leqslant 0.5 \mid x) = \frac{1}{B(x+1, n-x+1)} \int_0^{0.5} \theta^x (1-\theta)^{n-x} \mathrm{d}\theta.$$

当年拉普拉斯为计算上述积分（实际上它是不完全 Beta 函数），把被积函数 $\theta^x (1-\theta)^{n-x}$ 在最大值 $\frac{x}{n}$ 处展开，然后计算，最后得到的结果为

$$P(\theta \leqslant 0.5 \mid x) = 1.15 \times 10^{-42}.$$

由于这个概率很小，因此拉普拉斯断言：男婴诞生的比例 $\theta$ 大于 0.5. 这个结果在当时是很有影响的.

进一步研究这个例子，考察抽样信息 $x$ 是如何对先验进行调整的. 试验前，$\theta$ 在区间 $(0, 1)$ 上为均匀分布 $U(0, 1)$，其密度函数如图 2-6 所示. 当抽样结果 $X=x$ 时，$\theta$ 的后验分布虽然仍在区间 $(0, 1)$ 上取值，但已不是均匀分布，而是一个密度函数呈单峰的分布，其单峰的位置是随着 $x$ 的增加而向右移动，如图 2-7 所示.

不论是哪种情况，其峰值总在 $\frac{x}{n}$ 处达到. 例如，当 $x=0$ 时，表示在 $n$ 次试验中事件 $A$ 一次也没有发生，这表明事件 $A$ 发生的概率很小，$\theta$ 在 0 附近取值的可能性大，$\theta$ 在 1 附近取值的可能性小，所得后验密度是严格减少函数. 类似地，当 $x=n$ 时，所得后验密度是严格增加函数，$\theta$ 在 1 附近取值的可能性大，$\theta$ 在 0 附近取值的可能性小，如图 2-6 所示.

另外，当 $x < \frac{n}{2}$ 时，后验密度的峰值偏左；当 $x > \frac{n}{2}$ 时，后验密度的峰值偏右；当 $x = \frac{n}{2}$（$n$ 为偶数）时，后验密度对称，其峰值在 $\frac{1}{2}$ 处，如图 2-7 所示.

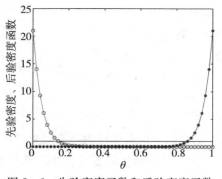

图 2-6 先验密度函数和后验密度函数

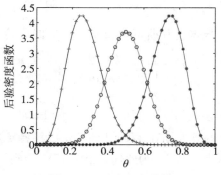

图 2-7 后验密度函数

说明：在图 2-6 中，$n=20$，一表示 $U(0，1)$ 的密度函数，。表示在 $x=0$ 时的密度函数（$\pi(\theta \mid x)=(n+1)(1-\theta)^n$），＊表示在 $x=n$ 时的密度函数（$\pi(\theta \mid x)=(n+1)\theta^n$）.

在图 2-7 中，$n=20$，$x$ 分别取 5，10，15，＋表示 $0<x<\dfrac{n}{2}$ 情形的密度函数，。表示 $x=\dfrac{n}{2}$ 情形的密度函数，＊表示 $\dfrac{n}{2}<x<n$ 情形的密度函数.

从以上分析可见，从总体获得样本后，贝叶斯定理把人们对 $\theta$ 的认识从 $\pi(\theta)$ 调整到 $\pi(\theta \mid x)$.

## 2.3　共轭先验分布

式（2.2.4）从理论上提供了一个方法，利用样本信息修正先验密度函数（得到后验密度函数），然而在实际问题中会遇到一些困难. 因为先验密度函数和似然函数如果不是比较简单的函数，则积分可能是困难的. 解决这种困难的一个途径是限制先验分布为某个分布族，这样就发展了"共轭先验分布"的概念. 它本质上是一个分布族，当用它们作先验分布时，计算后验分布是容易的，当然还要取决于似然函数.

### 2.3.1　共轭先验分布的定义

我们知道，区间 $(0，1)$ 上的均匀分布 $U(0，1)$ 就是 Beta 分布 $Be(1，1)$. 在例 2.2.4 中可以看到，如果二项分布 $B(n，\theta)$ 中的参数 $\theta$ 的先验分布取 $Be(1，1)$，则其后验分布也是 Beta 分布 $Be(x+1，n-x+1)$. 先验分布和后验分布同属于一个 Beta 分布族，只是其分布参数不同而已. 这不是一个偶然现象. 如果把 $\theta$ 的先验分布换成一般的 Beta 分布 $Be(a，b)$，其中 $a>0$，$b>0$，经过与例 2.2.4 类似的计算可以得到（见后面的例 2.3.1）：$\theta$ 的后验分布也仍然是 Beta 分布 $Be(a+x，b+n-x)$. 此先验分布就是"共轭先验分布". 在其他场合还会遇到另外一些共轭先验分布.

**定义 2.3.1**　设 $\theta$ 是总体分布 $f(x;\theta)$ 中的参数，$\pi(\theta)$ 是 $\theta$ 的先验分布，如果对于任意来自 $f(x;\theta)$ 的样本观察值 $x=(x_1，x_2，\cdots，x_n)$ 得到的后验分布 $\pi(\theta|x)$ 与 $\theta$ 的先验分布 $\pi(\theta)$ 属于同一分布族，则称该分布族是 $\theta$ 的**共轭先验分布（族）**.

根据定义 2.3.1，如果参数 $\theta$ 的先验分布 $\pi(\theta)$ 属于某分布族，根据贝叶斯定理将它与似然函数综合后，得到参数 $\theta$ 的后验分布也属于这个分布族.

共轭先验分布所说的"共轭"（conjugate）表示先验分布与后验分布相对于给定

的似然函数而言的.

## 2.3.2 后验分布的计算

**例2.3.1(续例2.2.4)** 在例2.2.4中可以看到,如果二项分布$B(n,\theta)$中的参数$\theta$的先验分布取$Be(1,1)$,则其后验分布也是Beta分布$Be(x+1,n-x+1)$. 如果把$\theta$的先验分布换成一般的Beta分布$Be(a,b)$,其中$a>0$,$b>0$,经过与例2.2.4类似的计算可以得到:$\theta$的后验分布也仍然是Beta分布$Be(a+x,b+n-x)$.

事实上,在例2.2.4中,如果二项分布$B(n,\theta)$中的参数$\theta$的先验分布取Beta分布$Be(a,b)$,其密度函数为

$$\pi(\theta)=\frac{\theta^{a-1}(1-\theta)^{b-1}}{B(a,b)},\ 0<\theta<1.$$

根据例2.2.4,似然函数为

$$L(x|\theta)=P(X=x|\theta)=C_n^x\theta^x(1-\theta)^{n-x},\ x=0,1,\cdots,n.$$

根据贝叶斯定理,则$\theta$的后验密度函数为

$$\pi(\theta|x)=\frac{L(x|\theta)\pi(\theta)}{\displaystyle\int_\Theta L(x|\theta)\pi(\theta)\mathrm{d}\theta}=\frac{\theta^{(a+x)-1}(1-\theta)^{(b+n-x)-1}}{B(a+x,b+n-x)},\ 0<\theta<1.$$

它是Beta分布$Be(a+x,b+n-x)$.

**例2.3.2(续例2.3.1)** 在例2.3.1中,如果二项分布$B(n,\theta)$中的参数$\theta$的先验分布取Beta分布$Be(a,b)$,则$\theta$的后验分布是Beta分布$Be(a+x,b+n-x)$. 根据这个结果,可以得到后验分布$Be(a+x,b+n-x)$的均值和方差分别为

$$E(\theta|x)=\frac{a+x}{a+b+n}=\frac{n}{a+b+n}\cdot\frac{x}{n}+\frac{a+b}{a+b+n}\cdot\frac{a}{a+b}=\alpha\frac{x}{n}+(1-\alpha)\frac{a}{a+b},$$

$$Var(\theta|x)=\frac{(a+x)(b+n-x)}{(a+b+n)^2(a+b+n+1)}=\frac{E(\theta|x)[1-E(\theta|x)]}{(a+b+n+1)}.$$

其中$\alpha=\frac{n}{a+b+n}$,$\frac{x}{n}$是样本均值,$\frac{a}{a+b}$是先验均值.

从上述后验均值$E(\theta|x)$可以看出:后验均值是样本均值$\frac{x}{n}$和先验均值$\frac{a}{a+b}$的加权平均,因此,后验均值介于样本均值和先验均值之间,它偏向哪一侧由$\alpha=\frac{n}{a+b+n}$的大小决定. 另外,当$n$和$x$都比较大,且$\frac{x}{n}$接近于某个常数时,则有

$$E(\theta \mid x) \approx \frac{x}{n},$$

$$Var(\theta \mid x) \approx \frac{1}{n}\frac{x}{n}\left(1 - \frac{x}{n}\right).$$

这说明，当样本容量 $n$ 增大时，后验均值决定于样本均值，而后验方差越来越小．此时后验密度的变化可从图 2-8～图 2-11 中看到（$a=b=1$），随着 $x$ 和 $n$ 在成比例地增加时，后验分布的密度函数越来越向 $\frac{x}{n}$ 集中，这时先验信息对后验分布的影响越来越小．

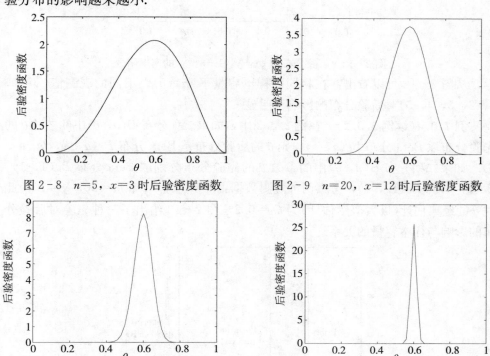

图 2-8　$n=5$，$x=3$ 时后验密度函数　　图 2-9　$n=20$，$x=12$ 时后验密度函数

图 2-10　$n=100$，$x=60$ 时后验密度函数　　图 2-11　$n=1000$，$x=600$ 时后验密度函数

**例 2.3.3（续例 2.3.2）**　在例 2.3.2 中，如果二项分布 $B(n,\theta)$ 中的参数 $\theta$ 的先验分布取 Beta 分布 $Be(a,b)$，则 $\theta$ 的后验分布是 Beta 分布 $Be(a+y,b+n-y)$．由此可得：如果二项分布 $B(n,\theta)$ 中的参数 $\theta$ 的先验分布取 Beta 分布 $Be(1,1)$，则 $\theta$ 的后验分布是 Beta 分布 $Be(1+y,1+n-y)$．当 $n=5$ 时，图 2-12 给出了观测值 $y=0$，1，2，3，4，5 时 6 种后验分布的密度函数．

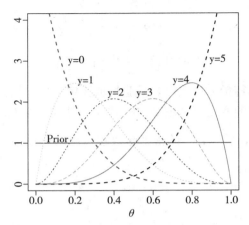

图 2-12　后验分布 $Be(1+y, 1+n-y)$ 的密度函数

从图 2-12 可以看出：在相同的样本容量下($n=5$)，不同的观测值($y=0$，1，2，3，4，5)对后验分布的影响很明显.

**例 2.3.4(续例 2.3.2)**　在例 2.3.2 中，如果二项分布 $B(n, \theta)$ 中的参数 $\theta$ 的先验分布取 Beta 分布 $Be(a, b)$，则 $\theta$ 的后验分布是 Beta 分布 $Be(a+y, b+n-y)$. 如果二项分布 $B(n, \theta)$ 中的参数 $\theta$ 的先验分布分别取 Beta 分布 $Be(1, 1)$，$Be(2, 5)$ 和 $Be(10, 1)$，考察两种观测数据：$n=5$，$y=1$ 和 $n=50$，$y=10$，此时 $\theta$ 的经典估计(极大似然估计)为 $\hat{\theta}_c=0.2$. 图 2-13 给出了三种先验对后验分布的影响与样本容量的关系.

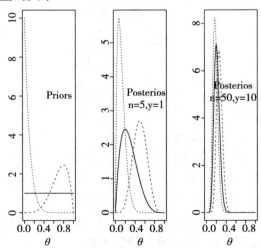

图 2-13　后验分布随样本容量和先验分布的变化情况

说明：在图 2-13 中，左数第一个图：—，…和— —分别表示 $Be(1，1)$，$Be(2，5)$ 和 $Be(10，1)$ 的密度函数；左数第二、三个图：—，…和— —分别表示与 $Be(1，1)$，$Be(2，5)$ 和 $Be(10，1)$ 对应的后验分布的密度函数.

从图 2-13 可以看出：随着样本容量的增加，先验分布对后验分布的影响逐渐减小. 这说明在小样本情况下，先验分布的选取较为重要，但随样本数据信息的增加，先验分布在贝叶斯分析中的敏感性变弱，因此其选择可以考虑以方便计算为主，如取共轭先验分布等.

**例 2.3.5（大学生的睡眠问题）** 一位研究者想研究大学生的睡眠情况. 他走访了 30 名学生，其中 12 名可以保证 8 小时的充分睡眠，而其他 18 名学生的睡眠时间则不足 8 小时. 这位学者感兴趣的是大学生这个群体中充足睡眠者的比例 $p$. 作为比例的 $p$ 其似然函数是二项分布，可以把它写为：$L(p) \propto p^s (1-p)^{n-s}$，其中 $n$ 是走访的学生总数，$s$ 是充分睡眠的学生数（http：//site. douban. com/182577/widget/notes/10567181/note/294041203/）.

下面采用两种方法来取先验分布并计算后验分布.

（1）一种方法是假设有关于大学生群体睡眠状况的比较充分信息，$p$ 可能取 0.05，0.15，0.25，0.35，0.45，0.55，0.65，0.75，0.85，0.95 这些值，相对应的权重的可以取为 1，5，8，7，4.5，2，1，0.7，0.5，0.2，那么通过对这些权重值的归一化可以得到 $p$ 的离散形式的先验概率. 对具有离散先验的比例参数，计算后验概率使用 R 语言中的函数 pdisc(). 然后可以用绘图包 ggplot2 把先验和后验分布画出来.

使用离散先验，其 R 代码如下：

```
library(LearnBayes)
library(ggplot2)
p<—seq(0.05，0.95，by=0.1)
prior<—c(1，5，8，7，4.5，2，1，0.7，0.5，0.2)
prior<—prior/sum(prior)
data<—c(12，18)
post<—pdisc(p，prior，data)
prob<—c(prior，post)
type<—factor(rep(c("prior","posterior")，each=10))
n<—as. numeric(rep(1：10，times=2))
```

d. prior<－data. frame(prob，type，n)

ggplot(d. prior，aes(x＝n，y＝prob，fill＝type))＋geom ＿ bar(stat＝"identity"，

position＝"dodge")

运行结果如图 2-14 所示.

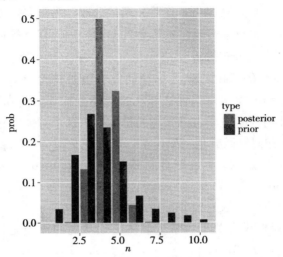

图 2-14 离散先验概率和后验概率的变化情况

(2)另一种方式是取共轭先验分布. 因为似然是二项分布，共轭先验分布就是 Beta 分布. 假设对先验分布有一定了解，如果其 50％分位数对应的比例值为 0.3，90％分位数对应的比例值为 0.5. 利用 R 语言中的 beta. select()函数可以得到完整的先验分布. 然后利用 ggplot2 包绘制先验和后验分布的图形.

使用 Beta 分布作为共轭先验，其 R 代码如下：

quantile2＝list(p＝0.9，x＝0.5)

quantile1＝list(p＝0.5，x＝0.3)

beta. prior<－beta. select(quantile1，quantile2)

a<－beta. prior[1]

b<－beta. prior[2]

print(c(a，b))

[1]3. 26   7. 19

s＝12

f＝18

ggplot(data. frame(x＝c(0, 1)), aes(x＝x))＋stat _ function(fun＝dbeta,
args＝list(shape1＝a,
shape2＝b), geom＝"area", fill＝"blue", alpha＝0.3, colour＝"blue",
lwd＝1)＋stat _ function(fun＝dbeta, args＝list(shape1＝s＋a, shape2＝f＋
b), geom＝"area", fill＝"red", alpha＝0.3, colour＝"red", lwd＝1)＋
annotate("text", x＝0.25, y＝3, label＝"prior")＋annotate("text", x＝0.37,
y＝5.3, label＝"posterior")

运行结果如图 2-15 所示.

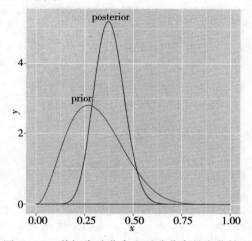

图 2-15　共轭先验分布和后验分布的变化情况

**例 2.3.6**　设 $X_1$, $X_2$, $\cdots$, $X_n$ 是来自参数为 $\lambda$ 的泊松分布 $P(\lambda)$ 的样本，$x_1$, $x_2$, $\cdots$, $x_n$ 为其观察值. 若参数 $\lambda$ 的先验分布为 Gamma 分布 $Ga(a, b)$，其密度函数为

$$\pi(\lambda)=\frac{b^a}{\Gamma(a)}\lambda^{a-1}\exp(-b\lambda), \quad \lambda>0, \ a>0, \ b>0,$$

其中 $\Gamma(a)=\displaystyle\int_0^\infty t^{a-1}\exp(-bt)\mathrm{d}t$ 为 Gamma 函数.

似然函数为

$$L(x|\lambda)=\prod_{i=1}^n \frac{\lambda^{x_i}\mathrm{e}^{-\lambda}}{x_i!}\propto\lambda^{\sum_{i=1}^N x_i}\mathrm{e}^{-n\lambda}\propto\lambda^{n\bar{x}}\mathrm{e}^{-n\lambda}.$$

根据贝叶斯定理，则 $\lambda$ 的后验密度函数为

$$\pi(\lambda|x)\propto\pi(\lambda)L(x|\lambda)\propto\lambda^{a+n\bar{x}-1}\mathrm{e}^{-(b+n)\lambda}.$$

它是 Gamma 分布 $Ga(a+n\bar{x}, b+n)$ 的密度函数.

例 2.3.6 说明，对参数为 $\lambda$ 的泊松分布 $P(\lambda)$，$\lambda$ 的共轭先验分布是 Gamma 分布.

**例 2.3.7** 在参数为 $\lambda$（均值的倒数）的指数分布中，$\lambda$ 的共轭先验分布 Gamma 分布.

设 $X_1$，$X_2$，$\cdots$，$X_n$ 是来自参数为 $\lambda$（均值的倒数）的指数分布 $\exp(\lambda)$ 的样本，$x_1$，$x_2$，$\cdots$，$x_n$ 为其观察值. 若参数 $\lambda$ 的先验分布为 Gamma 分布 $Ga(a, b)$，其密度函数为

$$\pi(\lambda) = \frac{b^a}{\Gamma(a)}\lambda^{a-1}\exp(-b\lambda), \quad \lambda > 0,\ a > 0,\ b > 0,$$

其中 $\Gamma(a) = \int_0^\infty t^{a-1}\exp(-t)\mathrm{d}t$ 为 Gamma 函数.

似然函数为

$$L(x|\lambda) \propto \lambda^n \exp\left(-\lambda\sum_{i=1}^n x_i\right).$$

根据贝叶斯定理，则 $\lambda$ 的后验密度函数为

$$\pi(\lambda|x) = \frac{L(x|\lambda)\pi(\lambda)}{\displaystyle\int_0^\infty L(x|\lambda)\pi(\lambda)\mathrm{d}\lambda} \propto \lambda^{a+n-1}\exp\left[-\lambda\left(b+\sum_{i=1}^n x_i\right)\right].$$

它是 Gamma 分布 $Ga\left(a+n,\ b+\sum_{i=1}^n x_i\right)$ 的密度函数.

记 $\bar{x} = \dfrac{1}{n}\sum_{i=1}^n x_i$，则 $\sum_{i=1}^n x_i = n\bar{x}$. 于是 $\lambda$ 的后验分布为 $Ga(a+n, b+n\bar{x})$，因此后验均值为

$$E(\lambda|x) = \frac{a+n}{b+n\bar{x}} = \frac{n\bar{x}}{b+n\bar{x}}\cdot\frac{1}{\bar{x}} + \frac{b}{b+n\bar{x}}\cdot\frac{a}{b}.$$

从上述后验均值 $E(\lambda|x)$ 可以看出：后验均值是 $\dfrac{1}{\bar{x}}$（$\lambda$ 的极大似然估计）和先验均值 $\dfrac{a}{b}$ 的加权平均，因此，后验均值介于 $\dfrac{1}{\bar{x}}$ 和先验均值之间，它偏向哪一侧由 $\dfrac{n\bar{x}}{b+n\bar{x}}$ 的大小决定.

**例 2.3.8** 设 $x_1$，$x_2$，$\cdots$，$x_n$ 是来自正态分布 $N(\mu, \sigma^2)$ 的样本观察值，其中 $\mu$ 为未知，$\sigma^2 = \sigma_0^2$ 为已知，若 $\mu$ 的先验分布为 $N(\mu_a, \sigma_a^2)$，其中 $\mu_a$，$\sigma_a^2$ 为已

知，则 $\mu$ 的后验分布为 $N(\mu_b,\sigma_b^2)$，其中

$$\mu_b=\frac{\overline{x}\sigma_a^2+\mu_a\sigma_0^2/n}{\sigma_a^2+\sigma_0^2/n}, \tag{2.3.1}$$

$$\sigma_b^2=\frac{\sigma_a^2\sigma_0^2/n}{\sigma_a^2+\sigma_0^2/n}, \tag{2.3.2}$$

其中 $\overline{x}=\dfrac{1}{n}\sum\limits_{i=1}^{n}x_i$.

事实上，设 $x_1,x_2,\cdots,x_n$ 是来自正态分布 $N(\mu,\sigma_0^2)$ 的样本观察值，则样本的似然函数为

$$L(x|\mu)=(2\pi\sigma_0^2)^{-\frac{n}{2}}\exp\left[-\frac{1}{2\sigma_0^2}\sum_{i=1}^{n}(x_i-\mu)^2\right]$$

$$=(2\pi\sigma_0^2)^{-\frac{n}{2}}\exp\left\{-\frac{1}{2\sigma_0^2}\left[(n-1)s^2+n(\mu-\overline{x})^2\right]\right\},$$

其中 $\overline{x}=\dfrac{1}{n}\sum\limits_{i=1}^{n}x_i,s^2=\dfrac{1}{n-1}\sum\limits_{i=1}^{n}(x_i-\overline{x})^2.$

若 $\mu$ 的先验分布为 $N(\mu_a,\sigma_a^2)$，其密度函数为

$$\pi(\mu)=\frac{1}{\sqrt{\pi}\sigma_a}\exp\left[-\frac{1}{2\sigma_a^2}(\mu-\mu_a)^2\right],$$

根据贝叶斯定理，则 $\mu$ 的后验密度函数为

$$\pi(\mu|x)\propto\pi(\mu)L(x|\mu)\propto\exp\left\{-\frac{1}{2}\left[\frac{(\mu-\mu_a)^2}{\sigma_a^2}+\frac{n}{\sigma_0^2}(\mu-\overline{x})^2\right]\right\}$$

$$\propto\exp\left\{-\left(\frac{\sigma_a^2+\sigma_0^2/n}{2\sigma_a^2\sigma_0^2/n}\right)\left(\mu-\frac{\overline{x}\sigma_a^2+\mu_a\sigma_0^2/n}{\sigma_a^2+\sigma_0^2/n}\right)^2\right\},$$

因此 $\mu$ 的后验分布为 $N(\mu_b,\sigma_b{}^2)$，其中 $\mu_b$ 和 $\sigma_b^2$ 分别由式（2.3.1）和式（2.3.2）给出.

式（2.3.1）和式（2.3.2）中的 $\mu_b$ 和 $\sigma_b^2$ 还可以写成如下形式：

$$\mu_b=\frac{\overline{x}\sigma_a^2+\mu_a\sigma_0^2/n}{\sigma_a^2+\sigma_0^2/n}=\frac{\overline{x}(\sigma_0^2/n)^{-1}+\mu_a(\sigma_a^2)^{-1}}{(\sigma_0^2/n)^{-1}+(\sigma_a^2)^{-1}}, \tag{2.3.3}$$

$$\sigma_b^2=\frac{\sigma_a^2\sigma_0^2/n}{\sigma_a^2+\sigma_0^2/n}=\frac{1}{(\sigma_0^2/n)^{-1}+(\sigma_a^2)^{-1}}. \tag{2.3.4}$$

记 $h_0=(\sigma_0^2/n)^{-1}$，$h_1=(\sigma_a^2)^{-1}$，则由式（2.3.3）得

$$\mu_b = \frac{\overline{x}h_0 + \mu_a h_1}{h_0 + h_1}, \qquad (2.3.5)$$

其中 $h_0$ 和 $h_1$ 通常称为**样本的精度参数**和**先验的精度参数**.

式(2.3.1)、式(2.3.3)和式(2.3.5)都说明，后验均值 $\mu_b$ 是样本均值 $\overline{x}$ 和先验均值 $\mu_a$ 的加权平均.

由式(2.3.4)得

$$\sigma_b^2 = \frac{1}{h_0 + h_1}. \qquad (2.3.6)$$

由式(2.3.6)得 $(\sigma_b^2)^{-1} = h_0 + h_1$，它正好是样本的精度参数和先验的精度参数之和.

**例 2.3.9** 作为一个数值例子，在例 2.3.8 中，取 $n=10$ 个样本观察值如表 2-3 所示(Zellner，1971)：

**表 2-3 样本观察值**

| $i$ | $x_i$ | $i$ | $x_i$ |
|-----|-------|-----|-------|
| 1 | 0.6996 | 6 | $-0.648$ |
| 2 | 0.320 | 7 | 1.572 |
| 3 | $-0.799$ | 8 | $-0.319$ |
| 4 | $-0.927$ | 9 | 2.049 |
| 5 | 0.373 | 10 | $-3.077$ |

根据上表，得到样本均值 $\overline{x} = \dfrac{1}{10}\sum\limits_{i=1}^{10} x_i = -0.0757$.

若上表中样本观察值来自正态分布 $N(\mu,1)$，其中 $\mu$ 为未知参数，且 $\mu$ 的先验分布为 $N(-0.02,2)$，把上表的数据以及 $\sigma_0^2 = 1$，$\mu_a = -0.02$，$\sigma_a^2 = 2$ 代入式(2.3.1)和式(2.3.2)得到：

后验均值 $\mu_b = -0.0730$，后验方差 $\sigma_b^2 = 0.0952$.

这样就得到了 $\mu$ 的后验分布为 $N(-0.0730,0.0952)$.

$\mu$ 的先验分布 $N(-0.02,2)$ 和后验分布 $N(-0.0730,0.0952)$ 的密度函数如图 2-16 所示.

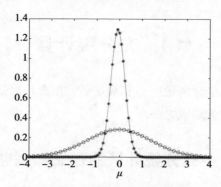

图 2-16　先验密度函数和后验密度函数

说明：在图 2-16 中，。表示先验分布 $N(-0.02, 2)$ 的密度函数，* 表示后验分布 $N(-0.0730, 0.0952)$ 的密度函数.

由图 2-16 可以看出，合并了 10 个独立样本的信息到先验信息后，结果对 $\mu$ 的不确定性有明显改善，即先验方差 $\sigma_a^2 = 2$，而后验方差是 $\sigma_b^2 = 0.0952$. 此外后验均值 $\mu_b = -0.0730$ 与样本均值 $\bar{x} = -0.0757$ 相差不大，但与先验均值 $\mu_a = -0.02$ 绝对值相差较大. 然而，要注意的是，先验分布有明显大的方差 $\sigma_a^2 = 2$，因此原来就有较大的概率在 $-0.0730$ 附近；也就是说，这种情况表明先验信息与样本信息相比，是有些"含混不清"和"比较分散"的.

## 2.3.3　常用的共轭先验分布

在例 2.3.1、例 2.3.6、例 2.3.7 中，分别给出了二项分布中成功概率，Poisson 分布均值，指数分布中均值的倒数的后验分布；在例 2.3.8 中，在方差已知时给出了正态分布均值的后验分布. 常用的共轭先验分布如表 2-4 所示.

表 2-4　常用的共轭先验分布

| 总体分布 | 参数 | 共轭先验分布 |
| --- | --- | --- |
| 二项分布 | 成功概率 | Beta 分布 $Be(a, b)$ |
| Poisson | 均值 | Gamma 分布 $Ga(a, b)$ |
| 指数分布 | 均值的倒数 | Gamma 分布 $Ga(a, b)$ |
| 指数分布 | 均值 | 倒 Gamma 分布 $\mathrm{I}Ga(a, b)$ |
| 正态分布(方差已知) | 均值 | 正态分布 $N(\mu, \sigma^2)$ |
| 正态分布(均值已知) | 方差 | 倒 Gamma 分布 $\mathrm{I}Ga(a, b)$ |

# 2.4　充分统计量

充分统计量在简化统计问题中是非常重要的概念，也是经典统计和贝叶斯统计中为数不多的相一致的观点之一.

## 2.4.1　经典统计中充分统计量的定义和判断

在经典统计中充分统计量是这样定义的：

**定义 2.4.1**　设 $x=(x_1, x_2, \cdots, x_n)$ 是来自分布函数 $F(x|\theta)$ 的样本，$T=T(x)$ 是一个统计量，如果在给定 $T(x)=t$ 的条件下，$x$ 的条件分布与 $\theta$ 无关，则称统计量 $T=T(x)$ 为 $\theta$ 的充分统计量.

在一般情况下，用上述定义直接验证一个统计量是充分统计量是困难的，因为需要计算条件分布. 幸好有一个判断充分统计量的充要条件——因子分解定理：

**定理 2.4.1**　一个统计量 $T(x)$ 是参数 $\theta$ 的充分统计量，其充要条件是存在一个 $t$ 与 $\theta$ 的函数 $g(t, \theta)$ 和一个样本 $x$ 的函数 $h(x)$，使得对于任何一个样本 $x$ 和任意的 $\theta$，样本的联合密度函数 $f(x|\theta)$ 可以表示为它们的乘积，即

$$f(x|\theta)=g[T(x), \theta]h(x).$$

定理 2.4.1 的证明从略（在离散型随机变量情形的证明，见茆诗松等，2011）.

由于样本的联合密度函数 $f(x|\theta)$ 就是似然函数 $L(x|\theta)$，所以也可以把定理 2.4.1 的相应部分改写成

$$L(x|\theta)=g[T(x), \theta]h(x).$$

## 2.4.2　贝叶斯统计中充分统计量的判断

在贝叶斯统计中，判断一个统计量是充分统计量也有一个充要条件.

**定理 2.4.2**　设 $x=(x_1, x_2, \cdots, x_n)$ 是来自密度函数 $f(x|\theta)$ 的样本，$T=$

$T(x)$是一个统计量，它的密度函数为 $f(t|\theta)$，又设 $\mathscr{H}=\{\pi(\theta)\}$ 是参数 $\theta$ 的某个先验分布族，则统计量 $T(x)$ 是参数 $\theta$ 的充分统计量的充要条件是，对任意一个先验分布 $\pi(\theta)\in\mathscr{H}$，有

$$\pi[\theta|T(x)]=\pi(\theta|x).$$

即用样本分布 $f(x|\theta)$ 算得的后验分布与用充分统计量 $T(x)$ 算得的后验分布是相同的.

定理 2.4.2 的证明从略. 以下举例来说明定理 2.4.2 的含义.

**例 2.4.1** 设 $x=(x_1, x_2, \cdots, x_n)$ 是来自正态分布 $N(\mu, \sigma^2)$ 的样本，其密度函数为

$$f(\mathrm{x}|\mu, \sigma^2)=(2\pi)^{-\frac{n}{2}}\sigma^{-n}\exp\left\{-\frac{1}{2\sigma^2}\sum_{i=1}^n (x_i-\mu)^2\right\}$$

$$=(2\pi)^{-\frac{n}{2}}\sigma^{-n}\exp\left\{-\frac{1}{2\sigma^2}\sum_{i=1}^n [Q+n(\overline{x}-\mu)]^2\right\},$$

其中 $\overline{x}=\dfrac{1}{n}\sum_{i=1}^n x_i$，$Q=\sum_{i=1}^n (\overline{x}_i-\mu)^2$.

设 $\pi(\mu, \sigma^2)$ 为任意一个先验分布，则 $(\mu, \sigma^2)$ 的后验密度为

$$\pi(\mu, \sigma^2|x)=\frac{\sigma^{-n}\pi(\mu, \sigma^2)\exp\left\{-\dfrac{1}{2\sigma^2}\sum_{i=1}^n [Q+n(\overline{x}-\mu)]^2\right\}}{\displaystyle\int_{-\infty}^\infty\int_0^\infty \sigma^{-n}\exp\left\{-\dfrac{1}{2\sigma^2}\sum_{i=1}^n [Q+n(\overline{x}-\mu)]^2\right\}\mathrm{d}\mu\mathrm{d}\sigma^2}.$$

另一方面，根据经典统计的结果，二维统计量 $T=(\overline{x}, Q)$ 恰好是 $(\mu, \sigma^2)$ 的充分统计量，且 $\overline{x}\sim N(\mu, \sigma^2/n)$，$Q\sim\chi^2(n-1)$，且 $\overline{x}$ 和 $Q$ 独立，则 $\overline{x}$ 和 $Q$ 的密度函数分别为

$$f(\overline{x}|\mu, \sigma^2)=\frac{\sqrt{n}}{\sqrt{2\pi}\sigma}\exp\left\{-\frac{n}{2\sigma^2}\sum_{i=1}^n (\overline{x}-\mu)^2\right\},$$

$$g(Q|\mu, \sigma^2)=\frac{1}{\Gamma\left(\dfrac{n-1}{2}\right)(2\sigma^2)^{\frac{n-1}{2}}}Q^{\frac{n-3}{2}}\exp\left\{-\frac{Q}{2\sigma^2}\right\}.$$

由于 $\overline{x}$ 和 $Q$ 独立，则 $\overline{x}$ 和 $Q$ 的联合密度函数为

$$f(\overline{x}, Q|\mu, \sigma^2) = \frac{\sqrt{n}/\sqrt{2\pi}\sigma}{\Gamma\left(\frac{n-1}{2}\right)(2\sigma^2)^{\frac{n-1}{2}}} Q^{\frac{n-3}{2}} \exp\left\{-\frac{1}{2\sigma^2}\sum_{i=1}^{n}\left[Q+n(\overline{x}-\mu)\right]^2\right\}.$$

应用相同的先验分布 $\pi(\mu, \sigma^2)$，可得在给定 $\overline{x}$ 和 $Q$ 下的后验密度为

$$\pi(\mu, \sigma^2|\overline{x}, Q) = \frac{\sigma^{-n}\pi(\mu,\sigma^2)\exp\left\{-\frac{1}{2\sigma^2}\sum_{i=1}^{n}\left[Q+n(\overline{x}-\mu)\right]^2\right\}}{\int_{-\infty}^{\infty}\int_{0}^{\infty}\sigma^{-n}\exp\left\{-\frac{1}{2\sigma^2}\sum_{i=1}^{n}\left[Q+n(\overline{x}-\mu)\right]^2\right\}d\mu d\sigma^2}.$$

比较这两个后验密度，可知

$$\pi(\mu, \sigma^2|x) = \pi(\mu, \sigma^2|\overline{x}, Q).$$

由此可见，用充分充分统计量 $(\overline{x}, Q)$ 算得的后验分布与用样本 $x$ 算得的后验分布是相同的.

关于定理 2.4.2，这里有如下说明：

(1)定理 2.4.2 给出的条件是充分必要的，因此定理 2.4.2 的充分必要条件可以作为充分统计量的贝叶斯定义. 例如，在例 2.4.1 中，把 $\overline{x}$ 换成 $x_1$，同样可以在 $(x_1, Q)$ 给定下算得后验分布，但没有上述等式，即

$$\pi(\mu, \sigma^2|x) \neq \pi(\mu, \sigma^2|x_1, Q).$$

这是因为在贝叶斯统计中，$(x_1, Q)$ 不是 $(\mu, \sigma^2)$ 的充分统计量.

(2)如果已知统计量 $T(x)$ 是充分统计量，那么根据定理 2.4.2，其后验分布可用该统计量的分布算得，由于充分统计量可以简化数据、降低维数，因此定理 2.4.2 也可以简化后验分布的计算.

**例 2.4.2** 设 $x = (x_1, x_2, \cdots, x_n)$ 是来自正态分布 $N(\theta, 1)$ 的样本，由于 $\overline{x}$ 是 $\theta$ 的充分统计量，若 $\theta$ 的先验分布取正态分布 $N(0, \sigma^2)$，其中 $\sigma^2$ 为已知，那么 $\theta$ 的后验分布可用充分统计量 $\overline{x}$ 的分布算得，即

$$\pi(\theta|\overline{x}) \propto \exp\left\{-\frac{n}{2}(\overline{x}-\theta)^2 - \frac{\theta^2}{2\sigma^2}\right\} \propto \exp\left\{-\frac{n+\sigma^{-2}}{2}\left(\theta - \frac{n\overline{x}}{n+\sigma^{-2}}\right)^2\right\}.$$

因此，后验分布是正态分布 $N\left(\frac{n\overline{x}}{n+\sigma^{-2}}, \frac{1}{n+\sigma^{-2}}\right)$.

# 2.5 常用分布列表

为应用方便，以下给出常用分布列表（见表2-5）.

**表2-5 常用分布表**

| 概率分布名称 | 密度函数（或分布列） | 数字特征 |
|---|---|---|
| 正态分布 $N(\mu, \sigma^2)$ | $f(x)=\dfrac{1}{\sqrt{2\pi}\sigma}\exp\left\{-\dfrac{(x-\mu)^2}{2\sigma^2}\right\}$，$x\in\mathbf{R}$，<br>$\mu$ 为位置参数，$\sigma>0$ 为尺度参数 | $E(X)=\mu$，<br>$Var(X)=\sigma^2$ |
| 均匀分布 $U(a, b)$ | $f(x)=\dfrac{1}{b-a}$，<br>$x\in[a, b]$ | $E(X)=\dfrac{a+b}{2}$，<br>$Var(X)=\dfrac{(b-a)^2}{12}$ |
| 指数分布 $Exp(\lambda)$ | $f(x)=\lambda\exp(-\lambda x)$，<br>$x>0$，$\lambda>0$ 为尺度参数 | $E(X)=\dfrac{1}{\lambda}$，<br>$Var(X)=\dfrac{1}{\lambda^2}$ |
| Beta 分布 $Be(a, b)$ | $f(x)=\dfrac{1}{B(a, b)}x^{a-1}(1-x)^{b-1}$，<br>$0<x<1$，$a>0$，$b>0$ | $E(X)=\dfrac{a}{a+b}$，<br>$Var(X)=\dfrac{ab}{(a+b)^2(a+b+1)}$ |
| Gamma 分布 $Ga(a, b)$ | $f(x)=\dfrac{b^a}{\Gamma(a)}x^{a-1}\exp(-bx)$，<br>$x>0$，$a>0$ 为形状参数，<br>$b>0$ 为尺度参数 | $E(X)=\dfrac{a}{b}$，<br>$Var(X)=\dfrac{a}{b^2}$ |
| 倒 Gamma 分布 $IGa(a, b)$ | $f(x)=\dfrac{b^a}{\Gamma(a)}x^{-(a+1)}\exp\left(-\dfrac{b}{x}\right)$，<br>$x>0$，$a>0$ 为形状参数，<br>$b>0$ 为尺度参数 | $E(X)=\dfrac{b}{a-1}$，$a>1$，<br>$Var(X)=\dfrac{b^2}{(a-1)^2(a-2)}$，$a>2$ |

（续表）

| 概率分布名称 | 密度函数（或分布列） | 数字特征 |
| --- | --- | --- |
| 对数正态分布 $LN(\mu,\ \sigma^2)$ | $f(x)=\dfrac{1}{\sqrt{2\pi}\sigma}\exp\left\{-\dfrac{(\ln x-\mu)^2}{2\sigma^2}\right\}$, $x>0$, $\mu$ 为位置参数, $\sigma>0$ 为尺度参数 | $E(X)=\exp\left\{\mu+\dfrac{\sigma^2}{2}\right\}$, $Var(X)=\exp\{2\mu+\sigma^2\}(e^{\sigma^2}-1)$ |
| 威布尔分布 $W(m,\ \eta)$ | $f(x)=\dfrac{m}{\eta}\left(\dfrac{x}{\eta}\right)^{m-1}\exp\left\{-\left(\dfrac{x}{\eta}\right)^m\right\}$, $x>0$, $m>0$ 为形状参数, $\eta>0$ 为尺度参数 | $E(X)=\eta\Gamma\left(1+\dfrac{1}{m}\right)$, $Var(X)=\eta^2\left[\Gamma\left(1+\dfrac{2}{m}\right)-\Gamma^2\left(1+\dfrac{1}{m}\right)\right]$ |
| Pareto 分布 $Pa(a,\ b)$ | $f(x)=\dfrac{a}{b}\left(\dfrac{b}{x}\right)^{a+1}$, $x\geqslant b$, $b>0$ 为门限参数, $a>0$ 为形状参数 | $E(X)=\dfrac{ab}{a-1}$, $a>1$, $Var(X)=\dfrac{ab^2}{(a-1)^2(a-2)}$, $a>2$ |
| Cauchy 分布 $Ca(a,\ b)$ | $f(x)=\dfrac{1}{\pi}\dfrac{1}{b^2+(x-a)^2}$, $x\in \mathbf{R}$, $a$ 为位置参数, $b>0$ 为尺度参数 | 中位数 $Mode(X)=a$, （均值、方差都不存在） |
| $\chi^2$ 分布 $\chi^2(n)$ | $f(x)=\dfrac{1}{2^{\frac{n}{2}}\Gamma\left(\dfrac{n}{2}\right)}x^{\frac{n}{2}-1}e^{-\frac{x}{2}}$, $x>0$, $n$ 为自由度 | $E(X)=n$, $Var(X)=2n$ |
| $t$ 分布 $t(n)$ | $f(x)=\dfrac{\Gamma\left(\dfrac{n+1}{2}\right)}{\sqrt{n\pi}\Gamma\left(\dfrac{n}{2}\right)}\left(1+\dfrac{x^2}{n}\right)^{-\frac{n+1}{2}}$, $x\in \mathbf{R}$, $n$ 为自由度 | $E(X)=0$, $Var(X)=\dfrac{n}{n-2}$, $n>2$ |

（续表）

| 概率分布名称 | 密度函数（或分布列） | 数字特征 |
|---|---|---|
| F 分布<br>$F(n_1, n_2)$ | $f(x)=\dfrac{\Gamma\left(\frac{n_1+n_2}{2}\right)\left(\frac{n_1}{n_2}\right)^{\frac{n_1}{2}}x^{\frac{n_1}{2}-1}}{\Gamma\left(\frac{n_1}{2}\right)\Gamma\left(\frac{n_2}{2}\right)\left(1+\frac{n_1}{n_2}x\right)^{\frac{n_1+n_2}{2}}},$<br>$x>0,\ n_1,\ n_2$ 为自由度 | $E(X)=\dfrac{n_1}{n_1-2},\ n_1>2,$<br>$Var(X)=\dfrac{2n_1^2(n_1+n_2-2)}{n_2(n_1-2)^2(n_1-4)},$<br>$n_1>4$ |
| 二项分布<br>$B(n, p)$ | $f(x)=C_n^x p^x(1-p)^{n-x},$<br>$x=0,\ 1,\ \cdots,\ n,\ p\in[0,\ 1]$ | $E(X)=np,$<br>$Var(X)=np(1-p)$ |
| 负二项分布<br>$NB(r, p)$ | $f(x)=C_{x+r-1}^x p^r(1-p)^x,$<br>$x=0,\ 1,\ \cdots$<br>$p\in[0,\ 1],\ r$ 非负整数 | $E(X)=\dfrac{r}{p},$<br>$Var(X)=\dfrac{r(1-p)}{p^2}$ |
| Poisson 分布<br>$P(\lambda)$ | $f(x)=\dfrac{\lambda^x e^{-\lambda}}{x!},\ x=0,\ 1,\ \cdots,$<br>$\lambda>0$ | $E(X)=\lambda,$<br>$Var(X)=\lambda$ |
| 多元正态分布<br>$N_d(\mu, \sum)$ | $f(x)=(2\pi)^{\left(-\frac{d}{2}\right)}\left\|\sum\right\|^{-\frac{1}{2}}\cdot$<br>$\exp\left\{-\dfrac{1}{2}(x-\mu)'\sum^{-1}(x-\mu)\right\},$<br>$\mu$ 为均值向量，$\sum$ 正定协方差矩阵 | $E(X)=\mu,$<br>$Cov(X)=\sum$ |

# 第 3 章 参数估计和假设检验

参数估计和假设检验是贝叶斯统计基础理论部分的核心内容. 本章主要包括：点估计，区间估计，假设检验，从 $p$ 值到贝叶斯因子，使用 $p$ 值的 6 条准则（美国统计协会），关于不同损失函数下贝叶斯估计的补充.

## 3.1 点估计

设 $\theta$ 是总体 $X$ 中的未知参数，$\theta \in \Theta$（参数空间）. 为了估计参数 $\theta$，可从该总体中抽取样本 $X_1$，$X_2$，$\cdots$，$X_n$，$x = (x_1, x_2, \cdots, x_n)$ 为样本观察值. 根据参数 $\theta$ 的先验信息选择一个先验分布 $\pi(\theta)$，根据贝叶斯定理可以得到 $\theta$ 的后验分布 $\pi(\theta|x)$，然后根据这个后验分布对参数 $\theta$ 进行参数估计.

点估计就是寻找一个统计量的观察值，记作 $\hat{\theta}(x)$，用 $\hat{\theta}(x)$ 去估计 $\theta$. 从贝叶斯观点来看，就是寻找样本（或其观察值）的函数 $\hat{\theta}(x)$，使它尽可能地"接近" $\theta$.

### 3.1.1 损失函数与风险函数

与经典统计类似，也有一个估计好坏的标准问题. 对于给定的标准，去寻找最好的估计. 在考虑标准时，通常用损失函数、风险函数来描述. 以下先给出几个定义.

**定义 3.1.1** 在参数 $\theta$ 取值范围 $\Theta$（参数空间）上，定义一个二元非负实函数 $L(\theta, \hat{\theta})$ 称为**损失函数**，即 $\Theta \times \Theta$ 到 $\mathbf{R}$ 上的一个函数.

$L(\theta, \hat{\theta})$ 表示用 $\hat{\theta}$ 去估计 $\theta$ 时，由于 $\hat{\theta}$ 与 $\theta$ 的不同而引起的损失. 通常的损失是非负的，因此限定 $L(\hat{\theta}, \theta) \geqslant 0$. 常见的损失函数如下：

(1)平方损失函数：$L(\theta,\hat{\theta})=(\theta-\hat{\theta})^2$;

(2)绝对损失函数：$L(\theta,\hat{\theta})=|\theta-\hat{\theta}|$;

(3)0-1损失函数：$L(\theta,\hat{\theta})=\begin{cases}1, & \hat{\theta}\neq\theta, \\ 0, & \hat{\theta}=\theta.\end{cases}$

**定义 3.1.2** 对损失函数 $L(\theta,\hat{\theta})$，用 $\hat{\theta}(x)$ 去估计 $\theta$ 时，

$$R_{\hat{\theta}(x)}(\theta)=E[L(\theta,\hat{\theta})]$$

称为 $\hat{\theta}(x)$ 相应的风险函数，简称**风险函数**. 当 $\hat{\theta}(x)$ 不标明时，把 $R_{\hat{\theta}(x)}(\theta)$ 用 $R(\theta)$ 来表示.

当损失函数给定后，好的估计应该使风险函数尽量小. 当 $L(\theta,\hat{\theta})=(\theta-\hat{\theta})^2$ 时，

$$R_{\hat{\theta}(x)}(\theta)=E[\hat{\theta}(x)-\theta]^2,$$

这就是 $\hat{\theta}(x)$ 对 $\theta$ 的**均方误差**.

**定义 3.1.3** 如 $\hat{\theta}_*(x)$ 在估计类 G 中使等式

$$R_{\hat{\theta}_*(x)}(\theta)=\min_{\hat{\theta}(x)\in G}R_{\hat{\theta}(x)}(\theta), \quad \forall\theta\in\Theta$$

成立，则称 $\hat{\theta}_*(x)$ 是 G 中**一致最小风险估计**.

给定了风险函数 $L(\theta,\hat{\theta})$，理想的估计就是定义 3.1.3 中的一致最小风险估计，这就是经典方法的观点. 从贝叶斯方法的观点来看，由于 $R_{\hat{\theta}(x)}(\theta)$ 是 $\theta$ 的函数，而参数 $\theta$ 是随机变量，它有先验分布 $\pi(\theta)$，于是 $\hat{\theta}(x)$ 的损失应由积分

$$\int_\Theta R_{\hat{\theta}(x)}(\theta)\pi(\theta)\mathrm{d}\theta$$

来衡量，把上述积分记为 $\rho(\hat{\theta}(x),\pi(\theta))=\int_\Theta R_{\hat{\theta}(x)}(\theta)\pi(\theta)\mathrm{d}\theta$.

如果能够找到一个 $\hat{\theta}_*(x)$，使 $\rho(\hat{\theta}_*(x),\pi(\theta))$ 达到最小，从贝叶斯观点来看是最佳的估计，于是有下述定义.

**定义 3.1.4** 若 $\hat{\theta}_*(x)$ 使

$$\rho(\hat{\theta}_*(x),\pi(\theta))=\min_{\hat{\theta}(x)}\rho(\hat{\theta}(x),\pi(\theta)),$$

则称 $\hat{\theta}_*(x)$ 是针对 $\pi(\theta)$ 的贝叶斯解，简称**贝叶斯解**.

从定义 3.1.4 可以看出，贝叶斯解不但与损失函数的选取有关，而且与先验分布 $\pi(\theta)$ 也有关. 求贝叶斯解有如下一个一般的结果.

**定理 3.1.1** 对于给定的损失函数 $L(\theta,\hat{\theta})$ 及先验分布 $\pi(\theta)$，若样本 $x$ 对 $\theta$

的条件密度为 $f(x|\theta)$，记

$$R(\hat{\theta}(x)|x) = \int_{\Theta} L[\theta, \hat{\theta}(x)] f(x \mid \theta) \pi(\theta) \mathrm{d}\theta,$$

称它为 $\hat{\theta}(x)$ 的**后验风险**. 当

$$R(\hat{\theta}_*(x)|x) = \min_{\hat{\theta}(x)} R(\hat{\theta}(x)|x), \quad \forall x$$

成立，则 $\hat{\theta}_*(x)$ 就是 $\pi(\theta)$ 相应的贝叶斯解，即有

$$\rho(\hat{\theta}_*(x), \pi(\theta)) = \min_{\hat{\theta}(x)} \rho(\hat{\theta}(x), \pi(\theta)).$$

定理 3.1.1 的证明从略，详见张尧庭等(1991).

定理 3.1.1 说明：如果有一个 $\theta$ 的估计使得对于每一个样本观察值 $x$，后验风险达到最小，它就是所要求的贝叶斯解. 定理 3.1.1 有三个重要的特殊情况，分别见以下的推论 3.1.1、推论 3.1.2 和推论 3.1.3.

**推论 3.1.1**  若损失函数为平方损失 $L(\theta, \hat{\theta}) = (\theta - \hat{\theta})^2$，则参数 $\theta$ 的贝叶斯解就是后验期望 $E(\theta|x)$.

**证明**  若损失函数 $L(\theta, \hat{\theta}) = (\theta - \hat{\theta})^2$，则有

$$R(\hat{\theta}(x)|x) = \int_{\Theta} L[\theta, \hat{\theta}(x)] f(x \mid \theta) \pi(\theta) \mathrm{d}\theta = \int_{\Theta} [\theta - \hat{\theta}(x)]^2 f(x \mid \theta) \pi(\theta) \mathrm{d}\theta.$$

注意：$\hat{\theta}(x)$ 只是样本 $x$ 的函数，当 $x$ 固定时，它就是一个常数，根据定理 3.1.1，可以对每一个 $x$ 选 $\hat{\theta}_*(x)$ 使 $\int_{\Theta} [\theta - \hat{\theta}_*(x)]^2 f(x|\theta) \pi(\theta) \mathrm{d}\theta$ 最小，即选 $a$ 使 $\int_{\Theta} (a-\theta)^2 f(x|\theta) \pi(\theta) \mathrm{d}\theta$ 最小.

把上式对 $a$ 求一阶导数，并令其为 0，得到

$$0 = \frac{\partial}{\partial a} \int_{\Theta} (a-\theta)^2 f(x|\theta) \pi(\theta) \mathrm{d}\theta = 2 \int_{\Theta} (a-\theta) f(x|\theta) \pi(\theta) \mathrm{d}\theta,$$

于是得到 $a = E(\theta|x)$.

**推论 3.1.2**  若损失函数为 $0-1$ 损失 $L(\theta, \hat{\theta}) = \begin{cases} 1, & \hat{\theta} \neq \theta \\ 0, & \hat{\theta} = \theta \end{cases}$，则参数 $\theta$ 的贝叶斯解就是参数 $\theta$ 的后验众数.

推论 3.1.2 的证明从略，详见张尧庭等(1991).

**推论 3.1.3**  若损失函数为绝对损失 $L(\theta, \hat{\theta}) = |\theta - \hat{\theta}|$，则参数 $\theta$ 的贝叶斯解

就是后验分布的中位数.

推论 3.1.3 的证明从略, 详见茆诗松(1999).

推论 3.1.1, 推论 3.1.2 和推论 3.1.3 的结论用于点估计, 就得到三种常用估计方法: 后验期望法、后验众数法和后验中位数法.

## 3.1.2　贝叶斯估计的定义

**定义 3.1.5**　使后验密度函数 $\pi(\theta|x)$ 达到最大的 $\hat{\theta}_{MD}$ 称为参数 $\theta$ 的**后验众数估计**; 后验分布的中位数 $\hat{\theta}_{Me}$ 称为参数 $\theta$ 的**后验中位数估计**; 后验分布的期望 $\hat{\theta}_{E}$ 称为参数 $\theta$ 的**后验期望估计**. 这三个估计都称为参数 $\theta$ 的**贝叶斯估计**.

根据定义 3.1.5 和推论 3.1.1, 在损失函数是平方损失时, 贝叶斯估计是后验期望 $\hat{\theta}_{E}$.

根据定义 3.1.5 和推论 3.1.2, 在损失函数是 $0-1$ 损失时, 贝叶斯估计是后验众数 $\hat{\theta}_{MD}$.

根据定义 3.1.5 和推论 3.1.3, 在损失函数是绝对损失时, 贝叶斯估计是后验中位数 $\hat{\theta}_{Me}$.

请读者注意, 今后在本书中如果不指明损失函数是什么时, 说到的贝叶斯估计时, 均指后验期望估计 $\hat{\theta}_{E}$.

在一般情况下, 这三个贝叶斯估计: $\hat{\theta}_{E}$, $\hat{\theta}_{MD}$ 和 $\hat{\theta}_{Me}$ 是不同的, 如图 3-1 所示.

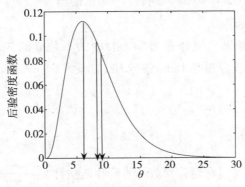

图 3-1　$\theta$ 的三个贝叶斯估计

说明: 在图 3-1 中, 从左向右数, 第一、二、三个箭头(的位置)分别表示 $\hat{\theta}_{MD}$, $\hat{\theta}_{Me}$ 和 $\hat{\theta}_{E}$.

当后验密度函数 $\pi(\theta|x)$ 是对称时，这三个贝叶斯估计相同的. 例如，如果参数 $\theta$ 的后验分布为正态分布，则 $\hat{\theta}_{MD}=\hat{\theta}_{Me}=\hat{\theta}_E$，此时如图 3-2 所示.

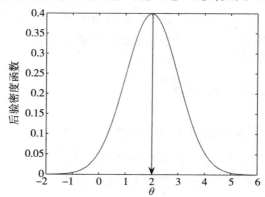

图 3-2  $\theta$ 的三个贝叶斯估计 $\hat{\theta}_{MD}=\hat{\theta}_{Me}=\hat{\theta}_E$

说明：在图 3-2 中，箭头的位置表示 $\theta$ 的三个贝叶斯估计 $\hat{\theta}_{MD}=\hat{\theta}_{Me}=\hat{\theta}_E$.

**例 3.1.1**  某人打靶，共打了 $n$ 次，命中了 $r$ 次，现在的问题是如何估计此人打靶命中的概率 $\theta$.

在经典统计中，$\theta$ 的估计为 $\hat{\theta}_C=\dfrac{r}{n}$（它是 $\theta$ 的极大似然估计）. 当 $n=r=1$ 时，则有 $\hat{\theta}_C=1$；而当 $n=r=10$ 时，仍然有 $\hat{\theta}_C=1$. 打靶 10 次，每次都命中了，直觉上总感到此人命中的概率相当大；而打了一次，命中了，此人命中的概率和 10 次每次都命中都一样，经典统计的估计结果都是 1，这与人们心目中的估计结果是不同的. 对于 $n=10$，$r=0$ 时，则有 $\hat{\theta}_C=0$；而当 $n=1$，$r=0$ 时，仍然有 $\hat{\theta}_C=0$. 这个结果也是不合理的.

根据例 2.2.4，如果二项分布 $B(n, \theta)$ 中的参数 $\theta$ 的先验分布取 Beta 分布 $Be(1, 1)$，则 $\theta$ 的后验分布是 Beta 分布 $Be(1+r, 1+n-r)$，于是参数 $\theta$ 的贝叶斯估计（后验期望）为 $\hat{\theta}_B=\dfrac{r+1}{n+2}$.

当 $n=r=1$ 时，$\hat{\theta}_B=\dfrac{2}{3}$；当 $n=r=10$ 时，$\hat{\theta}_B=\dfrac{11}{12}$.

通过以上比较，我们看到：参数 $\theta$ 的贝叶斯估计 $\hat{\theta}_B=\dfrac{r+1}{n+2}$ 比参数 $\theta$ 的经典估计 $\hat{\theta}_C=\dfrac{r}{n}$ 更合理.

**例 3.1.2（续例 3.1.1）**　在例 3.1.1 中，某人打靶，共打了 $n$ 次，命中了 $r$ 次，此人打靶命中的概率为 $\theta$. 若 $\theta$ 的先验分布取 Beta 分布 $Be(1，1)$，根据例 2.2.4，则 $\theta$ 的后验分布是 Beta 分布 $Be(1+r，1+n-r)$. 以下可以验证：$\theta$ 的后验众数估计 $\hat{\theta}_{MD}$ 与经典估计为 $\hat{\theta}_C$（极大似然估计）相同，即 $\hat{\theta}_C=\hat{\theta}_{MD}=\dfrac{r}{n}$.

由于 $\theta$ 的经典估计（极大似然估计）为 $\hat{\theta}_C=\dfrac{r}{n}$，所以只需要验证 $\theta$ 的后验众数估计 $\hat{\theta}_{MD}=\dfrac{r}{n}$.

事实上，由于 $\theta$ 的后验分布是 Beta 分布 $Be(1+r，1+n-r)$，则后验密度函数为

$$\pi(\theta|x)=\frac{\theta^{(1+r)-1}(1-\theta)^{(1+n-r)-1}}{B(1+r，1+n-r)}，\ 0<\theta<1.$$

要使 $\pi(\theta|x)$ 达到最大，只要上式右边的分子达到最大. 把上式右边的分子对 $\theta$ 求一阶导数，并令其为 0，即

$$0=\frac{\mathrm{d}}{\mathrm{d}\theta}\Big[\theta^{(1+r)-1}(1-\theta)^{(1+n-r)-1}\Big]=-\theta^{(1+r)-2}(1-\theta)^{(1+n-r)-2}(n\theta-r)，$$

解得 $\hat{\theta}_{MD}=\dfrac{r}{n}$.

**例 3.1.3（续例 2.3.6）**　在例 2.3.6 中，对于参数为 $\lambda$ 的泊松分布 $P(\lambda)$，若参数 $\lambda$ 的先验分布为 Gamma 分布 $Ga(a，b)$，则 $\lambda$ 的后验分布为 Gamma 分布 $Ga(a+n\bar{x}，b+n)$.

以下我们验证：

(1) $\lambda$ 的后验众数估计为 $\hat{\lambda}_{MD}=\dfrac{a+n\bar{x}-1}{b+n}$；

(2) $\lambda$ 的后验期望估计为 $\hat{\lambda}_E=\dfrac{a+n\bar{x}}{b+n}$；

(3) $\lambda$ 的经典估计（极大似然估计）为 $\hat{\lambda}_C=\bar{x}$；

(4) 在上述 (1)，(2) 和 (3) 中，$\hat{\lambda}_{MD}$，$\hat{\lambda}_E$ 和 $\hat{\lambda}_C$ 有什么区别和联系？

事实上，(1) 根据例 2.3.6，$\lambda$ 的后验分布为 Gamma 分布 $Ga(a+n\bar{x}，b+n)$，其密度函数为

$$\pi(\lambda|x)\propto\lambda^{a+n\bar{x}-1}\mathrm{e}^{-(b+n)\lambda}.$$

把上式两边求对数再对 $\lambda$ 求导数并令其为 0，得到方程

$$0=\frac{\mathrm{d}\left[\ln\pi(\lambda|x)\right]}{\mathrm{d}\lambda}=\frac{1}{\lambda}(a+n\overline{x}-1)-(b+n),$$

解得 $\lambda$ 的后验众数估计为 $\hat{\lambda}_{MD}=\dfrac{a+n\overline{x}-1}{b+n}$.

(2)根据例 2.3.6，$\lambda$ 的后验分布为 Gamma 分布 $Ga(a+n\overline{x},b+n)$，则 $\lambda$ 的后验期望估计为 $\hat{\lambda}_E=E(\lambda|x)=\dfrac{a+n\overline{x}}{b+n}$.

（3）为了求 $\lambda$ 的极大似然估计，先求似然函数. 根据例 2.3.6 的解题过程，似然函数为

$$L(x|\lambda)\propto\lambda^{n\overline{x}}\mathrm{e}^{-n\lambda},$$

把上式两边取对数再对 $\lambda$ 求导数并令其为 0，得到似然方程

$$0=\frac{\mathrm{d}\left[\ln L(x|\lambda)\right]}{\mathrm{d}\lambda}=\frac{n\overline{x}}{\lambda}-n,$$

解得 $\lambda$ 的经典估计（极大似然估计）为 $\hat{\lambda}_C=\overline{x}$.

（4）从（1）、（2）和（3）中，$\hat{\lambda}_{MD}$，$\hat{\lambda}_E$ 和 $\hat{\lambda}_C$ 的表达式来看，它们是不同的.

当 $n\rightarrow\infty$ 时，有

$$\hat{\lambda}_{MD}\rightarrow\hat{\lambda}_C=\overline{x},$$
$$\hat{\lambda}_E\rightarrow\hat{\lambda}_C=\overline{x}.$$

从上述的（2）可以得到

$$\hat{\lambda}_E=\frac{a+n\overline{x}}{b+n}=\frac{n}{b+n}\overline{x}+\frac{b}{b+n}\cdot\frac{a}{b}.$$

从上式可以看出，$\lambda$ 的后验期望估计 $\hat{\lambda}_E$ 是 $\lambda$ 的经典估计（极大似然估计）$\hat{\lambda}_C(\overline{x})$ 和先验均值 $\left(\dfrac{a}{b}\right)$ 的加权平均.

**例 3.1.4** 对正态分布 $N(\mu,\sigma^2)$，其中 $\mu$ 为未知，$\sigma^2=\sigma_0^2$ 为已知，若 $\mu$ 的先验分布为 $N(\mu_a,\sigma_a^2)$，其中 $\mu_a$，$\sigma_a^2$ 为已知，在例 2.3.8 中已经证明了 $\mu$ 的后验分布为 $N(\mu_b,\sigma_b^2)$，其中 $\mu_b$ 和 $\sigma_b^2$ 由式(2.3.1)和式(2.3.2)给出.

考虑对一个儿童做智力测验的情形. 假设测验结果 $X\sim N(\mu,100)$，其中 $\mu$ 为这个孩子在测验中的智商 IQ 的真值(换言之，如果这个孩子做大量类似而相互独立的这种测验，他的平均分数为 $\mu$). 根据过去多次测验，设 $\mu\sim N(100,$

225)，应用例 2.3.8 的结果，在 $n=1$ 时，可得给定 $X=x$ 的条件下，该儿童智商 $\mu$ 的后验分布是正态分布 $N(\mu_b,\sigma_b^2)$，其中 $\mu_b$ 和 $\sigma_b^2$ 由式(2.3.1)和式(2.3.2)给出，则有

$$\mu_b=\frac{100\times100+225x}{100+225}=\frac{400+9x}{13},$$

$$\sigma_b^2=\frac{100\times225}{100+225}=\frac{900}{13}=69.2318=8.3205^2.$$

如果这个孩子测验的得分为 115，则他的 IQ 真值的后验分布为 $N(110.385,8.3205^2)$. 于是参数 $\mu$ 的贝叶斯估计(后验期望估计)为 $\hat{\mu}_B=110.385$.

## 3.1.3　贝叶斯估计的误差

当提出一种估计方法时，一般必须给出估计的精度. 通常贝叶斯估计的精度是用它的后验均方差或其平方根来度量的.

设 $\hat{\theta}$ 是 $\theta$ 的贝叶斯估计，在样本给定后，$\hat{\theta}$ 是一个数，在综合各种信息后，$\theta$ 是根据它的后验分布 $\pi(\theta|x)$ 来取值的，所以评定一个贝叶斯估计的误差的最好而又简单的方式是用 $\theta$ 对 $\hat{\theta}$ 的后验均方差或其平方根来度量.

**定义 3.1.6**　设参数 $\theta$ 的后验分布为 $\pi(\theta|x)$，$\hat{\theta}$ 是 $\theta$ 的贝叶斯估计，则 $(\theta-\hat{\theta})^2$ 的后验期望

$$MSE(\hat{\theta}|x)=E_{\theta|x}(\theta-\hat{\theta})^2$$

称为 $\hat{\theta}$ 的**后验均方差**，而其平方根 $\sqrt{MSE(\hat{\theta}|x)}$ 称为**后验标准误**，其中 $E_{\theta|x}$ 表示用条件分布 $\pi(\theta|x)$ 求数学期望，当 $\hat{\theta}$ 是 $\theta$ 的后验期望 $\hat{\theta}_E=E(\theta|x)$ 时，则有

$$MSE(\hat{\theta}|x)=E_{\theta|x}(\theta-\hat{\theta}_E)^2=Var(\theta|x),$$

称为**后验方差**，其平方根 $\sqrt{Var(\theta|x)}$ 称为**后验标准差**.

后验均方差与后验方差的关系如下：

$$MSE(\hat{\theta}|x)=E_{\theta|x}(\theta-\hat{\theta})^2=E_{\theta|x}[(\theta-\hat{\theta}_E)+(\hat{\theta}_E-\hat{\theta})]^2=Var(\theta|x)+(\hat{\theta}_E-\hat{\theta})^2.$$

这说明，当 $\hat{\theta}$ 为 $\hat{\theta}_E=E(\theta|x)$ 时，可使后验均方差 $MSE(\hat{\theta}|x)$ 达到最小，所以实际中常取后验均值 $\hat{\theta}_E$ 作为 $\theta$ 的贝叶斯估计.

**例 3.1.5(续例 3.1.1)**　在例 3.1.1 中，某人打靶，共打了 $n$ 次，命中了 $r$ 次，此人打靶命中的概率为 $\theta$. 若 $\theta$ 的先验分布取 Beta 分布 $Be(1,1)$，则 $\theta$ 的后

验分布是 Beta 分布 $Be(1+r, 1+n-r)$.

在例 3.1.1 中，给出了此人打靶命中的概率 $\theta$ 的估计：

$\theta$ 的经典估计为 $\hat{\theta}_C = \dfrac{r}{n}$（极大似然估计），$\theta$ 的后验期望估计为 $\hat{\theta}_E = \dfrac{r+1}{n+2}$.

在例 3.1.2 中，给出了如下结论：$\hat{\theta}_C = \hat{\theta}_{MD} = \dfrac{r}{n}$.

若 $\theta$ 的先验分布取 Beta 分布 $Be(1, 1)$，则 $\theta$ 的后验分布是 Beta 分布 $Be(1+r, 1+n-r)$. 于是 $\theta$ 的后验方差为

$$Var(\theta|x) = \frac{(1+r)(1+n-r)}{(n+2)^2(n+3)}.$$

根据定义 3.1.6，当 $\hat{\theta}$ 是 $\theta$ 的后验期望 $\hat{\theta}_E = E(\theta|x)$ 时，则有

$$MSE(\hat{\theta}_E|x) = Var(\hat{\theta}_E|x).$$

根据经典统计的结果，$\hat{\theta}_C$ 的均方差为

$$MSE(\hat{\theta}_C|x) = \frac{(1+r)(1+n-r)}{(n+2)^2(n+3)} + \left(\frac{r+1}{n+2} - \frac{r}{n}\right)^2.$$

一些具体计算结果如表 3－1 所示.

表 3－1　$\hat{\theta}_E$ 和 $\hat{\theta}_{MD}$ 的后验均方差的计算结果

| $n$ | $r$ | $\hat{\theta}_E = \dfrac{r+1}{n+2}$ | $MSE(\hat{\theta}_E|x)$ | $\hat{\theta}_{MD} = \dfrac{r}{n}$ | $MSE(\hat{\theta}_C|x)$ |
|---|---|---|---|---|---|
| 5 | 0 | 1/7 | 0.015306 | 0 | 0.035714 |
| 10 | 0 | 1/12 | 0.005876 | 0 | 0.012820 |
| 10 | 9 | 10/12 | 0.010684 | 9/10 | 0.015128 |
| 20 | 19 | 20/22 | 0.003593 | 19/20 | 0.005267 |

从上表可以看出，随着样本量的增加后验均方差减小，但无论如何，$\hat{\theta}_E$ 的后验均方差总比 $\hat{\theta}_C$ 的均方差要小.

# 3.2　区间估计

## 3.2.1　可信区间的定义

参数 $\theta$ 的区间估计就是根据后验分布 $\pi(\theta|x)$，在参数空间 $\theta$ 中寻找一个区间

$C_x$，使得其后验概率 $P_{\theta|x}(\theta\in C_x)$ 尽可能大，而其区间 $C_x$ 的长度尽可能小．它实际上是要寻找损失函数

$$L(\theta,\ C_x)=m_1 l(C_x)+m_2[1-I_{C_x}(\theta)],$$

其中 $m_1$ 和 $m_2$ 是非负权，$l(C_x)$ 是区间 $C_x$ 的长度，$I_A$ 为示性函数，即

$$I_A=\begin{cases}1,\ x\in A,\\ 0,\ x\overline{\in}A\end{cases}.$$

这样，后验风险为

$$E_{\theta|x}[L(\theta,\ C_x)]=m_1 E_{\theta|x}[l(C_x)]+m_2[1-P_{\theta|x}(\theta\in C_x)].$$

由于区间 $C_x$ 的长度尽可能小与后验概率 $P_{\theta|x}(\theta\in C_x)$ 尽可能大是矛盾的，因此，在实际问题中常用折中方案：在后验概率 $P_{\theta|x}(\theta\in C_x)$ 达到一定的要求下，使区间 $C_x$ 的长度尽可能小．

**定义 3.2.1**　对于给定的可信水平 $1-\alpha$，在 $P_{\theta|x}(\theta\in C_x)\geqslant 1-\alpha$ 的条件下，使任意给 $\theta_1\in C_x$，$\theta_2\overline{\in} C_x$，总有 $\pi(\theta_1|x)\geqslant\pi(\theta_2|x)$，称 $C_x$ 是参数 $\theta$ 的可信水平 $1-\alpha$ 的**最高后验密度**（highest posterior density）**可信集，简称 HPD 可信集．** 如果 $C_x$ 是一个区间，则称 $C_x$ 是参数 $\theta$ 的可信水平 $1-\alpha$ 的**最高后验密度可信区间，简称 HPD 可信区间．**

从定义 3.2.1 可以看出，当后验密度 $\pi(\theta|x)$ 为单峰时，一般总可以找到 HPD 可信区间；当后验密度 $\pi(\theta|x)$ 为非单峰（多峰）时，可能得到几个互不连接的区间组成 HPD 可信集，此时很多统计学家建议：放弃 HPD 准则，采用相连接的等尾可信区间为宜．共轭先验分布大多是单峰的，这必然导致后验分布也是单峰的．

**定义 3.2.2**　设参数 $\theta$ 的后验密度 $\pi(\theta|x)$，对于给定的样本 $x$ 和 $1-\alpha(0<\alpha<1)$，若存在两个统计量 $\hat{\theta}_L=\hat{\theta}_L(x)$ 和 $\hat{\theta}_U=\hat{\theta}_U(x)$，使

$$P(\hat{\theta}_L<\theta<\hat{\theta}_U|x)=1-\alpha,$$

则称区间 $(\hat{\theta}_L,\ \hat{\theta}_U)$ 为参数 $\theta$ 的可信水平为 $1-\alpha$ 的**双侧贝叶斯可信区间，简称双侧可信区间**（two-sided credible interval）．

如果取

$$\int_{-\infty}^{\hat{\theta}_L}\pi(\theta|x)\mathrm{d}\theta=\frac{\alpha}{2},\qquad \int_{\hat{\theta}_U}^{\infty}\pi(\theta|x)\mathrm{d}\theta=\frac{\alpha}{2},$$

则称区间 $(\hat{\theta}_L,\ \hat{\theta}_U)$ 为参数 $\theta$ 的可信水平为 $1-\alpha$ 的**双侧等尾可信区间，简称等尾可信区间．**

当后验密度函数 $\pi(\theta|x)$ 为单峰且对称时，寻找 HPD 可信区间较为容易，它就是等尾可信区间.

在定义 3.2.2 中，可信区间、可信水平与经典统计中置信区间、置信水平是同类概念.

在经典统计中置信区间是随机区间. 例如，置信水平为 0.95 的置信区间是指在 100 次使用它时约有 95 次所得区间能盖住未知参数，至于在一次使用它时没有任何解释. 在贝叶斯统计中，可信水平为 0.95 的可信区间是在样本给定后，可以通过后验分布求得，而 $\theta$ 落在可信区间的概率为 0.95.

## 3.2.2 单侧可信限

**定义 3.2.3** 设参数 $\theta$ 的后验密度 $\pi(\theta|x)$，对于给定的样本 $x$ 和 $1-\alpha(0<\alpha<1)$，若存在统计量 $\hat{\theta}_L=\hat{\theta}_L(x)$，使

$$P(\theta\geqslant\hat{\theta}_L|x)=1-\alpha,$$

则称 $\hat{\theta}_L$ 为参数 $\theta$ 的可信水平为 $1-\alpha$ 的**单侧贝叶斯可信下限**，简称**单侧可信下限**（one-sided lower credible limit）.

$P(\theta\geqslant\hat{\theta}_L|x)=1-\alpha$ 等价于

$$\int_{-\infty}^{\hat{\theta}_L}\pi(\theta|x)\mathrm{d}\theta=\alpha.$$

**定义 3.2.4** 设参数 $\theta$ 的后验密度 $\pi(\theta|x)$，对于给定的样本 $x$ 和 $1-\alpha(0<\alpha<1)$，若存在统计量 $\hat{\theta}_U=\hat{\theta}_U(x)$，使

$$P(\theta\leqslant\hat{\theta}_U|x)=1-\alpha,$$

则称 $\hat{\theta}_U$ 为参数 $\theta$ 的可信水平为 $1-\alpha$ 的**单侧贝叶斯可信上限**，简称**单侧可信上限**（one-sided upper credible limit）.

$P(\theta\leqslant\hat{\theta}_U|x)=1-\alpha$ 等价于

$$\int_{\hat{\theta}_U}^{\infty}\pi(\theta|x)\mathrm{d}\theta=\alpha.$$

**例 3.2.1** 设 $x_1$，$x_2$，$\cdots$，$x_n$ 是来自正态分布 $N(\mu,\sigma^2)$ 的样本观察值，其中 $\mu$ 为未知，$\sigma^2=\sigma_0^2$ 为已知.

（1）若 $\mu$ 的先验分布为 $N(\mu_a,\sigma_a^2)$，其中 $\mu_a$，$\sigma_a^2$ 为已知；

（2）若选用广义贝叶斯假设，即 $\mu$ 的先验分布在 $(-\infty, \infty)$ 上的均匀分布，$\pi(\mu) \propto 1$. 在以上 $\mu$ 的两种先验分布下，分别求 $\mu$ 的可信水平为 $1-\alpha$ 的双侧可信区间、单侧（上、下）可信限.

（1）若 $\mu$ 的先验分布为 $N(\mu_a, \sigma_a^2)$，其中 $\mu_a$，$\sigma_a^2$ 为已知，根据例 2.3.8，$\mu$ 的后验分布为 $N(\mu_b, \sigma_b^2)$，其中 $\mu_b$ 和 $\sigma_b^2$ 分别由式（2.3.1）和式（2.3.2）给出. 由于 $\mu$ 的后验分布为 $N(\mu_b, \sigma_b^2)$，则 $\dfrac{\mu-\mu_b}{\sigma_b} \sim N(0, 1)$，因此

$$P\left\{\left|\frac{\mu-\mu_b}{\sigma_b}\right| < z_{\frac{\alpha}{2}}\right\} = 1-\alpha,$$

其中 $z_{\frac{\alpha}{2}}$ 是标准正态分布的上侧 $\dfrac{\alpha}{2}$ 分位数.

则有

$$P(\mu_b - \sigma_b z_{\frac{\alpha}{2}} < \mu < \mu_b + \sigma_b z_{\frac{\alpha}{2}}) = 1-\alpha,$$

根据可信区间的定义，于是就可得到 $\mu$ 的可信水平为 $1-\alpha$ 的双侧可信区间为

$$(\mu_b - \sigma_b z_{\frac{\alpha}{2}}, \ \mu_b + \sigma_b z_{\frac{\alpha}{2}}). \tag{3.2.1}$$

其中 $\mu_b$ 和 $\sigma_b^2$ 分别由式（2.3.1）和式（2.3.2）给出.

如果先验密度非常分散（即对 $\mu$ 的先验信息很不确定），则可考虑 $\sigma_a^2 \to \infty$，此时 $\dfrac{1}{\sigma_a^2} \to 0$.

根据式（2.3.1）和式（2.3.2），当 $\dfrac{1}{\sigma_a^2} \to 0$ 时，有

$$\mu_b = \frac{\overline{x}\sigma_a^2 + \mu_a \sigma_0^2/n}{\sigma_a^2 + \sigma_0^2/n} = \frac{\overline{x} + \mu_a \dfrac{\sigma_0^2}{n\sigma_a^2}}{1 + \dfrac{\sigma_0^2}{n\sigma_a^2}} \to \overline{x}, \tag{3.2.2}$$

$$\sigma_b^2 = \frac{\sigma_a^2 \sigma_0^2/n}{\sigma_a^2 + \sigma_0^2/n} = \frac{\dfrac{\sigma_0^2}{n}}{1 + \dfrac{\sigma_0^2}{n\sigma_a^2}} \to \frac{\sigma_0^2}{n}. \tag{3.2.3}$$

此时 $\mu$ 的后验分布为变成 $N\left(\overline{x}, \dfrac{\sigma_0^2}{n}\right)$，于是

$$\frac{\mu - \overline{x}}{\sigma_0/\sqrt{n}} \sim N(0, 1).$$

因此 $\mu$ 的可信水平为 $1-\alpha$ 的双侧可信区间变成（或把式(3.2.2)和式(3.2.3)代入式(3.2.1)中）

$$\left[ \bar{x} - \frac{\sigma_0}{\sqrt{n}} z_{\frac{\alpha}{2}} \ , \ \bar{x} + \frac{\sigma_0}{\sqrt{n}} z_{\frac{\alpha}{2}} \right]. \tag{3.2.4}$$

上式与经典方法给出的结果是相同的.

根据 $\mu$ 的后验分布 $N(\mu_b, \sigma_b^2)$ 以及单侧可信下限的定义，可以得到可信水平为 $1-\alpha$ 的单侧可信下限，即

$$P(\mu \geqslant \mu_b - \sigma_b z_\alpha) = 1 - \alpha,$$

于是就得到了 $\mu$ 的可信水平为 $1-\alpha$ 的单侧可信下限

$$\hat{\mu} b_L = \mu_b - \sigma_b z_\alpha. \tag{3.2.5}$$

把式(3.2.2)和式(3.2.3)代入式(3.2.5)中，此时 $\mu$ 的可信水平为 $1-\alpha$ 的单侧可信下限变成

$$\hat{\mu} b_L = \bar{x} - \frac{\sigma_0}{\sqrt{n}} z_\alpha. \tag{3.2.6}$$

上式(3.2.6)与经典方法给出的结果是相同的.

根据 $\mu$ 的后验分布 $N(\mu_b, \sigma_b^2)$ 以及单侧可信上限的定义，可以得到可信水平为 $1-\alpha$ 的单侧可信上限，即

$$P(\mu \leqslant \mu_b + \sigma_b z_\alpha) = 1 - \alpha,$$

于是就得到了 $\mu$ 的可信水平为 $1-\alpha$ 的单侧可信上限

$$\hat{\mu}_U = \mu_b + \sigma_b z_\alpha \tag{3.2.7}$$

把式(3.2.2)和式(3.2.3)代入式(3.2.7)中，此时 $\mu$ 的可信水平为 $1-\alpha$ 的单侧可信上限变成

$$\hat{\mu}_U = \bar{x} + \frac{\sigma_0}{\sqrt{n}} z_\alpha \tag{3.2.8}$$

上式与经典方法给出的结果是相同的.

(2)若选用广义贝叶斯假设，即 $\mu$ 的先验分布在 $(-\infty, \infty)$ 上的均匀分布，$\pi(\mu) \propto 1$，则 $\mu$ 对于样本 $x_1, x_2, \cdots, x_n$ 的后验分布为 $N\left(\bar{x}, \frac{\sigma_0^2}{n}\right)$，于是

$$\frac{\mu - \bar{x}}{\sigma_0 / \sqrt{n}} \sim N(0, 1).$$

因此

$$P\left\{\left|\frac{\mu-\bar{x}}{\sigma_0/\sqrt{n}}\right|<z_{\frac{\alpha}{2}}\right\}=1-\alpha.$$

根据可信区间的定义，于是就可得到 $\mu$ 的可信水平为 $1-\alpha$ 的双侧可信区间为

$$\left(\bar{x}-\frac{\sigma_0}{\sqrt{n}}z_{\frac{\alpha}{2}}, \ \bar{x}+\frac{\sigma_0}{\sqrt{n}}z_{\frac{\alpha}{2}}\right). \tag{3.2.9}$$

上式的这个结果与经典统计的结果(1.1.1)是相同的，与(1)中共轭先验分布中的极限情况也是一致的。它实质反映了在没有先验信息可以利用时，只能靠样本提供的信息来估计。根据单侧可信下限的定义，可以得到可信水平为 $1-\alpha$ 的单侧可信下限，即

$$P\left(\mu\geqslant\bar{x}-\frac{\sigma_0}{\sqrt{n}}z_{\alpha}\right)=1-\alpha,$$

于是就得到了 $\mu$ 的可信水平为 $1-\alpha$ 的单侧可信下限

$$\hat{\mu}_L=\bar{x}-\frac{\sigma_0}{\sqrt{n}}z_{\alpha}. \tag{3.2.10}$$

根据单侧可信上限的定义，可以得到可信水平为 $1-\alpha$ 的单侧可信上限，即

$$P\left(\mu\leqslant\bar{x}+\frac{\sigma_0}{\sqrt{n}}z_{\alpha}\right)=1-\alpha,$$

于是就得到了 $\mu$ 的可信水平为 $1-\alpha$ 的单侧可信上限

$$\hat{\mu}_U=\bar{x}+\frac{\sigma_0}{\sqrt{n}}z_{\alpha}. \tag{3.2.11}$$

式(3.2.10)和式(3.2.11)给出的 $\mu$ 的可信水平为 $1-\alpha$ 的单侧可信下限、单侧可信上限的结果，与相应的经典统计得到的结果是一致的。

**例 3.2.2** 作为数值例子，继续考虑对一个儿童做智力测验的问题。假设测验结果 $X\sim N(\mu, 100)$，其中 $\mu$ 为这个孩子在测验中的智商 IQ 的真值（换言之，如果这个孩子做大量类似而相互独立的这种测验，他的平均分数为 $\mu$）。根据过去多次测验，设 $\mu\sim N(100, 225)$，应用例 2.3.8 的结果，在 $n=1$ 时，可得给定 $X=x$ 的条件下，如果这个孩子测验的得分为 115，根据例 3.1.4，该儿童智商 $\mu$ 的后验分布是正态分布 $N(110.385, 8.3205^2)$。

把 $\mu_b=110.385$，$\sigma_b=8.3205$，$z_{\frac{\alpha}{2}}=1.96$ 代入式(3.2.1)，得到 $\mu$ 的可信水平为 0.95 的可信区间(110.385$-$8.3205$\times$1.96，110.385$+$8.3205$\times$1.96)$=$(94.0768，126.6932).

把 $\mu_b=110.385$，$\sigma_b=8.3205$，$z_{\alpha}=1.645$ 代入式(3.2.5)，得到 $\mu$ 的可信水平为 0.95 的单侧可信下限为 $\hat{\mu}_U=110.385-8.3205\times1.645=96.6978$.

把 $\mu_b=110.385$，$\sigma_b=8.3205$，$z_{\alpha}=1.645$ 代入式(3.2.7)，得到 $\mu$ 的可信水平为 0.95 的单侧可信上限为 $\hat{\mu}_U=110.385+8.3205\times1.645=124.0722$.

如果不用先验信息，仅用抽样信息，则按经典方法，由 $X\sim N(\mu，100)$，且在 $n=1$ 和 $x=115$ 时，得到该儿童智商 $\mu$ 的置信水平为 0.95 置信区间为(115$-$10$\times$1.96，115$+$10$\times$1.96)$=$(95.4，134.6).

对可信(置信)水平为 0.95，可以看出以上得到的可信区间和置信区间是不同的，可信区间的长度 126.6932$-$94.0768$=$32.6164，置信区间的长度为 134.6$-$95.4$=$39.2.

按经典方法，由 $X\sim N(\mu，100)$，且在 $n=1$ 和 $x=115$ 时，得到该儿童智商 $\mu$ 的置信水平为 0.95 单侧置信下限为 115$-$10$\times$1.645$=$98.55；$\mu$ 的置信水平为 0.95 单侧置信上限为 115$+$10$\times$1.645$=$131.45.

# 3.3　假设检验

## 3.3.1　贝叶斯假设检验

在经典统计中，假设检验问题一般要分为以下几个步骤来实现：

(1)根据实际问题，提出原假设 $H_0$：$\theta\in\Theta_0$ 和备择假设 $H_1$：$\theta\in\Theta_1$. 其中 $\Theta_0$ 和 $\Theta_1$ 是参数空间 $\Theta$ 中不相交的两个非空子集，且 $\Theta_0\cup\Theta_1=\Theta$.

(2)选取一个适当的检验统计量 $T(X)$，使当 $H_0$ 成立时，$T$ 的分布完全已知，并根据 $H_0$ 和 $H_1$ 的特点，确定拒绝域 $W$ 的形式.

(3)确定显著性水平 $\alpha$，并确定具体的拒绝域 $W$，使犯第一类错误的概率不超过 $\alpha$.

（4）根据样本观测值 $x_1$，$x_2$，$\cdots$，$x_n$，计算 $T(x_1$，$x_2$，$\cdots$，$x_n)$，根据 $T(x_1$，$x_2$，$\cdots$，$x_n)$ 是否属于拒绝域 $W$，做出最后的判断.

在贝叶斯统计中处理假设检验是直截了当的，在获得后验分布 $\pi(\theta|x)$ 后，就可以计算两个假设 $H_0$ 和 $H_1$ 的概率

$$\alpha_0 = P(\theta \in \Theta_0|x)，\quad \alpha_1 = P(\theta \in \Theta_1|x).$$

然后比较 $\alpha_0$ 和 $\alpha_1$ 的大小. 若 $\alpha_0 > \alpha_1$，则表示 $\theta \in \Theta_0$ 的概率更大，因此接受原假设 $H_0$. 即后验概率比（也称为后验机会比）$\alpha_0/\alpha_1$ 越大，表示支持原假设 $H_0$ 成立的可能性越大. 由此可以得到如下的检验判别准则：

当 $\alpha_0/\alpha_1 > 1$ 时，接受 $H_0$；

当 $\alpha_0/\alpha_1 < 1$ 时，接受 $H_1$；

当 $\alpha_0/\alpha_1 \approx 1$ 时，不宜马上做出判断，还需要进一步抽样后再做判断.

与经典统计中处理假设检验问题相比，贝叶斯假设检验是相对简单的，它不需要选择检验统计量、确定抽样分布，也不需要事先给出显著性水平、确定其拒绝域等.

**例 3.3.1**　设 $x$ 是抛掷 $n$ 次硬币出现正面的次数，设硬币出现正面的概率为 $\theta$. 现在考虑如下假设检验问题：

$$\Theta_0 = \{\theta: \theta \leqslant 0.5\}，\quad \Theta_1 = \{\theta: \theta > 0.5\}.$$

若取 $(0,1)$ 区间上的均匀分布作为参数 $\theta$ 先验分布，根据例 2.2.4，$\theta$ 的后验分布为 $Be(x+1$，$n-x+1)$，则 $\theta \in \Theta_0$ 的后验概率为

$$\alpha_0 = P(\theta \in \Theta_0|x) = P(\theta \leqslant 0.5|x) = \frac{1}{B(x+1，n-x+1)}\int_0^{0.5} \theta^x(1-\theta)^{n-x}\mathrm{d}\theta.$$

当 $n=5$ 时，可以计算 $x=0$，$1$，$\cdots$，$5$ 时，后验概率、后验概率比，具体计算结果如表 3-2 所示.

**表 3-2　$\theta$ 属于 $\Theta_0$ 和 $\Theta_1$ 的后验概率、后验概率比**

| $x$ | 0 | 1 | 2 | 3 | 4 | 5 |
|---|---|---|---|---|---|---|
| $\alpha_0$ | 63/64 | 57/64 | 42/64 | 22/64 | 7/64 | 1/64 |
| $\alpha_1$ | 1/64 | 7/64 | 22/64 | 42/64 | 57/64 | 63/64 |
| $\alpha_0/\alpha_1$ | 63 | 8.14 | 1.91 | 0.52 | 0.12 | 0.016 |

从上表可以看出，在 $x=0$，$1$，$2$ 时（$\alpha_0/\alpha_1 > 1$），应该接受 $\Theta_0$. 比如在 $x=0$ 时，后验概率比 $\alpha_0/\alpha_1 = 63$，表明 $\Theta_0$ 为真的可能是 $\theta_1$ 为真的可能为 63 倍.

从上表还可以看出，在 $x=3$，4，5 时（$\alpha_0/\alpha_1 < 1$），应该拒绝 $\Theta_0$，而接受 $\Theta_1$.

## 3.3.2 贝叶斯因子

后验概率比 $\alpha_0/\alpha_1$ 综合反映了先验分布和样本信息对 $\theta$ 属于 $\Theta_0$ 的支持程度.

**例 3.3.2（续例 3.3.1）** 为了说明后验概率比对先验分布的依赖程度，在例 3.3.1 中，当 $n=5$，$x=1$ 时，取不同先验分布，分别计算后验概率比. 若 $\theta$ 先验分布取其共轭先验分布 $Be(a, b)$，则 $\theta$ 后验分布为 $Be(x+a, n-x+b)$.

在例 3.3.1 中，当 $n=5$，$x=1$ 时，若 $\theta$ 的先验分布取其共轭先验分布 $Be(a, b)$，分别计算后验概率比，其具体计算结果如表 3-3 所示.

表 3-3　$\theta$ 属于 $\Theta_0$ 和 $\Theta_1$ 的后验概率比（$n=5$，$x=1$）

| 先验均值 | 0.01667 | 0.3333 | 0.5 | 0.6667 | 0.8333 |
|---|---|---|---|---|---|
| $(a, b)$ | $(5, 1)$ | $(2, 1)$ | $(1, 1)$ | $(1, 2)$ | $(0.5, 2.5)$ |
| $\alpha_0/\alpha_1$ | 0.6050 | 3.4128 | 8.14 | 15 | 38.6115 |

从上表可以看出，不同的先验分布，其对应的后验概率比相差较大. 这说明后验概率比对先验分布的依赖程度较大.

为了更客观地考虑样本信息和先验分布对 $\Theta_0$ 的支持程度，以下引入贝叶斯因子，试图反映样本信息对 $\Theta_0$ 的支持程度.

**定义 3.3.1** 设 $\theta$ 属于 $\Theta_0$ 和 $\Theta_1$ 的先验概率分别为 $\pi_0$ 和 $\pi_1$，后验概率分别为 $\alpha_0$ 和 $\alpha_1$，则称

$$B^\pi(x) = \frac{\alpha_0/\alpha_1}{\pi_0/\pi_1} = \frac{\alpha_0 \pi_1}{\alpha_1 \pi_0}$$

**为贝叶斯因子.**

从贝叶斯因子的定义可见，贝叶斯因子是"后验概率比"（$\alpha_0/\alpha_1$）作分子，"先验概率比"（$\pi_0/\pi_1$）作分母. 贝叶斯因子既依赖于样本数据 $x$，又依赖于先验分布 $\pi$.

**例 3.3.3（续例 3.3.2）** 在例 3.3.2 中，计算贝叶斯因子.

根据贝叶斯因子的定义和例 3.3.2，贝叶斯因子的具体计算结果如表 3-4 所示.

表 3-4 贝叶斯因子 $B^{\pi}(x)$ 的计算结果 ($n=5$，$x=1$)

| 先验均值 | 0.01667 | 0.3333 | 0.5 | 0.6667 | 0.8333 |
|---|---|---|---|---|---|
| $(a, b)$ | (5, 1) | (2, 1) | (1, 1) | (1, 2) | (0.5, 2.5) |
| $\alpha_0/\alpha_1$ | 0.6050 | 3.4128 | 8.14 | 15 | 38.6115 |
| $\pi_0/\pi_1$ | 0.0323 | 0.3333 | 1 | 3 | 12.2998 |
| $B^{\pi}(x)$ | 18.7307 | 10.2394 | 8.14 | 5 | 3.1392 |

### 3.3.3 简单原假设 $H_0$ 对简单备择假设 $H_1$

在 $\Theta_0=\{\Theta_0\}$，$\Theta_1=\{\theta_1\}$，且 $\Theta_0\bigcap\Theta_1=\Theta$ 的情形，有 $H_0：\theta=\theta_0$，$H_1：\theta=\theta_1(\theta_0\neq\theta_1)$．

此时这两种简单假设的后验概率分别为

$$\alpha_0=\frac{\pi_0 f(x|\theta_0)}{\pi_0 f(x|\theta_0)+\pi_1 f(x|\theta_1)},$$

$$\alpha_1=\frac{\pi_1 f(x|\theta_1)}{\pi_0 f(x|\theta_0)+\pi_1 f(x|\theta_1)}.$$

其中，$\pi_0$，$\pi_1$ 分别为这两种简单假设的先验概率，$f(x|\theta)$ 为样本的分布．

因此后验概率比为

$$\frac{\alpha_0}{\alpha_1}=\frac{\pi_0 f(x|\theta_0)}{\pi_1 f(x|\theta_1)}.$$

如果要拒绝原假设 $H_0$，则必须有 $\frac{\alpha_0}{\alpha_1}<1$，或拒绝域为

$$W=\left\{x：\frac{f(x|\theta_1)}{f(x|\theta_0)}>\frac{\pi_0}{\pi_1}\right\}.$$

即要求两个密度函数之比大于临界值，这正是著名的 Neyman-Pearson 引理的结果．从贝叶斯观点看，Neyma-Pearson 引理中的临界值实际上是两个先验概率之比．

于是，贝叶斯因子为

$$B^{\pi}(x)=\frac{\alpha_0\pi_1}{\alpha_1\pi_0}=\frac{f(x|\theta_0)}{f(x|\theta_1)}.$$

它不依赖于先验分布，仅依赖于样本的似然比，此时贝叶斯因子的大小完全反映

了样本对原假设的支持程度.

**例 3.3.4** 设 $X \sim N(\theta, 1)$，现在需要检验的假设为

$$H_0 : \theta = 0, \ H_1 : \theta = 1.$$

设 $x_1, x_2, \cdots, x_n$ 是来自正态分布 $X \sim N(\theta, 1)$ 的样本观察值，则在 $\theta = 0$ 和 $\theta = 1$ 时的似然函数分别为

$$f(\overline{x} | 0) = \sqrt{\frac{n}{2\pi}} \exp \left[ -\frac{n}{2} \overline{x}^2 \right],$$

$$f(\overline{x} | 1) = \sqrt{\frac{n}{2\pi}} \exp \left[ -\frac{n}{2} (\overline{x} - 1)^2 \right],$$

于是，贝叶斯因子为

$$B^{\pi}(x) = \frac{\alpha_0 \pi_1}{\alpha_1 \pi_0} = \exp \left[ -\frac{n}{2} (2\overline{x} - 1) \right].$$

当 $n = 10$，$\overline{x} = 2$ 时，则贝叶斯因子为 $B^{\pi}(x) = 3.06 \times 10^{-7}$，这是一个很小的数，样本数据支持原假设 $H_0$ 的程度很小.

如果要接受 $H_0$，就要求

$$\frac{\alpha_0}{\alpha_1} = B^{\pi}(x) \frac{\pi_0}{\pi_1} = 3.06 \times 10^{-7} \frac{\pi_0}{\pi_1} > 1.$$

此时，即使先验概率比 $\frac{\pi_0}{\pi_1}$ 是成千上万都不能满足上述不等式，因此必须拒绝原假设 $H_0$，而接受 $H_1$.

### 3.3.4 复杂原假设 $H_0$ 对复杂备择假设 $H_1$

在复杂原假设 $H_0$ 对复杂备择假设 $H_1$ 情形，需要把先验分布 $\pi(\theta)$ 限制在 $\Theta_0 \bigcup \Theta_1 = \Theta$ 上，令

$$g_0(\theta) \propto \pi(\theta) I_{\Theta_0}(\theta), \ g_1(\theta) \propto \pi(\theta) I_{\Theta_1}(\theta).$$

于是先验分布可以写成

$$\pi(\theta) = \pi_0 g_0(\theta) + \pi_1 g_1(\theta) = \begin{cases} \pi_0 g_0(\theta), & \theta \in \Theta_0, \\ \pi_1 g_1(\theta), & \theta \in \Theta_1. \end{cases}$$

其中 $\pi_0$ 和 $\pi_1$ 分别为 $\Theta_0$ 和 $\Theta_1$ 上的先验概率，则后验概率比为

$$\frac{\alpha_0}{\alpha_1} = \frac{\int_{\Theta_0} f(x|\theta)\pi_0 g_0(\theta)\mathrm{d}\theta}{\int_{\Theta_1} f(x|\theta)\pi_1 g_1(\theta)\mathrm{d}\theta}.$$

于是，贝叶斯因子为

$$B^{\pi}(x) = \frac{\alpha_0 \pi_1}{\alpha_1 \pi_0} = \frac{\int_{\Theta_0} f(x|\theta)g_0(\theta)\mathrm{d}\theta}{\int_{\Theta_1} f(x|\theta)g_1(\theta)\mathrm{d}\theta}.$$

因此，$B^{\pi}(x)$还依赖于 $\Theta_0$ 和 $\Theta_1$ 上的先验分布 $g_0$ 和 $g_1$。此时贝叶斯因子虽已不是似然比，但仍然可以看作 $\Theta_0$ 和 $\Theta_1$ 上的加权似然比，它部分地消除了先验分布的影响，而强调了样本观察值的作用。

**例 3.3.5** 设从正态总体 $N(\theta, 1)$中随机地抽取容量为 10 的样本，算得样本均值为 $\bar{x} = 1.5$，现在要检验假设

$$H_0: \theta \leqslant 1, \quad H_1: \theta > 1.$$

若取 $\theta$ 的共轭先验分布为 $N(0.5, 2)$，可得 $\theta$ 的后验分布为 $N(\mu, \sigma^2)$，其中 $\mu$ 和 $\sigma^2$ 分别由式(2.3.1)和式(2.3.2)给出，则有

$$\mu = 1.4523, \quad \sigma^2 = 0.09524 = 0.3086^2.$$

则 $H_0$ 和 $H_1$ 的后验概率分别为

$$\alpha_0 = P(\theta \leqslant 1) = \Phi\left(\frac{1 - 1.4523}{0.3086}\right) = \Phi(-1.4556) = 0.0708,$$

$$\alpha_1 = P(\theta > 1) = 1 - 0.0708 = 0.9292.$$

后验概率比为

$$\frac{\alpha_0}{\alpha_1} = \frac{0.0708}{0.9292} = 0.0761.$$

从以上计算可以看出，$H_0$ 为真的可能性比较小，因此应该拒绝 $H_0$，接受 $H_1$，即可以认为 $\theta > 1$。

另外，由于先验分布为 $N(0.5, 2)$，可以计算 $H_0$ 和 $H_1$ 的先验概率分别为

$$\pi_0 = \Phi\left(\frac{1 - 0.5}{\sqrt{2}}\right) = \Phi(0.3536) = 0.6368,$$

$$\pi_1 = 1 - 0.6368 = 0.3632.$$

先验概率比为

$$\frac{\pi_0}{\pi_1} = \frac{0.6368}{0.3632} = 1.7533.$$

由此可见，先验信息是支持原假设 $H_0$ 的.

于是，贝叶斯因子为

$$B^\pi(x) = \frac{\alpha_0/\alpha_1}{\pi_0/\pi_1} = \frac{0.0761}{1.7533} = 0.0434.$$

由此可见，数据支持 $H_0$ 的贝叶斯因子并不高.

可以讨论：在先验分布不变的情况下，让样本均值 $\bar{x}$ 逐渐减少，我们仍然可以计算先验概率比、后验概率比、贝叶斯因子. 经过计算，我们发现随着样本均值 $\bar{x}$ 的减少，贝叶斯因子逐渐增大，这表明数据支持 $H_0$ 的贝叶斯因子在增加. 具体计算从略，详见茆诗松(1999).

类似地，当样本容量和样本均值都不变，而让先验均值逐渐增加，同样可以计算先验概率比、后验概率比、贝叶斯因子. 经过计算，我们发现随着验均值的增加，贝叶斯因子虽有增加，但比较缓慢，并可发现贝叶斯因子对样本信息的反应是灵敏的，而对先验信息的反应是不灵敏的. 具体计算从略，详见茆诗松(1999).

### 3.3.5　简单原假设 $H_0$ 对复杂备择假设 $H_1$

现在考虑如下检验问题 $H_0: \theta = \theta_0$，$H_1: \theta \neq \theta_0$.

这是一类常见的检验问题，这里有一个对简单原假设的理解问题. 当参数 $\theta$ 是连续变量时，用简单原假设是不适当的. 例如，在参数 $\theta$ 表示某种食品的重量时，检验该食品的重量是 500 克也是不现实的，由于该食品的重量恰好是 500 克是罕见的，一般是在 500 克附近. 所以在试验中接受丝毫不差的原假设 $\theta = \theta_0$ 是不合理的，合理的原假设和备择假设应该是

$$H_0: \theta \in [\theta_0 - \varepsilon,\ \theta_0 + \varepsilon],\ H_1: \theta \overline{\in} [\theta_0 - \varepsilon,\ \theta_0 + \varepsilon].$$

其中 $\varepsilon$ 是任意小的正数，使得 $[\theta_0 - \varepsilon,\ \theta_0 + \varepsilon]$ 与 $\theta_0$ 难以区别，例如 $\varepsilon$ 可选 $\theta_0$ 的允许误差内的一个很小的正数.

对简单原假设 $H_0: \theta = \theta_0$ 作贝叶斯检验时，不能采用连续密度函数作为先验

分布,因为任何这种先验分布将给 $\theta=\theta_0$ 的先验概率为零,从而后验概率也为零,所以一个有效的方法是对 $\theta=\theta_0$ 给一个正概率 $\pi_0$,而对 $\theta\neq\theta_0$ 给一个加权密度

$$\pi(\theta)=\pi_0 I_{\theta_0}(\theta)+\pi_1 g_1(\theta),$$

其中 $I_{\theta_0}(\theta)$ 为 $\theta=\theta_0$ 的示性函数,$\pi_1=1-\pi_0$,$g_1(\theta)$ 为 $\theta\neq\theta_0$ 上的一个正常密度函数,这里可把 $\pi_0$ 看作近似的实际假设 $H_0:\theta\in[\theta_0-\varepsilon,\theta_0+\varepsilon]$ 上的先验概率,则此先验分布是由离散和连续两部分组成的.

设样本分布为 $f(x|\theta)$,用上述先验分布可以容易的得到样本的边缘分布为

$$m(x)=\int_\Theta f(x|\theta)\pi(\theta)\mathrm{d}\theta=\pi_0 f(x|\theta_0)+\pi_1 m_1(x),$$

其中 $f(x|\theta_0)\triangleq\int_\Theta f(x|\theta)I_{\theta_0}(\theta)\mathrm{d}\theta$,$m_1(x)=\int_{\Theta\neq\theta_0} f(x|\theta)g_1(\theta)\mathrm{d}\theta$.

于是简单原假设 $H_0$ 与复杂备择假设 $H_1$(记 $\Theta_1=\{\theta\neq\theta_0\}$)的后验概率分别为

$$\pi(\Theta_0|x)=\frac{\pi_0 f(x|\theta_0)}{m(x)},\ \pi(\Theta_1|x)=\frac{\pi_1 m_1(x)}{m(x)},$$

其中 $m(x)=\int_\Theta f(x|\theta)\pi(\theta)\mathrm{d}\theta$.

后验概率比为

$$\frac{\alpha_0}{\alpha_1}=\frac{\pi_0 f(x|\theta_0)}{\pi_1 m_1(x)},$$

因此贝叶斯因子为

$$B^\pi(x)=\frac{\alpha_0\pi_1}{\alpha_1\pi_0}=\frac{f(x|\theta_0)}{m_1(x)}. \tag{3.3.1}$$

这个简单表达式要比计算后验概率容易得多,因此实际中常常是先计算贝叶斯因子 $B^\pi(x)$,然后再计算后验概率 $\pi(\theta_0|x)$. 根据贝叶斯因子的定义和 $\alpha_0+\alpha_1=1$ 可得

$$\pi(\Theta_0|x)=\left[1+\frac{1-\pi_0}{\pi_0 B^\pi(x)}\right]^{-1}. \tag{3.3.2}$$

**例 3.3.6** 设从二项分布 $B(n,\theta)$ 中随机抽取容量为 $n$ 的样本,现在考虑如下检验问题

$$H_0:\theta=0.5,\ H_0:\theta\neq 0.5.$$

若在 $\theta=0.5$ 上的密度函数 $g_1(\theta)$ 为区间 $(0,1)$ 上的均匀分布 $U(0,1)$,则 $x$

对 $g_1(\theta)$ 的边缘密度为

$$m_1(x)=\int_0^1 C_n^x \theta^x (1-\theta)^{n-x}\mathrm{d}\theta = C_n^x B(x+1,\ n-x+1)$$

$$=C_n^x \frac{\Gamma(x+1)\Gamma(n-x+1)}{\Gamma(n+2)}.$$

根据式(3.3.1)，贝叶斯因子为

$$B^\pi(x)=\frac{f(x|\theta_0)}{m_1(x)}=\frac{\left(\frac{1}{2}\right)^n (n+1)!}{x!\ (n-x)!}.$$

根据式(3.3.2)，原假设 $H_0:\theta=0.5$ 的后验概率为

$$\pi(H_0|x)=\left[1+\frac{(1-\pi_0)2^n x!\ (n-x)!}{\pi_0(n+1)!}\right]^{-1}.$$

若 $\pi_0=0.5$，$n=5$，$x=3$，则贝叶斯因子为 $B^\pi(x)=\dfrac{6!}{2^5 3!\ 2!}=\dfrac{15}{8}\approx 2$.

由于先验概率比为 1，则贝叶斯因子等于后验概率比，因此后验概率比接近于 2，于是应该接受原假设 $H_0:\theta=0.5$.

## 3.3.6 多重假设检验

按照贝叶斯观点，多重假设检验并不比两个假设的检验更困难，即直接计算每一个假设的后验概率.

**例 3.3.7** 在例 3.1.4 中，讨论了儿童进行智力测验的问题. 参加 IQ 测验的那个孩子的 IQ 值被分为三类：低于平均的 IQ 值（小于 90），平均的 IQ 值（90~110），大于平均的 IQ 值（110），并以 $\Theta_1$，$\Theta_2$，$\Theta_3$ 分别表示这三个区域.

根据例 3.1.4，IQ 值的后验分布为 $N(110.385,\ 8.3205^2)$，则有

$$P(\Theta_1|x=115)=0.007,\ P(\Theta_2|x=115)=0.473,\ P(\Theta_3|x=115)=0.520.$$

# 3.4 从 $p$ 值到贝叶斯因子

以下对经典学派和贝叶斯学派的假设检验进行比较和述评，分析两个学派假设检验方法的关系，指出应将两个学派的检验方法互为补充地结合使用.

假设检验问题是统计推断和决策的基本形式之一，其核心内容是利用样本所提供的信息对关于总体的某个假设进行检验．对于该问题，经典学派和贝叶斯学派有不同的处理方法和检验法则($p$ 值、显著性水平、后验概率)，由此引发出一些关于假设检验问题的争论：Gossett 提倡使用 $p$ 值作为数据支持原假设的证据；Nehman 和 Pearson 强调使用预先给定的显著性水平 $\alpha$；Jeffreys 提倡使用假设的后验概率．问题的关键是对于同一样本信息，不同的检验法则往往得到不同的检验结果．为此本节对两个学派假设检验方法进行比较分析，探讨经典学派假设检验的不足和贝叶斯统计学派假设检验的相对优势，并对两个学派假设检验的关系进行简单评析(朱新玲，2008)．

## 3.4.1 经典学派假设检验的回顾

经典统派的假设检验主要是运用概率反证法进行推断，它主要有两种方法：一种是 Gossett 于 1908 年提出的 $p$ 值检验，一种是 Nehman 和 Pearson 分别于 1928 年和 1933 年提出显著性水平检验．

$p$ 值检验的基本思想是：选择一个检验统计量，在假定原假设为真时计算此检验统计量的值及对应的概率 $p$，若此 $p$ 值小于事先给定的显著水平 $\alpha$，则拒绝原假设 $H_0$，若此 $p$ 值大于事先给定的显著性水平 $\alpha$，则不拒绝原假设 $H_0$．上述思想可以用决策函数表示为

$$\delta(x) = \begin{cases} \text{拒绝 } H_0, & P(x \mid H_0) < \alpha, \\ \text{不拒绝 } H_0, & P(x \mid H_0) \geqslant \alpha. \end{cases}$$

显著性水平检验的基本思想是：选择一个检验统计量，在事先给定的显著性水平 $\alpha$ 下，确定拒绝域，当检验统计量的值落入拒绝域时，拒绝原假设 $H_0$；当检验统计量的值在拒绝域之外时，不能拒绝原假设 $H_0$．

虽然经典统计学派的假设检验方法是目前广泛使用的统计推断方法，但它的缺陷是显而易见的．对于固定水平检验需要事先给定显著性水平 $\alpha$，进而确定原假设的拒绝域，但 $\alpha$ 到底应该给多大没有具体的标准，而根据不同的显著性水平有时会得出相反的检验结论．$p$ 值检验计算的 $p$ 值是在原假设为真时，检验统计量在检验样本下取值的概率，是真实的显著水平．虽然运用 $p$ 值检验避免了因选

取不同的 $\alpha$（显著性水平）而对检验结果的影响，但是运用 $p$ 值进行检验判断仍存在一些问题，它具体表现在：

（1）$p$ 值并不是原假设为真的概率. $p$ 值是原假设为真时，得到所观测样本的概率，是关于数据的概率，不是原假设为真概率的有效估计值.

（2）当样本容量很大时，$p$ 值并不十分有效. 当样本容量足够大时，几乎任何一个原假设都会对应一个非常小的 $p$ 值，进而任何原假设都会被拒绝. 有研究发现：一个以 $10^{-10}$ 的 $p$ 值拒绝 $H_0$ 的经典结论，当 $n$ 充分大时，此 $H_0$ 的后验概率逐渐趋近于 1，这个令人吃惊的结果被称为"Lindley 悖论". 因此，在样本容量不断增大时，$p$ 值检验几乎失效.

（3）不宜处理多重假设检验问题. $p$ 值检验法则是当 $p \geqslant \alpha$ 时，接受原假设；当 $p < \alpha$ 时，拒绝原假设，若检验涉及三个或三个以上的多重检验问题，$p$ 值检验法则将不好判断，因此，不适宜处理多重假设检验的问题.

### 3.4.2　贝叶斯学派的假设检验

相对于经典统计学派的假设检验方法，贝叶斯学派的检验方法是直截了当的. 它是在获得后验分布后，直接计算原假设 $H_0$ 和备择假设 $H_1$ 的后验概率 $\alpha_0$ 和 $\alpha_1$，并计算后验概率比来比较两个后验概率的大小：

当 $\frac{\alpha_0}{\alpha_1} > 1$ 时，接受 $H_0$；

当 $\frac{\alpha_0}{\alpha_1} < 1$ 时，接受 $H_1$；

当 $\frac{\alpha_0}{\alpha_1} \approx 1$ 时，进一步抽样或进一步获取先验信息进行判断.

在先验分布 $\pi$ 下，上述思想可以用决策函数表示为

$$\delta(x) = \begin{cases} 拒绝\ H_0, & P^\pi(H_0 | x) \leqslant P^\pi(H_1 | x), \\ 不拒绝\ H_0, & P^\pi(H_0 | x) > P^\pi(H_1 | x). \end{cases}$$

鉴于有时直接计算后验概率比较困难，可通过贝叶斯因子 $B^\pi(x) = \frac{\alpha_0 / \alpha_1}{\pi_0 / \pi_1}$ 来推算后验概率比. 其中 $\alpha_0 / \alpha_1$ 为后验概率比，$\pi_0 / \pi_1$ 为先验概率比，也就是说，

有时可以由已知信息方便地计算出贝叶斯因子的 $B^{\pi}(x)$ 值, 然后用贝叶斯因子乘以它们的先验概率比, 就可以直接得到后验概率比.

相对于经典统计学派的假设检验方法, 贝叶斯学派假设检验的优势如下:

(1)方法相对简单. 贝叶斯学派的假设检验直接根据后验概率的大小进行判断, 避开了选择检验统计量、确定统计量的抽样分布这一经典统计学派假设检验的难点, 因此, 贝叶斯学派的假设检验方法相对简单.

(2)先验信息利用的充分性. 经典统计学派的假设检验只使用了样本的信息, 而贝叶斯学派在假设检验时既利用了样本信息又利用了参数的先验信息, 又将这些信息综合成后验分布, 并根据后验分布进行推断. 因此, 贝叶斯方法在信息的利用上更加充分, 其判断过程也更符合人们实际的思维方式.

(3)方便处理多重假设检验问题. 经典统计学派的假设检验方法不宜处理多重假设检验问题, 而贝叶斯学派的假设检验是通过计算每一个假设的后验概率, 并接受后验概率最大的假设的. 因此, 贝叶斯方法对于多重假设检验问题的处理十分方便.

## 3.4.3　两个学派检验方法的关系

(1)两个学派的假设检验方法在一定条件下统一于贝叶斯公式.

在经典统计学派, 参数被看作未知常数, 不存在参数空间, 因而不存在 $H_0$ 和 $H_1$ 的概率, 给出的是 $P(x|H_0)$, 其中 $x$ 代表样本信息; 在贝叶斯学派, 参数被看成随机变量, 在参数空间内直接讨论样本 $x$ 在 $H_0$ 和 $H_1$ 的后验概率, 给出的是 $P(H_0$ 为真 $|x)$ 和 $P(H_1$ 为真 $|x)$, 由贝叶斯公式可得

$$\frac{P(H_0|x)}{P(H_1|x)} = \frac{P(H_0)P(x|H_0)}{P(H_1)P(x|H_1)}.$$

因此, 当 $H_0$ 和 $H_1$ 居于平等地位时, 也即 $P(H_0)=P(H_1)$ 时, 经典统计学派与贝叶斯学派的检验结果是一致的. 从这个意义上说, 两个学派的研究方法在一定条件下统一于贝叶斯公式. 然而在很多情况下, $H_0$ 和 $H_1$ 的地位不一致, $H_0$ 常处于被否定的地位, 上述的一致性并不总是成立的.

(2)正态分布下的单边检验两个学派的检验结果一致.

对于正态分布下的单边检验: $X \sim N(\theta, \sigma^2)$, $H_0 : \theta \leqslant \theta_0$, $H_1 : \theta > \theta_0$.

可得贝叶斯方法下原假设 $H_0$ 的后验概率为

$$\alpha_0 = P(\theta \leqslant \theta_0 | x) = \Phi[(\theta_0 - x)/\sigma].$$

经典方法下的 $p$ 值为

$$p = P(X \geqslant x) = 1 - \Phi[(x - \theta_0)/\sigma].$$

其中：$\Phi(\cdot)$ 为标准正态分布的分布函数.

由正态分布的对称性可知，此时 $\alpha_0 = p$.

(3)原假设为简单假设的双边检验，两个学派的检验结果大不相同.

对于形如 $H_0: \theta = \theta_0$，$H_1: \theta \neq \theta_0$ 的双边检验，经典学派的 $p$ 值与贝叶斯学派的后验概率大不相同. Berger 和 Sellke 于 1987 年研究发现（具体的研究结果见下表）：在正态分布的前提下，当经典方法得到的 $p$ 值在 0.001 到 0.1 之间时，贝叶斯方法得到的原假设 $H_0$ 的后验概率却很大，始终大于 $p$ 值. 即此时，经典方法倾向于拒绝原假设，而贝叶斯方法则倾向于接受原假设（见表 3-5）.

表 3-5  $H_0$ 的后验概率 $\alpha_0$

| $p$ 值 | $n=1$ | $n=5$ | $n=10$ | $n=20$ | $n=50$ | $n=100$ | $n=1000$ |
|---|---|---|---|---|---|---|---|
| 0.1 | 0.42 | 0.44 | 0.49 | 0.56 | 0.65 | 0.72 | 0.89 |
| 0.05 | 0.35 | 0.33 | 0.37 | 0.42 | 0.52 | 0.60 | 0.80 |
| 0.01 | 0.21 | 0.13 | 0.14 | 0.16 | 0.22 | 0.27 | 0.53 |
| 0.001 | 0.086 | 0.026 | 0.024 | 0.026 | 0.034 | 0.045 | 0.124 |

说明：在上表中 $n$ 为样本容量.

Hwang 和 Penatle 于 1994 年研究指出，对于此类双边检验，类似的结果始终存在，并提倡用其他标准来取代 $p$ 值.

综上所述，经典学派和贝叶斯学派在假设检验问题上存在着一定的差异和分歧. 本节分析了经典学派的假设检验方法的缺陷以及贝叶斯学派的假设检验的相对优势，但值得注意的是贝叶斯学派的假设检验方法仍然存在一些问题，如先验分布的选择问题，后验概率的计算在高维情况下比较困难等问题. 因此，不应该用一个学派的方法去否定另一个学派的方法，而应该将两个学派的检验方法互为补充，以此不断完善统计理论和方法体系.

# 3.5　美国统计协会：使用 $p$ 值的 6 条准则

2016 年 3 月，统计学界发生了一件大事，美国统计协会（American Statistical Association，ASA）正式发布了一条关于 $p$ 值的声明："The ASA's statement on p-values: context, process, and purpose"（Ronald L. Wasserstein & Nicole A. Lazar. The American Statistician. Volume 70，2016-Issue 2：Pages 129—133. Accepted author version posted online: 07 Mar 2016，Published online: 09 Jun 2016. Download citation http://dx.doi.org/10.1080/00031305.2016.1154108），并提出了 6 条使用和解释 $p$ 值的原则.

$p$ 值是科学研究领域神奇的数值，无数人为之欢喜或悲伤，无数方法在试图将其变得越小越好. 只关注 $p$ 值为科学研究带来了不少困扰. 在有些领域，$p$ 值成为了门槛. 这种偏见导致了抽屉问题（file-drawer effect），统计结果显著的文章更容易出版，而可能同样重要的非显著结果则锁在抽屉里，别人永远无法看到. 因此很多人都会做一些"p-hacking"的工作（通常是增加样本量），让 $p$ 值达到"满意"的程度. 也有一部分人用其他统计方法而非 $p$ 值来统计结果.

首先，ASA 介绍了一下这则声明诞生的背景. 2014 年，ASA 论坛上出现了一段如下的讨论：

2014 年 2 月，Mount Holyoke College 数学和统计学系教授 George Cobb 在 ASA 的论坛上问了这样的问题：

问：为什么这么多学校要教 $p=0.05$？

答：因为整个科学界和杂志编辑都在用这个标准.

问：为什么这么多人仍然在用 $p=0.05$？

答：因为学校里这么教的.

这就陷入了循环，我们要教这个是因为我们平时这么用的，我们这么用因为我们的老师以前就这么教的.

看上去多少有点讽刺的味道，但事实却也摆在眼前. 从舆论上看，许许多多的文章都在讨论 $p$ 值的弊端，摘录两条言辞比较激烈的如下：

这是科学中最肮脏的秘密：使用统计假设检验的"科学方法"建立在一个脆弱

的基础之上. ——Science News(Siegfried，2010)

假设检验中用到的统计方法……比 Facebook 隐私条款的缺陷还多. ——Science News(Siegfried，2014)

针对这些对 $p$ 值的批评，ASA 于是决定起草一份声明，一方面是对这些批评和讨论作一个回应，另一方面是唤起大家对科学结论可重复性问题的重视，力图改变长久以来一些已经过时的关于统计推断的科学实践. 经过长时间众多统计学家的研讨和整理，这篇声明今天终于出现在了我们面前. $p$ 值是什么这份声明首先给出了 $p$ 值一般的解释：$p$ 值指的是在一个特定的统计模型下，数据的某个汇总指标(例如两样本的均值之差)等于观测值或比观测值更为极端的概率. 这段描述是我们通常能从教科书中找到的 $p$ 值定义，但在实际问题中，它却经常要么被神话，要么被妖魔化. 鉴于此，声明中提出了 6 条关于 $p$ 值的准则，作为 ASA 对 $p$ 值的"官方"态度. 这 6 条准则算是这条声明中最重要的部分了. 这 6 条原则包括：

(1)$p$-values can indicate how incompatible the data are with a specified statistical model.

(2)$p$-values do not measure the probability that the studied hypothesis is true，or the probability that the data were produced by random chance alone.

(3)Scientific conclusions and business or policy decisions should not be based only on whether a $p$-value passes a specific threshold.

(4)Proper inference requires full reporting and transparency.

(5)A $p$-value，or statistical significance，does not measure the size of an effect or the importance of a result.

(6)By itself, a $p$-value does not provide a good measure of evidence regarding a model or hypothesis.

统计之都关于以上 6 条原则的解读如下（http：//cos. name/2016/03/asa-statement-on-p-value/）：

准则 1：$p$ 值可以表达的是数据与一个给定模型不匹配的程度.

这条准则的意思是说，我们通常会设立一个假设的模型，称为"原假设"，然后在这个模型下观察数据在多大程度上与原假设背道而驰. $p$ 值越小，说明数据与模型之间越不匹配.

准则 2：$p$ 值并不能衡量某条假设为真的概率，或是数据仅由随机因素产生的概率.

这条准则表明，尽管研究者们在很多情况下都希望计算出某假设为真的概率，但 $p$ 值的作用并不是这个. $p$ 值只解释数据与假设之间的关系，它并不解释假设本身.

准则 3：科学结论、商业决策或政策制定不应该仅依赖于 $p$ 值是否超过一个给定的阈值.

这一条给出了对决策制定的建议：成功的决策取决于很多方面，包括实验的设计，测量的质量，外部的信息和证据，假设的合理性等等. 仅仅看 $p$ 值是否小于 $0.05$ 是非常具有误导性的.

准则 4：合理的推断过程需要完整的报告和透明度.

这条准则强调，在给出统计分析的结果时，不能有选择地给出 $p$ 值和相关分析. 举个例子来说，某项研究可能使用了好几种分析的方法，而研究者只报告 $p$ 值最小的那项，这就会使得 $p$ 值无法进行解释. 相应地，声明建议研究者应该给出研究过程中检验过的假设的数量，所有使用过的方法和相应的 $p$ 值等.

准则 5：$p$ 值或统计显著性并不衡量影响的大小或结果的重要性.

这句话说明，统计的显著性并不代表科学上的重要性. 一个经常会看到的现象是，无论某个效应的影响有多小，当样本量足够大或测量精度足够高时，$p$ 值通常都会很小. 反之，一些重大的影响如果样本量不够多或测量精度不够高，其 $p$ 值也可能很大.

准则 6：$p$ 值就其本身而言，并不是一个非常好的对模型或假设所含证据大小的衡量.

简而言之，数据分析不能仅仅计算 $p$ 值，而应该探索其他更贴近数据的模型.

声明之后还列举了一些其他的能对 $p$ 值进行补充的分析方手段，比如置信区间，贝叶斯方法，似然比，FDR（false discovery rate）等等. 这些方法都依赖于一些其他的假定，但在一些特定的问题中会比 $p$ 值更为直接地回答诸如"哪个假定更为正确"这样的问题. 声明最后给出了对统计实践者的一些建议：好的科学实践包括方方面面，如好的设计和实施，数值上和图形上对数据进行汇总，对研究中现象的理解，对结果的解释，完整的报告等等——科学的世界里，不存在哪个单一的指标能替代科学的思维方式.

# 3.6 关于不同损失函数下贝叶斯估计的补充

在本章的前面(本章第一节)，给出了损失函数的定义，还给出了三个常见的损失函数：平方损失函数，绝对损失函数，$0-1$损失函数，并给出了相应的贝叶斯估计. 为了后面应用方便，以下再补充几个损失函数，并给出相应的贝叶斯估计(说明：在本节中，$\delta$表示$\theta$的估计).

## 3.6.1 线性损失函数下的贝叶斯估计

**定理 3.6.1** 在线性损失函数

$$L(\theta, \delta) = \begin{cases} k_0(\theta-\delta), & \delta \leqslant \theta, \\ k_1(\delta-\theta), & \delta > \theta. \end{cases}$$

下，$\theta$的贝叶斯估计为后验分布的$k_0/(k_0+k_1)$分位数.

可以选择常数$k_0, k_1$使之分别反映偏低和偏高估计的相对重要性.

定理 3.6.1 的证明见茆诗松(1999).

在线性损失函数中取$k_0=k_1=1$时，即为绝对损失函数，根据定理 3.6.1，$\theta$的贝叶斯估计为后验分布的$k_0/(k_0+k_1)=0.5$分位数，即此时$\theta$的贝叶斯估计为后验分布的中位数.

**例 3.6.1** 继续考虑一个孩子做智商测试问题. 设测试的结果$x$服从正态分布$N(\theta, 100)$，其中$\theta$为孩子的智商. 如果过去对这个孩子做过多次智商测试，从过去的结果可以认为$\theta$服从正态分布$N(100, 225)$. 由此可以获得在给定$x$下，根据例 3.1.4，$\theta$后验分布为$N((400+x)/13, 8.3205^2)$. 如果这个孩子在这次智商测试中得 115 分，则$\theta$后验分布完全确定为$N(110.385, 8.3205^2)$. 在估计这个孩子的智商$\theta$时，若认为低估比高估的损失高两倍，那么采用线性损失函数时适合的，其损失函数为

$$L(\theta, \delta) = \begin{cases} 2(\theta - \delta), & \delta \leqslant \theta, \\ \delta - \theta, & \delta > \theta. \end{cases}$$

根据定理 3.6.1，有 $k_0 = 2$，$k_1 = 1$，则 $k_0/(k_0 + k_1) = 2/3$. 查标准正态分布 $N(0, 1)$ 表，可以得到它的 $2/3$ 分位数为 $0.43$，于是后验分布 $N(110.385, 8.3205^2)$ 的 $2/3$ 分位数为

$$110.385 + 0.43 \times 8.3205 = 113.96.$$

这就是这个小孩的智商 $\theta$ 的贝叶斯估计，即 $\hat{\theta}_B = 113.96$.

## 3.6.2　加权平方损失函数下的贝叶斯估计

Berger（1985）给出了加权平方损失函数下的贝叶斯估计.

**定理 3.6.2**　在加权平方损失函数

$$L(\theta, \delta) = w(\theta)(\theta - \delta)^2 \tag{3.6.1}$$

下（这里 $\delta$ 是参数 $\theta$ 的一个估计），对于任意先验分布 $\pi(\theta)$，则参数 $\theta$ 的贝叶斯估计为

$$\delta_B(x) = \frac{E[\theta w(\theta) \mid x]}{E[w(\theta) \mid x]}.$$

在定理 3.6.2 中，如果取 $w(\theta) = 1$，则 (3.6.1) 变成 $L(\theta, \delta) = (\theta - \delta)^2$，这就是通常意义下的平方损失函数，相应的贝叶斯估计为 $E(\theta \mid x)$（这是在实际应用中最常用的一种贝叶斯估计）.

在定理 3.6.2 中，如果取 $w(\theta) = \theta^{-1}$，则有如下结果：

**推论 3.6.1**　在加权平方损失函数

$$L(\theta, \delta) = \theta^{-1}(\theta - \delta)^2 \tag{3.6.2}$$

下，对于任意先验分布 $\pi(\theta)$，则参数 $\theta$ 的贝叶斯估计为

$$\delta_B(x) = E(\theta^{-1} \mid x)^{-1}.$$

在定理 3.6.2 中，取 $w(\theta) = \theta^{-2}$，则有如下结果：

**推论 3.6.2**　在加权平方损失函数

$$L(\theta, \delta) = \theta^{-2}(\theta - \delta)^2 \tag{3.6.3}$$

下，对于任意先验分布 $\pi(\theta)$，则参数 $\theta$ 的贝叶斯估计为

$$\delta_B(x) = \frac{E[\theta^{-1} \mid x]}{E[\theta^{-2} \mid x]}.$$

### 3.6.3　Q-对称损失函数下的贝叶斯估计

在韦程东(2015)中介绍了 Q-对称损失函数，并给出了 Q-对称损失函数下的贝叶斯估计.

**定理 3.6.3**　在 Q-对称损失函数

$$L(\theta, \ \delta) = \left(\frac{\theta}{\delta}\right)^q + \left(\frac{\delta}{\theta}\right)^q - 2 \tag{3.6.4}$$

下，对于任意先验分布 $\pi(\theta)$，$\theta$ 的贝叶斯估计为

$$\delta(x) = \left[\frac{E(\theta^{-q} \mid x)}{E(\theta^q \mid x)}\right]^{-\frac{1}{2q}}.$$

在定理 3.6.3 中，取 $q=1$，则有如下结果：

**推论 3.6.3**　在一种损失函数

$$L(\theta, \ \delta) = \frac{\theta}{\delta} + \frac{\delta}{\theta} - 2 \tag{3.6.5}$$

下，对于任意先验分布 $\pi(\theta)$，$\theta$ 的贝叶斯估计为

$$\delta(x) = \left[\frac{E(\theta^{-1} \mid x)}{E(\theta \mid x)}\right]^{0-\frac{1}{2}}.$$

式(3.6.5)也是王忠强，王德辉(2004)中给出了一种损失函数.

### 3.6.4　LINEX 损失函数和复合 LINEX 损失函数下的贝叶斯估计

Varian(1975)构造了 LINEX(linear exponential)损失函数(这是一类非对称损失函数)，并给出了相应的 Bayes 估计. Zellner(1986)从 Bayes 观点讨论了 LINEX 损失函数的性质.

**定理 3.6.4**　在 LINEX 损失函数

$$L_a(\theta, \ \delta) = \exp[a(\delta - \theta)] - a(\delta - \theta) - 1 \tag{3.6.6}$$

下，对于任意先验分布 $\pi(\theta)$，$\theta$ 的 Bayes 估计为

$$\delta(x) = -\frac{1}{a} \ln E[\exp(-a\theta) \mid x].$$

其中 $a$ 为该损失函数的尺度参数，且 $a\neq0$.

在 LINEX 损失函数(3.6.6)中，当 $a>0$ 时，若 $\delta-\theta>0$，则该函数(几乎)呈指数增长；若 $\delta-\theta<0$，则该函数(几乎)呈线性增长. 而当 $a<0$ 时恰好相反.

张睿(2007)在 LINEX 损失函数的基础上提出了复合 LINEX 损失函数，并讨论了该损失函数下参数估计问题.

**定理 3.6.5**　在复合 LINEX 损失函数

$$L(\theta,\ \delta)=L_a(\theta,\ \delta)+L_{-a}(\theta,\ \delta)$$
$$=\exp[a(\delta-\theta)]+\exp[-a(\delta-\theta)]-2,\ a>0 \quad (3.6.7)$$

下，对于任意先验分布 $\pi(\theta)$，$\theta$ 的 Bayes 估计为

$$\delta(x)=\frac{1}{2a}\ln\left\{\frac{E[\exp(a\theta)\,|\,x]}{E[\exp(-a\theta)\,|\,x]}\right\}.$$

## 3.6.5　熵损失函数下的贝叶斯估计

Calabria and Pulcini(1990)提出了熵损失函数(这是一类非对称损失函数)并给出了相应的贝叶斯估计.

**定理 3.6.6**　在熵损失函数

$$L(\theta,\ \delta)=E\left\{\ln\frac{f(\theta,\ x_1,\ x_2,\ \cdots,\ x_n)}{f(\delta,\ x_1,\ x_2,\ \cdots,\ x_n)}\right\} \quad (3.6.8)$$

下，对于任意先验分布 $\pi(\theta)$，对一些分布中参数 $\theta$ 的 Bayes 估计为

$$\delta_B(x)=[E(\theta^{-1}\,|\,x)]^{-1}.$$

说明：在式(3.6.8)中，$f(\theta,\ x)$ 是密度函数.

从式(3.6.8)可以看出，熵损失函数是似然比对数的数学期望.

需要说明的是：定理 3.6.6 中，"对一些分布中的参数"成立(因为与具体的分布有关)，这些分布包括：指数分布(王德辉，宋立新，1999)，广义指数分布(郡伟安 等，2011)，Pareto 分布(韩慧芳，杨珂玲，张建军，2007)，Burr 分布(韦程东，2015)等. 还有一些分布，在熵损失函数下其参数的 Bayes 估计并不满足定理 3.6.6. 例如，对二项分布，在熵损失函数下其参数的 Bayes 估计并不满足定理 3.6.6，详见金梅花(2007).

# 第4章　先验分布的选取

如何确定先验分布？这是贝叶斯统计基础理论部分中受到经典学派批评最多的部分．本章主要介绍：先验信息与主观概率，无信息先验分布，多层先验分布．

## 4.1　先验信息与主观概率

贝叶斯统计要使用先验信息，而先验信息主要是指经验和历史资料．因此如何用人们的经验和过去的历史资料确定概率和概率分布是贝叶斯统计要解决的问题．

关于概率的概念，经典统计涉及某一给定情况的大量重复．例如，当抛一枚质地均匀的硬币时，说出现正面的概率为 1/2，是指多次抛硬币时出现正面的次数约占 1/2．所以经典统计的研究对象是能大量重复的随机现象，不是这类随机现象就不能用频率的方法去确定其有关事件的概率．这无疑就把统计学的应用和研究领域缩小了．例如，很多经济现象是不能重复或不能大量重复的随机现象（如经济增长率等），这类随机现象中要用频率方法去确定有关事件的概率常常是不可能的．

在大多数不确定情况下，没有理由假设基本事件是等可能的，这时概率的频率解释是不适当的．但是我们还应用这个频率解释，因为在概率论中有"大数定律"作"保证"．然而在大数定律中，一个重要的假设是多次重复试验必须是独立的，也就是说任何一次试验结果的出现对于其他任何一次试验是没有影响的，在"独立性"的假设下概率的频率解释才成立．可是承认这些假设前提（如"独立性"等)本身也是带有"主观性"的．

例如，天气预报中"明天降水的概率是 0.9"，其中的概率不能用频率解释（因为明天是某年某月某日，它只有一天)，但明天是否下雨是随机现象．这里明天降水的概率是 0.9 是气象专家对"明天降水"的一种看法或一种信念，信与不信由你．可见没有频率解释的概率是存在的．

在现实世界中，有一些随机现象是不能重复或不能大量重复的，这时有关事件的概率如何确定呢？

贝叶斯学派认为：一个事件的概率是人们根据经验对该事件发生的可能性所给出的个人信念．这样给出的概率称为**主观概率**.

例如"明天降水的概率是 0.9"，这是气象专家根据气象专业知识和最近气象资料给出的主观概率．在前面曾提起过：在 20 世纪，Lindley 教授预言 21 世纪将是贝叶斯统计的天下，Efron 教授则认为出现这种局面的主观概率为 0.15．主观概率的例子还有很多，这里就不一一列举了．

值得注意的是，主观概率和主观臆造有着本质上的不同，前者要求当事人对所考察的事件有透彻的了解和丰富的经验，甚至是这一行的专家，并能对历史信息和周围信息进行仔细分析，如此确定的主观概率是可信的．以经验为基础的主观概率与纯主观还是不同的，更何况主观概率也要受到实践的检验和公理的验证，人们会去其糟粕，取其精华．因此，应该把主观概率和主观臆造区分开来．从某种意义上说，不利用这些丰富经验也是一种浪费．

主观概率本质上是对随机事件发生的可能性大小的一种推断或估计，虽然结论的精确性还有待实践的检验和修正，但结论的可信性在统计意义上是有其价值的．在遇到的随机现象无法大量重复时，用主观概率去做决策和判断是适当的．因此，从某种意义上说主观概率方法是频率方法的一种补充和扩展．

对主观概率的批评也是有的．所谓贝叶斯方法的不足仅仅反映了在主观性和如何确定概率的技术困难之间的困惑．流行的观点说，如果一个概率代表信任程度，那的确代表了我们对某事物为真的相信程度，但是这种相信是基于所有可以得到的有关信息之上．而这使得概率的确定成为一个可以允许发展的问题，因为我所掌握的信息可能与你得到的不同，这和纯主观性并不一样．

在某些贝叶斯学派的成员中，存在着一种教条主义的倾向，声称"这是解决所有问题的方法，而且你如果不同意我的观点，你就是错误的！"某些统计学家不同意那些认为一旦得到了后验分布，问题就解决了的观点．

一个有关的问题是贝叶斯方法对于先验信息的敏感性．有时，很少注意到在作了一个错误的假设之后，一个方法可以是如何"灾难性的愚蠢". 事实上，贝叶斯统计在19世纪没有被人们普遍接受，正是一些人把先验分布滥用的结果，也正是这些"滥用"导致了贝叶斯统计的"灾难性". 因此，先验分布的确定（或选择）对贝叶斯统计是一个十分重要的问题，也是经典统计对贝叶斯统计批评最多的问题. 本章后面将围绕先验分布的确定（或选择）为题展开讨论.

# 4.2 无信息先验分布

贝叶斯方法的特点是能够充分利用先验信息来确定先验分布. 对于很多统计问题，人们可能没有任何先验信息，在这种情况下如何确定先验分布呢？许多统计学家对无信息先验分布进行了研究，提出了多种确定无信息先验分布的方法.

## 4.2.1 贝叶斯假设

所谓参数 $\theta$ 的无信息先验分布就是指除参数 $\theta$ 的取值范围 $\Theta$ 和 $\theta$ 在总体分布中的地位之外，再也不包含 $\theta$ 的任何信息的先验分布. 如果把"不包含 $\theta$ 的任何信息"理解为对参数 $\theta$ 的任何取值都是同样无知的，则自然把参数 $\theta$ 的取值范围上的均匀分布作为其先验分布，即

$$\pi(\theta) = \begin{cases} c, & \theta \in \Theta, \\ 0, & \theta \overline{\in} \Theta. \end{cases}$$

其中 $\Theta$ 是 $\theta$ 的取值范围，$c > 0$ 为常数.

如果略去密度函数取0的部分，则上式可以写成

$$\pi(\theta) = c, \quad \theta \in \Theta$$

或

$$\pi(\theta) \propto 1, \quad \theta \in \Theta. \tag{4.2.1}$$

这种选取无信息先验分布的方法称为**贝叶斯假设**. 贝叶斯假设符合人们对无信息的直观认识，有其合理性.

式(4.2.1)给出的先验密度形式简洁，用起来也是方便的.

若参数 $\theta$ 的先验密度由式(4.2.1)给出，根据贝叶斯定理 $\theta$ 的后验密度由式

(2.2.5)给出,则式(2.2.5)可以简化为

$$\pi(\theta|x) \propto L(x|\theta). \tag{4.2.2}$$

其中 $L(x|\theta)$ 为似然函数.

式(4.2.2)说明,在贝叶斯假设下,后验密度"正比于"似然函数.

如果 $\theta$ 有充分统计量 $t(x_1, x_2, \cdots, x_n)$,简记为 $t$,则式(4.2.2)可以写成

$$\pi(\theta|x) \propto L(t|\theta). \tag{4.2.3}$$

需要注意的是,式(4.2.1)有时会发生困难,而式(4.2.2)或式(4.2.3)是有意义的.

**例 4.2.1** 设 $x_1, x_2, \cdots, x_n$ 是来自正态分布 $N(\mu, \sigma^2)$ 的样本观察值,其中 $\mu$ 为未知, $\sigma^2 = \sigma_0^2$ 为已知,且 $t(x_1, x_2, \cdots, x_n) = \bar{x}$(为样本均值).

由于 $\mu$ 的取值范围为 $(-\infty, \infty)$,所以无法找到一个适合于式(4.2.1)要求的密度函数,此时使用式(4.2.1)是有困难的. 然而用式(4.2.3)则有

$$\pi(\mu|x) \propto L(\bar{x}|\mu) \propto e^{-\frac{n(\bar{x}-\mu)^2}{2\sigma^2}}.$$

因此可以得到, $\mu$ 的后验分布是 $N(\bar{x}, \sigma^2/n)$.

根据 $\mu$ 的后验分布,我们可以对 $\mu$ 进行参数估计($\mu$ 的区间估计,见例 3.2.1 的(2))、假设检验等.

根据例 3.2.1 的(2),有

$$P\left\{ \left| \frac{\mu - \bar{x}}{\sigma_b/\sqrt{n}} \right| < z_{\frac{\alpha}{2}} \right\} = 1 - \alpha,$$

其中 $z_{\frac{\alpha}{2}}$ 是标准正态分布的上侧 $\frac{\alpha}{2}$ 分位数.

因此检验问题

$$H_0: \mu = \mu_0, \quad H_0: \mu \neq \mu_0$$

的拒绝域为

$$W = \left\{ \left| \frac{\mu_0 - \bar{x}}{\sigma_b/\sqrt{n}} \right| \geqslant z_{\frac{\alpha}{2}} \right\}.$$

这个结果与经典统计的结果是相同的.

根据 $\mu$ 的后验分布,我们也可以得到 $\mu$ 的点估计——贝叶斯估计. 例如,在平方损失下, $\mu$ 的贝叶斯估计是后验均值

$$\hat{\mu}=E(\mu \mid x)=\bar{x}.$$

这个结果与经典统计的结果也是相同的.

这个例子结果说明：经典方法相当于选用了一个无信息先验分布.

尽管式(4.2.2)或式(4.2.3)是有意义的，那么贝叶斯假设中的 $\pi(\theta)\varpropto 1$ 是否为一个密度函数呢？然而这个问题还是存在的. 一种解决的方法，就是承认它是分布的密度函数，这就需要引进广义分布密度的概念.

**定义 4.2.1**　设总体 $X\sim f(x\mid\theta)$，$\theta\in\Theta$，若 $\theta$ 的先验分布 $\pi(\theta)$ 满足下列条件：

(1) $\pi(\theta)\geqslant 0$，且 $\displaystyle\int_{\Theta}\pi(\theta)\mathrm{d}\theta=\infty$；

(2) 由此确定的后验密度 $\pi(\theta\mid x)$ 是正常的密度函数，

则称 $\pi(\theta)$ 为 $\theta$ 的**广义先验密度**.

例 4.2.1 说明，虽然 $\mu$ 的这个先验分布是广义的，但它却能得出有意义的结论.

当然也会有这样的问题，若先验分布是广义的是否会导致后验分布也不是概率分布的密度呢？考虑这个问题是完全必要的，我们只限定考虑相应的后验密度一定是概率分布的密度的广义先验分布，这能使我们从后验分布获得的推断具有概率的意义.

显然，把贝叶斯假设用于在有限范围内变化的参数时，$\pi(\theta)$ 是一个通常意义下的密度. 若 $\theta\in\Theta=[a,b]$，此时

$$\pi(\theta)\varpropto 1,\ \theta\in[a,b],$$

即

$$\pi(\theta)=\begin{cases}\dfrac{1}{b-a}, & \theta\in[a,b],\\[2mm] 0, & \theta\overline{\in}[a,b].\end{cases}$$

它确实是一个通常意义下的分布的密度——$[a,b]$ 区间上的均匀分布的密度.

由此可见，贝叶斯假设只是在 $\theta$ 的变化范围是无界区域时，才会遇到困难，此时需要引进广义密度才能处理.

需要说明，今后当参数 $\theta$ 在有界区域变化时，采用先验密度

$$\pi(\theta)\varpropto 1$$

称为**贝叶斯假设**.

如果参数 $\theta$ 在无界区域变化时，采用先验密度

$$\pi(\theta) \propto 1$$

称为**广义贝叶斯假设**.

有时这两者不加区别，统称为贝叶斯假设，用

$$\pi(\theta|x) \propto L(x|\theta)$$

来表示.

**例 4.2.2** 设 $x_1$，$x_2$，$\cdots$，$x_n$ 是来自正态分布 $N(\mu, \sigma^2)$ 的样本，其中 $\mu$ 和 $\sigma^2$ 均为未知.

我们知道 $\sigma$ 的变化范围是 $(0, \infty)$. 若定义一个变换

$$\eta = \sigma^2, \quad \sigma \in (0, \infty),$$

则 $\eta$ 是正态分布 $N(\mu, \sigma^2)$ 的方差，它在 $(0, \infty)$ 上，$\eta$ 与 $\sigma$ 是一一对应的，不会损失信息. 若 $\sigma$ 是无信息参数，则 $\eta$ 也是无信息参数，且它们的参数空间都是 $(0, \infty)$，没有被压缩也没有被放大. 根据贝叶斯假设，它们的无信息先验分布都应是常数，可是按照概率运算法则并不是这样的. 设 $\pi(\sigma)$ 是 $\sigma$ 的先验密度，则 $\eta$ 密度函数为

$$g(\eta) = \left| \frac{\mathrm{d}\sigma}{\mathrm{d}\eta} \right| \pi(\sqrt{\sigma}) = \frac{1}{2\sqrt{\eta}} \pi(\sqrt{\sigma}).$$

因此若 $\sigma$ 的无信息先验被选为常数，为了保持数学上的逻辑推理的一致性，$\eta$ 的无信息先验应与 $\eta^{-1/2}$ 成比例. 这与贝叶斯假设矛盾.

从这个例子可以看出，不能随意设定一个常数为某个参数的先验分布，即不能随意使用贝叶斯假设.

## 4.2.2 共轭先验分布及超参数的确定

Railla 和 Schlaifer(1961) 提出先验分布应取共轭先验分布才合适. 在第二章中曾讨论过共轭先验分布问题，并给出了共轭先验分布的定义、常用共轭先验分布等.

从第二章中共轭先验分布部分的例子可以看出，给出了样本 $x = (x_1, x_2, \cdots,$

$x_n$)对参数 $\theta$ 的条件分布——似然函数 $L(x|\theta)$ 后，去寻找合适的共轭先验分布是可能的. 然而要给出一个统一的公式，只要似然函数 $L(x|\theta)$ 一代入，就可以得到共轭先验分布 $\pi(\theta)$，这却是困难的.

#### 4.2.2.1　共轭分布的统计意义

共轭分布的统计意义是什么呢？

（1）从贝叶斯定理式（2.2.4）或式（2.2.5）可以看出，后验密度既与先验分布有关，还与似然函数有关，它是两者的综合.

后验分布既反映了过去提供的经验——参数 $\theta$ 的先验分布，又反映了样本提供的信息. 共轭型分布要求先验分布与后验分布属于同一个类型，就是要求经验的知识和现在样本的信息有某种同一性，它们能转化为同一类的经验知识. 如果以过去的经验和现在的样本提供的信息作为历史知识，也就是以后验分布作为进一步试验的先验分布，再作若干次试验，获得新的样本后，新的后验分布仍然还是同一类型的，从这里我们就不难理解共轭先验分布的作用.

（2）从共轭分布导出的估计来看共轭分布的统计意义.

以下以第 2 章中共轭先验分布部分的几个例子为例，来说明共轭分布的统计意义.

**例 4.2.3**　在例 2.3.1 中，如果二项分布 $B(n,\theta)$ 中的参数 $\theta$ 的先验分布取 Beta 分布 $Be(a,b)$，则 $\theta$ 的后验分布是 Beta 分布 $Be(a+x,b+n-x)$. 根据这个结果，在平方损失下，$\theta$ 的贝叶斯估计为其后验均值，即

$$\hat{\theta}_B = E(\theta|x) = \frac{a+x}{a+b+n} = \frac{n}{a+b+n} \cdot \frac{x}{n} + \frac{a+b}{a+b+n} \cdot \frac{a}{a+b}.$$

这个结果的统计意义是明显的，选用 $Be(a,b)$ 作为参数 $\theta$ 的先验分布，如同已经做了 $a+b$ 次试验，事件 $A$ 发生了 $a$ 次，再加上现在做的 $n$ 次独立试验，事件 $A$ 发生了 $x$ 次，一共做了 $a+b+n$ 次试验，而事件 $A$ 共发生了 $a+x$ 次，因此用 $\hat{\theta}_B = \dfrac{a+x}{a+b+n}$ 去估计 $\theta$.

当 $a=b=1$ 时，Beta 分布 $Be(a,b)$ 就是（0，1）区间上的均匀分布，此时相应的贝叶斯估计为 $\hat{\theta}_B = \dfrac{x+1}{n+2}$.

相当于过去做了 2 次试验，事件 $A$ 发生了 1 次，而（0，1）区间上的均匀分布

恰好就是按贝叶斯假设得到的先验分布.

另外，由于 $\dfrac{a}{a+b}$ 是先验分布 $Be(a,b)$ 的均值，即先验均值，$\dfrac{x}{n}$ 是样本均值，因此 $\hat{\theta}_B=\dfrac{a+x}{a+b+n}=\dfrac{n}{a+b+n}\cdot\dfrac{x}{n}+\dfrac{a+b}{a+b+n}\cdot\dfrac{a}{a+b}$ 是先验均值 $\left(\dfrac{a}{a+b}\right)$ 和样本均值 $\left(\dfrac{x}{n}\right)$ 的加权平均.

**例 4.2.4**　在例 2.3.8 中，设 $x_1$, $x_2$, $\cdots$, $x_n$ 是来自正态分布 $N(\mu,\sigma^2)$ 的样本观察值，其中 $\mu$ 为未知，$\sigma^2=\sigma_0^2$ 为已知，若 $\mu$ 的先验分布为 $N(\mu_a,\sigma_a^2)$，其中 $\mu_a$, $\sigma_a^2$ 为已知，得到 $\mu$ 的后验分布为 $N(\mu_b,\sigma_b^2)$，其中

$$\mu_b=\frac{\overline{x}\sigma_a^2+\mu_a\sigma_0^2/n}{\sigma_a^2+\sigma_0^2/n},\quad \sigma_b^2=\frac{\sigma_a^2\sigma_0^2/n}{\sigma_a^2+\sigma_0^2/n},$$

$$\overline{x}=\frac{1}{n}\sum_{i=1}^n x_i.$$

根据这个结果，在平方损失下，$\mu$ 的贝叶斯估计为其后验均值，即

$$\hat{\mu}=\mu_b=\frac{\overline{x}\sigma_a^2+\mu_a\sigma_0^2/n}{\sigma_a^2+\sigma_0^2/n}=\frac{\dfrac{n}{\sigma_0^2}\overline{x}+\dfrac{1}{\sigma_a^2}\mu_a}{\dfrac{n}{\sigma_0^2}+\dfrac{1}{\sigma_a^2}}.$$

因此 $\hat{\mu}$ 是样本均值 $\overline{x}$ 和先验均值 $\mu_a$ 的加权平均.

注意到 $\dfrac{1}{\sigma_a^2}$ 是先验方差 $\sigma_a^2$ 的倒数，它是先验均值 $\mu_a$ 的精度，而样本均值的方差是 $\dfrac{\sigma_0^2}{n}$，因此 $\dfrac{n}{\sigma_0^2}$ 就是样本均值的精度. 这样就可以明显地看出：$\hat{\mu}$ 是将 $\overline{x}$ 和 $\mu_a$ 按照各自的精度来加权的.

于是共轭先验分布 $N(\mu_a,\sigma_a^2)$ 中的两个参数 $\mu_a$ 和 $\sigma_a^2$ 就有明显的统计意义.

#### 4.2.2.2　超参数的确定

先验分布中所含的未知参数称为**超参数**（hyper parameter）. 例如，在例 4.2.3 中，二项分布 $B(n,\theta)$ 中的参数 $\theta$ 的先验分布取 Beta 分布 $Be(a,b)$，若 $a$ 和 $b$ 均未知，则为超参数. 在例 2.3.7 中，参数为 $\lambda$（均值的倒数）的指数分布中，$\lambda$ 的共轭先验分布为 Gamma 分布 $Ga(a,b)$，若 $a$ 和 $b$ 均未知，则为超参数. 一般，共轭先验分布中常含有超参数，而无信息先验分布中（如均匀分布 $U(0,1)$

等)一般不含有超参数.

共轭先验分布是一种有信息先验分布,其中所含的超参数应充分利用各种先验信息来确定它. 以下结合几个具体的例子,介绍超参数的确定方法.

**例 4.2.5** 二项分布 $B(n,\theta)$ 中的参数 $\theta$ 的先验分布取 Beta 分布 $Be(a,b)$,$a$ 和 $b$ 为两个超参数. 以下给出具体确定超参数 $a$ 和 $b$ 的几种方法.

(1)利用先验矩.

假设根据先验信息能获得参数 $\theta$ 的若干个估计值,记作 $\theta_1,\theta_2,\cdots,\theta_k$,一般它们是由历史数据整理加工获得的,由此可得到先验均值 $\bar\theta$ 和先验方差 $S_\theta^2$,其中

$$\bar\theta=\frac{1}{k}\sum_{i=1}^{k}\theta_i,\quad S_\theta^2=\frac{1}{k-1}\sum_{i=1}^{k}(\theta_i-\bar\theta)^2.$$

然后令其分别为 Beta 分布 $Be(a,b)$ 的均值与方差,即

$$\begin{cases} \dfrac{a}{a+b}=\bar\theta,\\[2mm] \dfrac{ab}{(a+b)^2(a+b+1)}=S_\theta^2. \end{cases}$$

由此解得超参数 $a$ 和 $b$ 的估计为

$$\hat a=\bar\theta\left[\frac{(1-\bar\theta)\bar\theta}{S_\theta^2}-1\right],\quad \hat b=(1-\bar\theta)\left[\frac{(1-\bar\theta)\bar\theta}{S_\theta^2}-1\right].$$

(2)利用先验分位数.

如果根据先验信息可以确定 Beta 分布 $Be(a,b)$ 的两个分位数,则可以用这两个分位数确定超参数 $a$ 和 $b$. 例如,用两个上、下四分位数 $\theta_U$ 和 $\theta_L$ 来确定超参数 $a$ 和 $b$,$\theta_L$ 和 $\theta_U$ 分别满足如下两个方程:

$$\int_0^{\theta_L}\frac{1}{B(a,b)}\theta^{a-1}(1-\theta)^{b-1}\mathrm{d}\theta=0.25,$$

$$\int_{\theta_U}^{1}\frac{1}{B(a,b)}\theta^{a-1}(1-\theta)^{b-1}\mathrm{d}\theta=0.25.$$

从以上两个方程解出 $a$ 和 $b$ 即可. 具体可以利用 Beta 分布与 $F$ 分布间的关系,对于不同的 $a$ 和 $b$ 多算一些值,使积分逐渐逼近 0.25,也可以反过来计算. 可对一些典型的 $a$ 和 $b$,寻求其上、下四分位数 $\theta_U$ 和 $\theta_L$.

(3)利用先验矩和先验分位数.

如果根据先验信息可以获得先验均值 $\bar\theta$ 和其 $p$ 分位数 $\theta_p$,则可列出下列方

程组

$$\begin{cases} \dfrac{a}{a+b}=\bar{\theta}, \\ \displaystyle\int_0^{\theta_p} \dfrac{1}{B(a,\ b)}\theta^{a-1}(1-\theta)^{b-1}\mathrm{d}\theta=p. \end{cases}$$

解此列方程组，可得到 $a$ 和 $b$ 的估计值.

## 4.2.3　位置参数的无信息先验分布

Jeffreys(1961)首先考虑这类问题. 若要考虑参数 $\theta$ 的无信息先验分布，首先要知道该参数 $\theta$ 在总体分布中的地位，例如 $\theta$ 是位置参数，还是尺度参数. 关于位置－尺度参数模型的研究，见周源泉，翁朝曦(1990)，张尧庭，陈汉峰(1991)，张志华(2002)，陈家鼎(2005)，韩明(2006$a$)等.

根据参数在分布中的地位选择适当的变换下的不变性来确定其无信息先验分布. 这样确定先验分布的方法是没有任何先验信息，但要用到总体分布的信息. 以后将会看到用这些方法确定的无信息先验分布大都是广义先验.

设总体 $X$ 的密度函数具有形式 $f(x-\theta)$，其样本空间和参数空间均为实数集 **R**. 这类密度组成位置参数族，$\theta$ 称为位置参数. 例如，方差 $\sigma^2$ 已知时的正态分布 $N(\theta,\ \sigma^2)$ 就是其成员之一. 现在要导出此种情况下 $\theta$ 无信息先验分布.

设想让 $X$ 移动一个量 $c$ 到 $Y=X+c$，同时让参数 $\theta$ 也移动一个量 $c$ 到 $\eta=\theta+c$，显然 $Y$ 有密度 $f(y-\eta)$. 它仍然是位置参数族的成员，其样本空间和参数空间仍为实数集 **R**. 所以 $(X,\ \theta)$ 问题与 $(Y,\ \eta)$ 问题的统计结构完全相同. 因此 $\theta$ 与 $\eta$ 应有相同的无信息先验分布，即

$$\pi(\tau)=\pi^*(\tau), \tag{4.2.4}$$

其中 $\pi^*(\ \cdot\ )$ 为 $\eta$ 的无信息先验分布.

另一方面，由变换 $\eta=\theta+c$ 可以算得 $\eta$ 的无信息先验分布为

$$\pi^*(\eta)=\left|\dfrac{\mathrm{d}\theta}{\mathrm{d}\eta}\right|\pi(\eta-c)=\pi(\eta-c), \tag{4.2.5}$$

其中 $\left|\dfrac{\mathrm{d}\theta}{\mathrm{d}\eta}\right|=1.$

比较式(4.2.4)和式(4.2.5)可得

$$\pi(\eta)=\pi(\eta-c).$$

取 $\eta=c$，则有 $\pi(c)=\pi(0)=$ 常数.

由 $c$ 的任意性，得到 $\theta$ 无信息先验分布为

$$\pi(\theta)=1.$$

这表明，当 $\theta$ 为位置参数时，其先验分布可用贝叶斯假设作为无信息先验分布.

**例 4.2.6** 设 $x_1,\ x_2,\ \cdots,\ x_n$ 是来自正态总体 $N(\mu,\ \sigma^2)$ 的样本，其中 $\sigma^2$ 为已知.

我们知道 $\bar{x}$ 是 $\mu$ 的充分统计量，且 $\bar{x}\sim N(\mu,\ \sigma^2/n)$，其密度函数为

$$f(\bar{x}|\mu)\propto\exp\left\{-\frac{n(\bar{x}-\mu)}{2\sigma^2}\right\}.$$

关于 $\mu$ 没有任何先验信息可以利用时，为了估计 $\mu$ 只能采用无信息先验分布

$$\pi(\mu)=1.$$

根据贝叶斯公式，容易得到，在给定 $\bar{x}$ 后，$\mu$ 的后验分布为 $N(\bar{x},\ \sigma^2/n)$. 这表明：$\mu$ 的后验均值估计为 $\hat{\mu}=\bar{x}$，后验方差为 $\sigma^2/n$，这些结果与经典统计的结果是相同的.

这种现象被贝叶斯学派解释为，经典统计中一些成功的估计量是可以看作使用合理的无信息先验分布的结果. 当使用合理的无信息先验分布时，可以开发出更好的贝叶斯估计结果. 无信息先验分布的开发和使用是贝叶斯估计中最成功的结果之一.

## 4.2.4　尺度参数的无信息先验分布

设总体 $X$ 的密度函数具有形式 $\frac{1}{\sigma}f\left(\frac{x}{\sigma}\right)$，其中 $\sigma$ 称为**尺度参数**，参数空间为 $\mathbf{R}^+=(0,\ \infty)$，这类密度的全体称为**尺度参数族**.

正态分布 $N(0,\ \sigma^2)$ 和形状参数已知的 Gamma 分布都是这个分布族的成员. 现在要导出此种情况下 $\sigma$ 无信息先验分布.

设想让 $X$ 改变比例尺，即得到 $Y=cX(c>0)$. 类似的定义 $\eta=c\sigma$，即让参数 $\sigma$ 同步变化，可以得到 $Y$ 的密度函数为 $\frac{1}{\eta}f\left(\frac{y}{\eta}\right)$ 仍然属于尺度参数族. 且若 $X$ 的

样本空间为 $\mathbf{R}$，则 $Y$ 的样本空间也为 $\mathbf{R}$；若 $X$ 的样本空间为 $\mathbf{R}^+$，则 $Y$ 的样本空间也为 $\mathbf{R}^+$；此外 $\sigma$ 的参数空间为 $\mathbf{R}^+$，$\eta$ 的参数空间也为 $\mathbf{R}^+$. 因此，$(X, \sigma)$ 问题与 $(Y, \eta)$ 问题的统计结构完全相同，所以 $\sigma$ 的无信息先验分布 $\pi(\sigma)$ 与 $\eta$ 的无信息先验分布 $\pi^*(\eta)$ 应相同，即

$$\pi(\tau) = \pi^*(\tau), \tag{4.2.6}$$

其中 $\pi^*(\,\cdot\,)$ 为 $\eta$ 的无信息先验分布.

另一方面，由变换 $\eta = c\sigma$ 可以算得 $\eta$ 的无信息先验分布为

$$\pi^*(\eta) = \frac{1}{c}\pi\left(\frac{\eta}{c}\right). \tag{4.2.7}$$

比较式(4.2.6)和式(4.2.7)可得

$$\pi(\eta) = \frac{1}{c}\pi\left(\frac{\eta}{c}\right).$$

取 $\eta = c$，则有 $\pi(c) = \frac{1}{c}\pi(1)$.

为了方便，令 $\pi(1) = 1$，可得 $\sigma$ 无信息先验分布为

$$\pi(\sigma) = \frac{1}{\sigma}, \ \sigma > 0. \tag{4.2.8}$$

这仍然是一个不正常的先验分布.

**例 4.2.7**　设 $X$ 服从指数分布，其密度函数为

$$f(x|\sigma) = \frac{1}{\sigma}\exp(-x/\sigma), \ x > 0.$$

其中 $\sigma > 0$ 为尺度参数.

若 $x = (x_1, x_2, \cdots, x_n)$ 是来自该指数分布的样本，$\sigma$ 的先验分布按照 (4.2.8)取无信息先验分布，则在样本 $x = (x_1, x_2, \cdots, x_n)$ 给定下，$\sigma$ 的后验密度函数为

$$\pi(\sigma|x) \propto \sigma^{-(n+1)}\exp\left(-\sum_{i=1}^{n} x_i/\sigma\right), \ \sigma > 0.$$

因此，$\sigma$ 的后验分布是倒 Gamma 分布 $IGa\left(n, \sum_{i=1}^{n} x_i\right)$. 它的后验均值估计

为 $\hat{\sigma} = E(\sigma|x) = \dfrac{\sum_{i=1}^{n} x_i}{n-1}$.

## 4.2.5 用 Jeffreys 准则确定无信息先验分布

Jeffreys(1961)提出了确定无信息先验分布的更一般方法. 由于推理涉及 Harr 测度知识，这里仅给出结果及其计算步骤.

设 $x=(x_1, x_2, \cdots, x_n)$ 是来自密度函数 $f(x|\theta)$ 的样本，其中 $\theta=(\theta_1, \theta_2, \cdots, \theta_p)$ 是 $p$ 维参数向量. 对于 $\theta$ 在无信息先验分布时，Jeffreys 用 Fisher 信息矩阵行列式的平方根作为 $\theta$ 的先验密度的核，这样获得无信息先验分布的方法，称为 **Jeffreys 准则.**

用 Jeffreys 准则寻找无信息先验分布的步骤如下：

(1)写出样本似然函数的对数

$$L=\ln[L(x|\theta)]=\ln\left[\prod_{i=1}^{n} f(x_i|\theta)\right] = \sum_{i=1}^{n} \ln f(x_i|\theta).$$

(2)求 Fisher 信息矩阵

$$I(\theta)=E\left(-\frac{\partial^2 L}{\partial\theta_i\partial\theta_j}\right), \quad i, j=1, 2, \cdots, p.$$

特别地，在单参数情形($p=1$ 时)，$I(\theta)=E\left(-\frac{\partial^2 L}{\partial\theta^2}\right)$.

(3)$\theta$ 的无信息先验密度函数为

$$\pi(\theta)=[\det I(\theta)]^{1/2},$$

其中 $\det I(\theta)$ 表示 $p\times p$ 阶 Fisher 信息矩阵 $I(\theta)$ 的行列式.

特别地，在单参数情形($p=1$ 时)，$\pi(\theta)=[I(\theta)]^{1/2}$.

**例 4.2.8** 设 $x_1, x_2, \cdots, x_n$ 是来自正态分布 $N(\mu, \sigma^2)$ 的样本，现在按 Jeffreys 准则来求 $(\mu, \sigma)$ 的无信息先验分布.

似然函数为

$$L(x|\mu, \sigma^2)=(2\pi)^{-n/2}\sigma^{-n}\exp\left\{-\frac{1}{2\sigma^2}\sum_{i=1}^{n}(x_i-\mu)^2\right\}$$

似然函数的对数为

$$l=-\frac{n}{2}\ln(2\pi)-\frac{n}{2}\ln\sigma^2-\frac{1}{2\sigma^2}\sum_{i=1}^{n}(x_i-\mu)^2.$$

其 Fisher 信息矩阵为

$$I(\mu,\ \sigma)=\begin{pmatrix} E\left(-\dfrac{\partial^2 l}{\partial\mu^2}\right) & E\left(-\dfrac{\partial^2 l}{\partial\mu\partial\sigma}\right) \\ E\left(-\dfrac{\partial^2 l}{\partial\mu\partial\sigma}\right) & E\left(-\dfrac{\partial^2 l}{\partial\sigma^2}\right) \end{pmatrix}=\begin{pmatrix} \dfrac{n}{\sigma^2} & 0 \\ 0 & \dfrac{2n}{\sigma^2} \end{pmatrix}.$$

则 $\det I(\mu,\ \sigma)=2n^2\sigma a^{-4}$，于是按照 Jeffreys 准则，$(\mu,\ \sigma)$ 的无信息先验密度函数为

$$\pi(\mu,\ \sigma)=[I(\mu,\ \sigma)]^{1/2}\propto\sigma^{-2}.$$

特别地，它有如下几种特殊情况：

(1)当 $\sigma$ 已知时，$I(\mu)=E\left(-\dfrac{\partial^2 l}{\partial\mu^2}\right)=\dfrac{n}{\sigma^2}$，所以 $\pi(\mu)\propto 1$，$\mu\in\mathbf{R}$；

(2)当 $\mu$ 已知时，$I(\sigma)=E\left(-\dfrac{\partial^2 l}{\partial\sigma^2}\right)=\dfrac{2n}{\sigma^2}$，所以 $\pi(\sigma)\propto\sigma^{-1}$，$\sigma\in\mathbf{R}^+$；

(3)当 $\mu$ 与 $\sigma$ 独立时，$\pi(\mu,\ \sigma)=\pi(\mu)\pi(\sigma)\propto\sigma^{-1}$，$\mu\in\mathbf{R}$，$\sigma\in\mathbf{R}^+$.

可见，Jeffreys 准则表明：$\mu$ 与 $\sigma$ 的无信息先验分布是不独立的.

在 $(\mu,\ \sigma)$ 的联合无信息先验分布的两种形式中 $(\sigma^{-1}$ 和 $\sigma^{-2})$，Jeffreys 最终推荐的是 $\pi(\mu,\ \sigma)\propto\sigma^{-1}$. 从实际使用情况来看，多数使用者采用 Jeffreys 的推荐.

从上面的讨论可以看出，Jeffreys 准则是一个原则性的意见，用 Fisher 信息矩阵行列式的平方根作为参数的先验密度的核是具体方法，这两者不是等同的. 还可以寻找更适合体现这个准则的具体方法.

**例 4.2.9** 设 $X$ 服从二项分布 $B(n,\ \theta)$，即

$$P(X=x)=\mathrm{C}_n^x\theta^x(1-\theta)^{n-x},\qquad x=0,\ 1,\ \cdots,\ n.$$

其似然函数的对数为

$$L=x\ln\theta+(n-x)\ln(1-\theta)+\ln\mathrm{C}_n^x,$$

则有

$$\frac{\partial^2 L}{\partial\theta^2}=-\frac{x}{\theta^2}-\frac{n-x}{(1-\theta)^2},$$

$$I(\theta)=E\left(-\frac{\partial^2 L}{\partial\theta^2}\right)=\frac{n}{\theta}+\frac{n}{1-\theta}=\frac{n}{\theta(1-\theta)},$$

所以，按照 Jeffreys 准则，$\theta$ 的无信息先验密度函数为

$$\pi(\theta)=[I(\theta)]^{\frac{1}{2}}\propto\theta^{-\frac{1}{2}}(1-\theta)^{-\frac{1}{2}}.$$

因此，$\theta$ 的无信息先验分布为 Beta 分布 $Be(1/2，1/2)$.

若取 $\theta$ 的无信息先验分布为 Beta 分布 $Be(1/2，1/2)$，则在平方损失下 $\theta$ 的贝叶斯估计为 $\hat{\theta}_1 = \dfrac{x+0.5}{n+1}$.

如果按贝叶斯假设，$\theta$ 的无信息先验分布为 Beta 分布 $Be(1，1)$（即（0，1）区间上的均匀分布），则在平方损失下 $\theta$ 的贝叶斯估计为 $\hat{\theta}_2 = \dfrac{x+1}{n+2}$.

以下通过具体计算来比较两者的区别，其计算结果如表 4-1 和图 4-1 所示.

表 4-1    $n=10$ 时 $\hat{\theta}_1$ 和 $\hat{\theta}_2$ 的计算结果

| $x$ | 0 | 1 | 2 | 3 | 4 | 5 | 6 | 7 | 8 | 9 | 10 |
|---|---|---|---|---|---|---|---|---|---|---|---|
| $\hat{\theta}_1$ | 0.0455 | 0.1364 | 0.2273 | 0.3182 | 0.4091 | 0.5000 | 0.5909 | 0.6818 | 0.7727 | 0.8636 | 0.9545 |
| $\hat{\theta}_2$ | 0.0833 | 0.1667 | 0.25 | 0.3333 | 0.4167 | 0.5000 | 0.5833 | 0.6667 | 0.7500 | 0.8333 | 0.9167 |

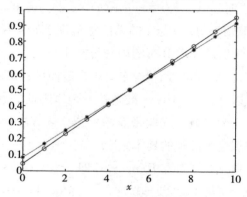

图 4-1    $\hat{\theta}_1$ 和 $\hat{\theta}_2$ 的计算结果

说明：在图 4-1 中，地面。表示 $\hat{\theta}_1$ 的计算结果，* 表示 $\hat{\theta}_2$ 的计算结果.

从以上得到的结果看，按 Jeffreys 准则和按贝叶斯分别得到 $\theta$ 的贝叶斯估计 $\hat{\theta}_1$ 和 $\hat{\theta}_2$，无论是表达式，还是上表和图 4-1，它们都是比较接近的，但还是有区别的.

关于二项分布 $B(n，\theta)$ 中参数 $\theta$ 的无信息先验分布，不少统计学家从各种角度进行了研究，主要有如下三种.

$\pi_1(\theta) \propto 1$，这是 Bayes(1763) 和 Laplace(1812) 采用过；

$\pi_2(\theta) \propto \theta^{-1}(1-\theta)^{-1}$，这是 Novick & Hall(1965) 导出的；

$\pi_3(\theta) \propto \theta^{-1/2}(1-\theta)^{-1/2}$，这是 Jeffreys(1968)导出的.

以上三种无信息先验分布，它们各自从一个侧面提出自己的问题，都有其合理性. 其中 $\pi_2(\theta)$ 不是正常的密度函数，$\pi_1(\theta)$ 是正常的密度函数，而 $\pi_3(\theta)$ 经过正则化处理后可成为正常的密度函数. 这三种无信息先验分布虽不同，但对贝叶斯统计推断的结果的影响是很小的. 陈宜辉，姜礼平，吴树和(2001)研究了以上三种先验分布下贝叶斯估计的风险.

对二项分布 $B(n, \theta)$，若参数 $\theta$ 的无信息先验分布分别为 $\pi_1(\theta)$，$\pi_2(\theta)$ 和 $\pi_3(\theta)$，即 $\theta$ 的无信息先验分布分别为 $Be(1, 1)$，$Be(0, 0)$ 和 $Be(1/2, 1/2)$，根据例 2.3.1，$\theta$ 的后验分布分别为 $Be(1+x, 1+n-x)$，$Be(x, n-x)$ 和 $Be(1/2+x, 1/2+n-x)$. 因此，在平方损失下 $\theta$ 的贝叶斯估计分别为 $\hat{\theta}_1 = \dfrac{x+1}{n+2}$，$\hat{\theta}_2 = \dfrac{x}{n}$，$\hat{\theta}_3 = \dfrac{x+0.5}{n+1}$，其中 $x=0, 1, 2, \cdots, n$.

以下计算并比较以上三个贝叶斯估计的风险.

$$r_1 = \int_0^1 L(\theta, \hat{\theta}_1) p(x|\theta) \pi_1(\theta) \mathrm{d}\theta = \frac{(x+1)(n-x+1)}{(n+1)(n+2)^2(n+3)},$$

$$r_2 = \int_0^1 L(\theta, \hat{\theta}_2) p(x|\theta) \pi_2(\theta) \mathrm{d}\theta = \frac{1}{n(n+1)},$$

$$r_3 = \int_0^1 L(\theta, \hat{\theta}_3) p(x|\theta) \pi_3(\theta) \mathrm{d}\theta$$
$$= \frac{\Gamma(x+0.5)\Gamma(n-x+0.5)(n+x+0.5)(x+0.5)}{\Gamma(n-x+1)\Gamma(x+1)(n+1)^2(n+2)}.$$

当 $n=10, 20, 30, 40, 50, 80, 100$ 时，$\Upsilon_1 x$，$\Upsilon_2 x$，$\Upsilon_3 x$ 和 $x$ 之间的关系如表4-2—表4-8($B_i = \sum\limits_{x=0}^n \Upsilon_i x$，$i=1, 2, 3$；$x=0, 1, 2, \cdots, n$)和图4-2～图4-8所示.

**表4-2　$r_{1x}$，$r_{2x}$，$r_{3x}$ 和 $x$ 之间的关系($n=10$)**

| $x$ | 0 | 2 | 4 | 5 | 6 | 8 | 10 | $B_i$ |
|---|---|---|---|---|---|---|---|---|
| $r_{1x}$ | 0.0005 | 0.0013 | 0.0017 | 0.0017 | 0.0017 | 0.0013 | 0.0005 | 0.0087 |
| $r_{2x}$ | 0.0091 | 0.0091 | 0.0091 | 0.0091 | 0.0091 | 0.0091 | 0.0091 | 0.0637 |
| $r_{3x}$ | 0.0020 | 0.0034 | 0.0039 | 0.0040 | 0.0039 | 0.0034 | 0.0020 | 0.0226 |

表 4-3　$r_{1x}$，$r_{2x}$，$r_{3x}$ 和 $x$ 之间的关系（$n=20$）

| $x$ | 0 | 3 | 6 | 9 | 12 | 15 | 18 | $B_i$ |
|---|---|---|---|---|---|---|---|---|
| $r_{1x}(1.0e-003)$ | 0.0898 | 0.3080 | 0.4492 | 0.5133 | 0.5005 | 0.4107 | 0.2438 | 0.0025 |
| $r_{2x}(1.0e-003)$ | 2.3809 | 2.3809 | 2.3809 | 2.3809 | 2.3809 | 2.3809 | 2.3809 | 16.667 |
| $r_{3x}(1.0e-003)$ | 0.4000 | 0.8000 | 1.0000 | 1.1000 | 1.1000 | 1.0000 | 0.7000 | 6.1000 |

表 4-4　$r_{1x}$，$r_{2x}$，$r_{3x}$ 和 $x$ 之间的关系（$n=30$）

| $x$ | 0 | 5 | 10 | 15 | 20 | 25 | 30 | $B_i$ |
|---|---|---|---|---|---|---|---|---|
| $r_{1x}(1.0e-003)$ | 0.0296 | 0.1489 | 0.2205 | 0.2444 | 0.2205 | 0.1489 | 0.0296 | 0.0010 |
| $r_{2x}(1.0e-003)$ | 1.0753 | 1.0753 | 1.0753 | 1.0753 | 1.0753 | 1.0753 | 1.0753 | 7.5271 |
| $r_{3x}(1.0e-003)$ | 0.1598 | 0.3959 | 0.4858 | 0.5122 | 0.4858 | 0.3959 | 0.1598 | 0.0026 |

表 4-5　$r_{1x}$，$r_{2x}$，$r_{3x}$ 和 $x$ 之间的关系（$n=40$）

| $x$ | 0 | 6 | 12 | 18 | 24 | 30 | 36 | $B_i$ |
|---|---|---|---|---|---|---|---|---|
| $r_{1x}(1.0e-003)$ | 0.0132 | 0.0788 | 0.1212 | 0.1405 | 0.1367 | 0.1096 | 0.0595 | 0.6595 |
| $r_{2x}(1.0e-003)$ | 0.6097 | 0.6097 | 0.6097 | 0.6097 | 0.6097 | 0.6097 | 0.6097 | 4.2680 |
| $r_{3x}(1.0e-003)$ | 0.0801 | 0.2170 | 0.2712 | 0.2926 | 0.2884 | 0.2576 | 0.1873 | 1.6012 |

表 4-6　$r_{1x}$，$r_{2x}$，$r_{3x}$ 和 $x$ 之间的关系（$n=50$）

| $x$ | 0 | 8 | 16 | 24 | 32 | 40 | 48 | $B_i$ |
|---|---|---|---|---|---|---|---|---|
| $r_{1x}(1.0e-004)$ | 0.0698 | 0.5295 | 0.8141 | 0.9235 | 0.8579 | 0.6171 | 0.2011 | 4.0130 |
| $r_{2x}(1.0e-004)$ | 3.9216 | 3.9216 | 3.9216 | 3.9216 | 3.9216 | 3.9216 | 3.9216 | 27.4512 |
| $r_{3x}(1.0e-004)$ | 0.4670 | 1.4300 | 1.7840 | 1.9030 | 1.8320 | 1.5480 | 0.8580 | 9.8220 |

表 4-7　$r_{1x}$，$r_{2x}$，$r_{3x}$ 和 $x$ 之间的关系（$n=80$）

| $x$ | 0 | 13 | 26 | 39 | 52 | 65 | 78 | $B_i$ |
|---|---|---|---|---|---|---|---|---|
| $r_{1x}(1.0e-004)$ | 0.0179 | 0.2106 | 0.3285 | 0.3716 | 0.3400 | 0.2336 | 0.0524 | 1.5546 |
| $r_{2x}(1.0e-004)$ | 1.5432 | 1.5432 | 1.5432 | 1.5432 | 1.5432 | 1.5432 | 1.5432 | 10.8024 |
| $r_{3x}(1.0e-004)$ | 0.1480 | 0.5674 | 0.7113 | 0.7572 | 0.7239 | 0.5982 | 0.2741 | 3.7801 |

表 4-8　$r_{1x}$，$r_{2x}$，$r_{3x}$ 和 $x$ 之间的关系（$n=100$）

| $x$ | 0 | 16 | 32 | 48 | 64 | 80 | 96 | $B_i$ |
|---|---|---|---|---|---|---|---|---|
| $r_{1x}(1.0e-004)$ | 0.0093 | 0.1335 | 0.2104 | 0.2399 | 0.2222 | 0.1572 | 0.0448 | 1.0173 |
| $r_{2x}(1.0e-004)$ | 0.9901 | 0.9901 | 0.9901 | 0.9901 | 0.9901 | 0.9901 | 0.9901 | 6.9307 |
| $r_{3x}(1.0e-004)$ | 0.0855 | 0.3621 | 0.4560 | 0.4874 | 0.4688 | 0.3934 | 0.2062 | 2.4594 |

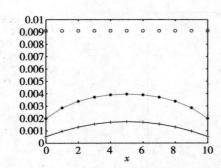

图4-2　$n=10$时$r_{1x}$，$r_{2x}$，$r_{3x}$和$x$之间的关系

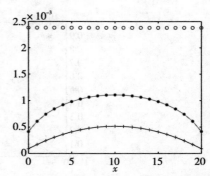

图4-3　$n=20$时$r_{1x}$，$r_{2x}$，$r_{3x}$和$x$之间的关系

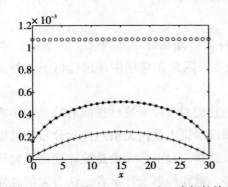

图4-4　$n=30$时$r_{1x}$，$r_{2x}$，$r_{3x}$和$x$之间的关系

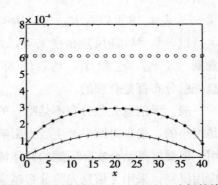

图4-5　$n=40$时$r_{1x}$，$r_{2x}$，$r_{3x}$和$x$之间的关系

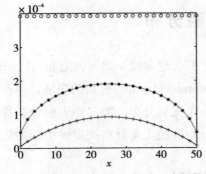

图4-6　$n=50$时$r_{1x}$，$r_{2x}$，$r_{3x}$和$x$之间的关系

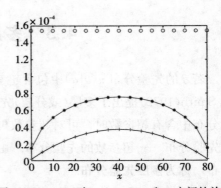

图4-7　$n=80$时$r_{1x}$，$r_{2x}$，$r_{3x}$和$x$之间的关系

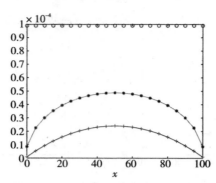

图 4-8    $n=100$ 时 $r_{1x}$，$r_{2x}$，$r_{3x}$ 和 $x$ 之间的关系

说明：在图 4-2～图 4-8 中，＋表示 $r_{1x}$，。表示 $r_{2x}$，＊表示 $r_{3x}$.

从表 4-2～表 4-8 和图 4-2～图 4-8 可以看出，$r_{1x}<r_{3x}<r_{2x}$. 另外，从表 4-2～表 4-8 可以看出，$B_1<B_3<B_2$.

所以，从贝叶斯风险角度来看，在三种贝叶斯估计中 $\hat{\theta}_1$ 最好，$\hat{\theta}_3$ 次之. 但注意到 $r_{1x}$，$r_{2x}$，$r_{3x}$ 和 $B_1$，$B_2$，$B_3$ 都比较小，因此在应用中，选择以上三种无信息先验分布都是合理的.

一般，无信息先验分布不是唯一的，但它们对贝叶斯统计推断的结果的影响都是很小的，很少对结果产生较大影响，所以原则上任何无信息先验分布都可以采用，但最好是结合实际问题的具体情况来选择. 目前，无论是统计理论研究还是应用研究，采用无信息先验分布越来越多. 就连经典统计学者也认为无信息先验分布是"客观"的，可以接受的，这也是近几十年来贝叶斯学派研究中最成功的部分.

## 4.3    多层先验分布

若 $\theta$ 的先验分布 $\pi(\theta|a)$ 中包含超参数 $a$，那么超参数 $a$ 如何确定呢？Lindley 和 Smith(1972)提出了多层（或分层）先验(hierarchical prior)分布的想法，即在先验分布中含有超参数时，可对超参数再给出一个先验分布. 第二个先验分布称为超先验分布——超参数的先验分布. 由先验分布和超先验分布决定一个新的先验分布，称为多层先验分布.

**例 4.3.1**    设对某产品的不合格率 $\theta$ 了解甚少，只知道它比较小. 现在需要

确定 $\theta$ 的先验分布. 决策人经过反复思考, 最后把它引导到多层先验分布上去, 他的思路如下:

(1)开始时他用(0, 1)区间上的均匀分布 $U(0, 1)$ 作为 $\theta$ 的先验分布.

(2)后来觉得不妥, 以为此产品的不合格率 $\theta$ 比较小, 不会超过 0.5, 于是改用(0, 0.5)区间上的均匀分布 $U(0, 0.5)$ 作为 $\theta$ 的先验分布.

(3)在一次业务会上, 不少人对上限 0.5 提出了各种意见, 有人问: "为什么不把上限定为 0.4 呢"? 他讲不清楚, 有人建议: "上限可能是 0.1", 他也没有把握, 但这些问题促使他思考. 最后他把自己的思路理顺了, 提出了如下看法: $\theta$ 的先验分布为 $U(0, \lambda)$, 其中 $\lambda$ 为超参数, 要确切地定出 $\lambda$ 是困难的, 但给它一个区间是有把握的. 根据大家的建议, 他认为 $\lambda$(超参数)的先验分布取(0.1, 0.5)区间上的均匀分布 $U(0.1, 0.5)$. 这后一个分布是超先验. 决策者的这种归纳获得大家的赞许.

(4)最后决定的 $\theta$ 的先验分布是什么呢? 根据决策人的归纳, 可以叙述为如下两点:

①$\theta$ 的先验分布为 $\pi_1(\theta|\lambda)=U(0, \lambda)$;

②超参数 $\lambda$ 的先验分布为 $\pi_2(\lambda)=U(0.1, 0.5)$.

于是可以得到 $\theta$ 的先验分布为

$$\pi(\theta)=\int_{\Lambda} \pi_1(\theta|\lambda)\pi_2(\lambda)\mathrm{d}\lambda,$$

其中 $\Lambda$ 为超参数 $\lambda$ 的取值范围.

在本例中

$$\pi(\theta)=\frac{1}{0.5-0.1}\int_{0.1}^{0.5}\lambda^{-1}I_{(0,\lambda)}(\theta)\mathrm{d}\lambda,$$

其中 $I_A(x)$ 为示性函数, 即 $I_A(x)=\begin{cases}1, & x\in A, \\ 0, & x\bar{\in}A.\end{cases}$

以下分几种情况计算上述积分.

当 $0<\theta<0.1$ 时, 有

$$\pi(\theta)=\frac{1}{0.4}\int_{0.1}^{0.5}\lambda^{-1}\mathrm{d}\lambda=2.5\ln5=4.0236.$$

当 $0.1\leqslant\theta<0.5$ 时, 有

$$\pi(\theta) = 2.5 \int_0^{0.5} \lambda^{-1} d\lambda = 2.5[\ln 0.5 - \ln\theta] = -1.7329 - 2.5\ln\theta.$$

当 $0.5 \leqslant \theta < 1$ 时, 有 $\pi(\theta) = 0$.

综合上述, 最后得到 $\theta$ 的多层先验密度函数为

$$\pi(\theta) = \begin{cases} 4.0236, & 0 < \theta < 0.1, \\ -1.7329 - 2.5\ln\theta, & 0.1 \leqslant \theta < 0.5, \\ 0, & 0.5 \leqslant \theta < 1. \end{cases}$$

$\theta$ 的这个多层先验密度函数的图形, 如图 4-9 所示.

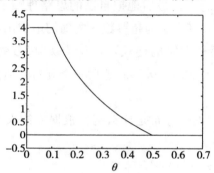

图 4-9　$\theta$ 的多层先验密度函数

由于

$$\int_0^1 \pi(\theta) d\theta = \int_0^{0.1} 4.0236 d\theta + \int_{0.1}^{0.5} [-1.7329 - 2.5\ln\theta] d\theta = 0.4024 + 0.5976 = 1,$$

所以上述 $\theta$ 的多层先验分布是一个正常分布.

从例 4.3.1 可以看出一般多层先验分布的确定方法:

第一步, 对未知参数 $\theta$ 给一个形式上已知的密度函数作为先验分布, 即 $\theta \sim \pi_1(\theta|\lambda)$, 其中 $\lambda$ 为超参数, 其取值范围为 $\Lambda$.

第二步, 对超参数 $\lambda$ 再给一个先验分布 $\pi_2(\lambda)$.

由此可以得到多层先验分布的一般形式

$$\pi(\theta) = \int_\Lambda \pi_1(\theta|\lambda) \pi_2(\lambda) d\lambda.$$

应该说明, 在理论上并没有限制多层先验分布只分二步, 也可以是三步或多步, 但在实际应用中多于两步是罕见的. 对第二步先验分布 $\pi_2(\lambda)$ 用主观概率或用历史数据给出是有困难的, 有些人用无信息先验分布作为第二步先验分布是一

个好的策略. 因为第二步先验分布即使用得不好, 而导致错误结果的危险性更小一些, 相对来说, 第一步先验分布更为重要一些.

**例 4.3.2**(续例 4.3.1) 例 4.3.1 中, 在产品的研制过程中个, 由于工程技术人员参与了产品的设计调试等各项工作, 因此工程技术人员对产品的质量状况有着深入了解, 具有丰富的经验, 这些经验是产品质量评估中可以利用的先验信息.

为了评估某产品的不合格率 $\theta$, 对该产品随机地抽取 30 个样品进行试验, 结果是所有 30 个样品无一失效. 如果 $\theta$ 的 多层先验分布采用例 4.3.1 中给出的, 请给出 $\theta$ 的 多层后验分布, 并对该产品的不合格率 $\theta$ 进行估计.

由于试验的结果是所有 30 个样品无一失效, 所以似然函数为

$$L(x|\theta) = (1-\theta)^{30}, \quad 0<\theta<1.$$

如果 $\theta$ 的 多层先验分布为 $\pi(\theta)$, 根据贝叶斯定理, 则 $\theta$ 的多层后验密度函数为

$$\pi(\theta|x) = \frac{L(x|\theta)\pi(\theta)}{\int_\Theta L(x|\theta)\pi(\theta)\,\mathrm{d}\theta}, \quad 0<\theta<1.$$

如果 $\theta$ 的多层先验分布 $\pi(\theta)$ 采用例 4.3.1 中给出的, 则有

$$\int_0^1 (1-\theta)^{30}\pi(\theta)\,\mathrm{d}\theta = \int_0^{0.1} 4.0236(1-\theta)^{30}\,\mathrm{d}\theta + \int_{0.1}^{0.5}(-1.7329-2.5\ln\theta)(1-\theta)^{30}\,\mathrm{d}\theta$$
$$= 0.1297935,$$

于是 $\theta$ 的多层后验密度函数为

$$\pi(\theta|x) = \frac{L(x|\theta)\pi(\theta)}{\int_\Theta L(x|\theta)\pi(\theta)\,\mathrm{d}\theta}$$

$$= \begin{cases} 30.9999(1-\theta)^{30}, & 0<\theta<0.1, \\ -(13.3212+19.2614\ln\theta)(1-\theta)^{30}, & 0.1\leqslant\theta<0.5, \\ 0, & 0.5\leqslant\theta<1. \end{cases}$$

在平方损失下, 则 $\theta$ 的多层贝叶斯估计为

$$\hat{\theta} = \int_0^1 \theta\pi(\theta|x)\,\mathrm{d}\theta = 0.0306.$$

在可信水平为 0.9 时, 该产品的不合格率 $\theta$ 的可信上限 $\hat{\theta}_{BU}$ 应满足

$$\int_0^{\theta_{BU}} \pi(\theta|x)\,\mathrm{d}\theta = 0.9,$$

把 $\theta$ 的多层后验密度函数 $\pi(\theta|x)$ 代入上式，则有

$$0.9 = 1 - (1 - \hat{\theta}_{BU})^{31},$$

解得 $\hat{\theta}_{BU} = 1 - 0.1^{\frac{1}{31}} = 0.0716$.

类似地，可以算得该产品的不合格率 $\theta$ 的可信水平为 $1-\alpha(0<\alpha<1)$ 的可信上限 $\hat{\theta}_{BU}$，其计算结果如表 4-9 所示.

**表 4-9  $\hat{\theta}_{BU}$ 的计算结果**

| $1-\alpha$ | 0.8 | 0.85 | 0.90 | 0.95 |
|---|---|---|---|---|
| $\hat{\theta}_{BU}$ | 0.050593 | 0.059362 | 0.071585 | 0.092114 |

# 下篇 参数的 E-Bayes 估计法及其应用

# 第 5 章 Pareto 分布形状参数的 E-Bayes 估计及其应用

韩明(2016a)对 Pareto 分布在尺度参数已知时，在平方损失下给出了形状参数的 E-Bayes 估计和多层 Bayes 估计，并且用 Monte Carlo 方法给出了模拟算例. 最后，结合高尔夫球手收入数据的实际问题进行了计算，结果表明本文提出的方法可行且便于应用.

## 5.1 引 言

自从 Lindley 和 Smith(1972)提出了多层先验 分布的想法、韩明(1997)提出了多层先验分布的构造方法以来，多层 Bayes 方法在参数估计方面取得了一些进展. 但用多层 Bayes 方法得到的结果一般都要涉及复杂积分的计算，有时甚至是一些高维的复杂积分，虽然有 MCMC(Markov Chain Monte Carlo)等计算方法(Andrieu 和 Thoms，2008)，但在有些问题的应用上还是不太方便，这在一定程度上制约了多层 Bayes 方法的应用. 在本章中我们将会看到，参数的 E-Bayes 估计与多层 Bayes 估计相比，在表达式上简单，在应用上更方便一些.

Pareto 分布是收入分配理论中的一种重要的统计分布，最初是由意大利人 Pareto 作为收入分布于 1897 年提出来的. Pareto 是意大利工程师，社会学家，经济学家，其中以经济学家的身份最为著名. 通过对有关收入分配的研究，Pareto

发现一国之内人们的收入在高于某个值时的分布与社会经济结构和"收入"的定义无关，具有普适性，大部分财富是集中在少数人手里的（20％的人占有 80％的财富）．此后，人们广泛地将其用来描述自然和社会现象．1963 年，曼德布罗特使用 Pareto 分布描述投机市场收益率的分布，1965 年法玛用 Pareto 分布研究过投资组合问题．这之后的很长时间，Pareto 分布在主流金融领域默默无闻，直到1990 年后，随着对风险管理的重视，Pareto 分布重新登上金融舞台．例如，城市人口容量，股票价格的波动，保险风险等，都可以用 Pareto 分布来描述，因此对 Pareto 分布的研究具有重要的理论和实际应用价值．

Arnold（2015）比较全面地研究了 Pareto 分布的有关问题．在韩明（2015）中，介绍了 Pareto 分布（特别是 Pareto 分布与金融中的厚尾分布），并对 Pareto 分布的参数给出了 Bayes 估计及其应用．康会光，师义民（2001），对 Pareto 分布的参数，讨论了 LINEX 损失下参数的经验 Bayes 估计．韦程东，韦师，苏韩（2009），对 Pareto 分布的参数，根据韩明（2006b）中提出的 E-Bayes 估计法，在复合 LINEX 对称损失下给出了参数的 Bayes 估计和 E-Bayes 估计及其应用．

## 5.2　形状参数的 E-Bayes 估计

设随机变量 $X$ 服从 Pareto 分布，其密度函数为

$$f(x)=\lambda\alpha^\lambda x^{-(\lambda+1)}, \quad \lambda>0, \quad 0<\alpha\leqslant x, \tag{5.2.1}$$

其中 $\lambda$ 为形状参数，$\alpha$ 为尺度参数且为门限参数．

设 $x_1, x_2, \cdots, x_n$ 为来自 Pareto 分布（5.2.1）的样本观察值，则样本的似然函数

$$L(x_1,x_2,\cdots,x_n \mid \lambda)=\prod_{i=1}^{n}\lambda\alpha^\lambda x_i^{-(\lambda+1)}=\frac{1}{\prod\limits_{i=1}^{n}x_i}\lambda^n e^{-\lambda T}, \tag{5.2.2}$$

$$T=\sum_{i=1}^{n}(\ln x_i - \ln\alpha).$$

如果取 $\lambda$ 的先验分布为其共轭分布——Gamma 分布，其密度函数为

$$\pi(\lambda|a, b)=\frac{b^a\lambda^{a-1}\exp(-b\lambda)}{\Gamma(a)}, \quad \lambda>0, \tag{5.2.3}$$

其中 $\Gamma(a)=\int_0^\infty t^{a-1}\mathrm{e}^{-t}\mathrm{d}t$ 是 Gamma 函数，$a$ 和 $b$ 为超参数（hyper parameters），且 $a>0$，$b>0$.

根据韩明（1997），超参数 $a$ 和 $b$ 的选取应使 $\pi(\lambda|a,b)$ 为 $\lambda$ 的减函数. $\pi(\lambda|a,b)$对 $\lambda$ 的导数为

$$\frac{\mathrm{d}[\pi(\lambda|a,b)]}{\mathrm{d}\lambda}=\frac{b^a\lambda^{a-2}\exp(-b\lambda)}{\Gamma(a)}[(a-1)-b\lambda].$$

注意到 $a>0$，$b>0$，$\lambda>0$，当 $0<a<1$，$b>0$ 时，$\dfrac{\mathrm{d}[\pi(\lambda|a,b)]}{\mathrm{d}\lambda}<0$，因此 $\pi(\lambda|a,b)$ 为 $\lambda$ 的减函数.

对 $0<a<1$，$b$ 越大，Gamma 分布密度函数的尾部越细. 根据 Bayes 估计的稳健性（Berger，1985），尾部越细的先验分布常会造成 Bayes 估计的稳健性越差，因此 $b$ 不宜过大，应该有一个界限. 设 $b$ 的上界为 $c$，其中 $c>0$ 为常数. 这样可以确定超参数 $a$ 和 $b$ 的范围为 $0<a<1$，$0<b<c$（常数 $c$ 的具体确定，见后面的应用实例）.

**定义 5.2.1** 对 $(a,b)\in D$，若 $\hat\lambda_B(a,b)$ 是连续的，称

$$\hat\lambda_{EB}=\iint_D \hat\lambda_B(a,b)\pi(a,b)\mathrm{d}a\mathrm{d}b$$

是参数 $\lambda$ 的 E-Bayes 估计（expected Bayesian estimation）. 其中

$\iint_D \hat\lambda_B(a,b)\pi(a,b)\mathrm{d}a\mathrm{d}b$ 是存在的，$D$ 为超参数 $a$ 和 $b$ 取值的集合，$\pi(a,b)$是 $a$ 和 $b$ 在集合 $D$ 上的密度函数，$\hat\lambda_B(a,b)$ 为 $\lambda$ 的 Bayes 估计（用超参数 $a$ 和 $b$ 表示）.

从定义 5.2.1 可以看出，参数 $\lambda$ 的 E-Bayes 估计

$$\hat\lambda_{EB}=\iint_D \hat\lambda_B(a,b)\pi(a,b)\mathrm{d}a\mathrm{d}b=E[\hat\lambda_B(a,b)]$$

是参数 $\lambda$ 的 Bayes 估计 $\hat\lambda_B(a,b)$ 对超参数 $a$ 和 $b$ 的数学期望（expectation），即 $\lambda$ 的 E-Bayes 估计是 $\lambda$ 的 Bayes 估计对超参数的数学期望.

**定理 5.2.1** 设 $x_1,x_2,\cdots,x_n$ 为来自 Pareto 分布(5.2.1)的样本观察值，在尺度参数 $\alpha$ 已知时，若 $\lambda$ 的先验分布为 Gamma 分布，其密度函数由式(5.2.3)给出，超参数 $a$ 和 $b$ 的先验分布分别为$(0,1)$和$(0,c)$上的均匀分布，在 $a$ 和 $b$

独立时，则有如下结论：

(1)在平方损失下 $\lambda$ 的 Bayes 估计为

$$\hat{\lambda}_B(a,\ b)=\frac{a+n}{b+T};$$

(2) $\lambda$ 的 E-Bayes 估计为

$$\hat{\lambda}_{EB}=\frac{1}{2c}(2n+1)\ln\left(\frac{T+c}{T}\right),$$

其中 $T=\sum\limits_{i=1}^{n}(\ln x_i-\ln\alpha)$.

**证明** (1)设 $x_1$，$x_2$，$\cdots$，$x_n$ 为来自参 Pareto 分布(5.2.1)的样本观察值，若 $\lambda$ 的先验分布为 Gamma 分布，其密度函数由式(5.2.3)给出，在尺度参数 $\alpha$ 已知时，样本的似然函数 $L(x_1,\ x_2,\ \cdots,\ x_n|\lambda)$ 由式(5.2.2)给出.

根据 Bayes 定理，则 $\lambda$ 的后验密度函数为

$$\begin{aligned}
h_1(\lambda|x_1,\ x_2,\ \cdots,\ x_n)&=\frac{\pi(\lambda|a,\ b)L(x_1,\ x_2,\ \cdots,\ x_n|\lambda)}{\int_0^\infty \pi(\lambda|a,\ b)L(x_1,\ x_2,\ \cdots,\ x_n|\lambda)\mathrm{d}\lambda}\\
&=\frac{\lambda^{n+a-1}\exp[-(b+T)\lambda]}{\int_0^\infty \lambda^{n+a-1}\exp[-(b+T)\lambda]\mathrm{d}\lambda}\\
&=\frac{(b+T)^{a+n}\lambda^{n+a-1}\exp[-(b+T)\lambda]}{\Gamma(a+n)},\ 0<\lambda<\infty.
\end{aligned}$$

因此 $\lambda$ 的后验分布为 Gamma 分布—Gamma $(a+n,\ b+T)$，根据韩明(2015)，则在平方损失下，$\lambda$ 的 Bayes 估计为

$$\hat{\lambda}_B(a,\ b)=\frac{a+n}{b+T}.$$

(2)若超参数 $a$ 和 $b$ 的先验分布分别为 $(0,\ 1)$ 和 $(0,\ c)$ 上的均匀分布，在 $a$ 和 $b$ 独立时，则 $a$ 和 $b$ 的密度函数为

$$\pi(a,\ b)=\pi(a)\pi(b)=\frac{1}{c},\qquad 0<a<1,\ 0<b<c.$$

根据定义 5.2.1，则 $\lambda$ 的 E-Bayes 估计为

$$\begin{aligned}
\hat{\lambda}_{EB}&=\iint\limits_{D}\hat{\lambda}_B(a,\ b)\pi(a,\ b)\mathrm{d}a\mathrm{d}b\\
&=\frac{1}{c}\int_0^c\int_0^1\frac{a+n}{b+T}\mathrm{d}a\mathrm{d}b
\end{aligned}$$

$$= \frac{1}{2c}(2n+1)\ln\left(\frac{T+c}{T}\right). \qquad\qquad 证毕$$

# 5.3  形状参数的多层 Bayes 估计

若 $\lambda$ 的先验分布为 Gamma 分布，其密度函数由式(5.2.3)给出，超参数 $a$ 和 $b$ 的先验分布分别为(0，1)和(0，$c$)上的均匀分布，在 $a$ 和 $b$ 独立时，则 $\lambda$ 的多层先验密度函数为

$$\pi(\lambda) = \int_0^c \int_0^1 \pi(\lambda \mid a,\ b)\pi(a,\ b)\,\mathrm{d}a\mathrm{d}b$$

$$= \frac{1}{c}\int_0^c\int_0^1 \frac{b^a \lambda^{a-1}\exp(-b\lambda)}{\Gamma(a)}\,\mathrm{d}a\mathrm{d}b,\ 0<\lambda<\infty. \qquad (5.3.1)$$

**定理 5.3.1**  设 $x_1$，$x_2$，$\cdots$，$x_n$ 为来自 Pareto 分布式(5.2.1)的样本观察值，在尺度参数 $\alpha$ 已知时，若 $\lambda$ 的多层先验密度函数由式(5.3.1)给出，则在平方损失下 $\lambda$ 的多层 Bayes 估计为

$$\hat{\lambda}_{HB} = \frac{\displaystyle\int_0^c\int_0^1 \frac{b^a\,\Gamma(n+a+1)}{(T+b)^{n+a+1}\,\Gamma(a)}\,\mathrm{d}a\mathrm{d}b}{\displaystyle\int_0^c\int_0^1 \frac{b^a\,\Gamma(n+a)}{(T+b)^{n+a}\,\Gamma(a)}\,\mathrm{d}a\mathrm{d}b},$$

其中 $T = \displaystyle\sum_{i=1}^n (\ln x_i - \ln\alpha)$.

**证明**  设 $x_1$，$x_2$，$\cdots$，$x_n$ 为来自 Pareto 分布式(5.2.1)的样本观察值，在尺度参数 $\alpha$ 已知时，样本的似然函数 $L(x_1$，$x_2$，$\cdots$，$x_n \mid \lambda)$ 由(5.2.2)式给出，若 $\lambda$ 的多层先验密度函数由式(5.3.1)给出，根据 Bayes 定理，则 $\lambda$ 的多层后验密度函数为

$$h_2(\lambda \mid x_1,\ x_2,\ \cdots,\ x_n) = \frac{\pi(\lambda)L(x_1,\ x_2,\ \cdots,\ x_n \mid \lambda)}{\displaystyle\int_0^\infty \pi(\lambda)L(x_1,\ x_2,\ \cdots,\ x_n \mid \lambda)\,\mathrm{d}\lambda}$$

$$= \frac{\displaystyle\int_0^c\int_0^1 \frac{b^a}{\Gamma(a)}\lambda^{n+a-1}\exp[-(T+b)\lambda]\,\mathrm{d}a\mathrm{d}b}{\displaystyle\int_0^c\int_0^1 \frac{b^a\,\Gamma(n+a)}{(T+b)^{n+a}\,\Gamma(a)}\,\mathrm{d}a\mathrm{d}b},\ 0<\lambda<\infty.$$

则在平方损失下，$\lambda$ 的多层 Bayes 估计为

131

$$\hat{\lambda}_{HB} = \int_0^\infty \lambda h_2(\lambda | x_1, x_2, \cdots, x_n) \mathrm{d}\lambda$$

$$= \frac{\int_0^c \int_0^1 \frac{b^a}{\Gamma(a)} \left\{ \int_0^\infty \lambda^{(n+a+1)-1} \exp[-(T+b)\lambda] \mathrm{d}\lambda \right\} \mathrm{d}a\mathrm{d}b}{\int_0^c \int_0^1 \frac{b^a \Gamma(n+a)}{(T+b)^n + a\Gamma(a)} \mathrm{d}a\mathrm{d}b}$$

$$= \frac{\int_0^c \int_0^1 \frac{b^a \Gamma(n+a+1)}{(T+b)^{n+a+1}\Gamma(a)} \mathrm{d}a\mathrm{d}b}{\int_0^c \int_0^1 \frac{b^a \Gamma(n+a)}{(T+b)^{n+a}\Gamma(a)} \mathrm{d}a\mathrm{d}b}.$$

证毕

# 5.4   模拟计算

以下采用 Monte Carlo 方法进行模拟计算. 在模拟计算中参数估计的精度采用指标——参数估计的平均偏差，其定义如下：

$$\Delta\bar{\lambda}_{EB} = \frac{1}{n}\sum_{i=1}^n |\hat{\lambda}_{EB_i} - \lambda|, \quad \Delta\bar{\lambda}_{HB} = \frac{1}{n}\sum_{i=1}^n |\hat{\lambda}_{HB_i} - \lambda|,$$

其中 $\hat{\lambda}_{EB_i}$ 和 $\hat{\lambda}_{HB_i}$ 分别表示参数 $\lambda$ 的 E-Bayes 估计和多层 Bayes 估计在第 $i(i=1$, $2, \cdots, k)$ 次随机抽样的估计值.

在 Pareto 分布中，给定尺度参数 $\alpha=100$ 和形状参数 $\lambda=3$ 时，对 $n=10$, 30，50，100 和 $c=0.1$, 0.5，1，采用 Monte Carlo 方法进行模拟计算，每种情况均进行 1000 次模拟计算，其计算结果如表 5-1 所示.

表 5-1   $\Delta\bar{\lambda}_{EB}$ 和 $\Delta\bar{\lambda}_{HB}$ 的模拟计算结果

| $n$ | $c$ | $\Delta\bar{\lambda}_{EB}$ | $\Delta\bar{\lambda}_{HB}$ | $n$ | $c$ | $\Delta\bar{\lambda}_{EB}$ | $\Delta\bar{\lambda}_{HB}$ |
|---|---|---|---|---|---|---|---|
| | 0.1 | 0.166927288 | 0.167027543 | | 0.1 | 0.110346873 | 0.110333778 |
| 10 | 0.5 | 0.168414045 | 0.169209135 | 50 | 0.5 | 0.110880019 | 0.110893966 |
| | 1.0 | 0.178816928 | 0.179310887 | | 1.0 | 0.111883383 | 0.111884211 |
| | 0.1 | 0.130214005 | 0.130338976 | | 0.1 | 0.076230148 | 0.076240283 |
| 30 | 0.5 | 0.133002473 | 0.132932032 | 100 | 0.5 | 0.076492109 | 0.076488513 |
| | 1.0 | 0.131759074 | 0.131676551 | | 1.0 | 0.076542861 | 0.076550125 |

从表 5-1 的计算结果来看，对相同的 $n(n=10$，30，50，100) 和不同的 $c(c=0.1$，0.5，1)，$\Delta\bar{\lambda}_{EB}$ 和 $\Delta\bar{\lambda}_{HB}$ 的计算结果都是比较稳健的；对相同的 $n(n=10$，30，50，100) 和相同的 $c(c=0.1$，0.5，1)，$\Delta\bar{\lambda}_{EB}$ 和 $\Delta\bar{\lambda}_{HB}$ 的计算结果比较接近.

# 5.5　应用实例

Arnold(2015)中给出了 50 名收入超过 70000 美元的高尔夫球手,他们到 1980 年为止的收入的数据如表 5-2 所示(单位:1000 美元),并且这些数据服从尺度参数为 $\alpha=703$,形状参数为 $\lambda=2.23$ 的 Pareto 分布.

**表 5-2　高尔夫球手收入的数据**

| | | | | | | | | | |
|---|---|---|---|---|---|---|---|---|---|
| 3581 | 1690 | 1433 | 1184 | 1066 | 1005 | 883 | 841 | 778 | 753 |
| 2474 | 1684 | 1410 | 1171 | 1056 | 1001 | 878 | 825 | 778 | 746 |
| 2202 | 1627 | 1374 | 1109 | 1051 | 965 | 871 | 820 | 771 | 729 |
| 1858 | 1537 | 1338 | 1095 | 1031 | 944 | 849 | 816 | 769 | 712 |
| 1829 | 1519 | 1208 | 1092 | 1016 | 912 | 844 | 814 | 759 | 708 |

根据表 5-2、定理 5.2.1 和定理 5.3.1,$\lambda$ 的 E-Bayes 和多层 Bayes 估计的计算结果,如表 5-3 所示($c=0.1,0.3,0.5,1.5,2$).

**表 5-3　$\hat{\lambda}_{EB}$ 和 $\hat{\lambda}_{HB}$ 的计算结果**

| $c$ | 0.1 | 0.3 | 0.5 | 1 | 1.5 | 2 |
|---|---|---|---|---|---|---|
| $\hat{\lambda}_{EB}$ | 2.2942 | 2.3047 | 2.3152 | 2.2688 | 2.2440 | 2.2200 |
| $\hat{\lambda}_{HB}$ | 2.2977 | 2.3069 | 2.3157 | 2.2788 | 2.2663 | 2.2588 |
| $\hat{\lambda}_{-B}$ | 0.0035 | 0.0022 | 0.0005 | 0.0100 | 0.0223 | 0.0288 |

说明:$\hat{\lambda}_{-B}=\hat{\lambda}_{HB}-\hat{\lambda}_{EB}$.

从表 5-3 可以看出,对不同的 $c(c=0.1,0.3,0.5,1,1.5,2)$,$\hat{\lambda}_{EB}$ 和 $\hat{\lambda}_{HB}$ 都是稳健的;对相同的 $c(c=0.1,0.3,0.5,1,1.5,2)$,$\hat{\lambda}_{EB}$ 和 $\hat{\lambda}_{HB}$ 比较接近.

由于对不同的 $c(c=0.1,0.3,0.5,1,1.5,2)$,$\hat{\lambda}_{EB}$ 和 $\hat{\lambda}_{HB}$ 都是稳健的,因此在应用中,作者建议:$c$ 在 $0.1,0.3,0.5,1,1.5,2$ 居中附近取值,如取 $c=1$.

根据 Arnold(2015),表 5-3 的数据来自尺度参数为 $\alpha=703$ 和形状参数为 $\lambda=2.23$ 的 Pareto 分布.根据表 5-3 可以得到 $\hat{\lambda}_{EB}$,$\hat{\lambda}_{HB}$ 与 $\lambda=2.23$ 的偏差:

$$\Delta\hat{\lambda}_{EB} = |\hat{\lambda}_{EB} - \lambda|, \quad \Delta\hat{\lambda}_{HB} = |\hat{\lambda}_{HB} - \lambda|,$$

其计算结果如表 5-4 所示.

表 5-4   $\Delta\hat{\lambda}_{EB}$ 和 $\Delta\hat{\lambda}_{HB}$ 的计算结果

| $c$ | 0.1 | 0.3 | 0.5 | 1 | 1.5 | 2 |
|---|---|---|---|---|---|---|
| $\Delta\hat{\lambda}_{EB}$ | 0.0642 | 0.0747 | 0.0852 | 0.0388 | 0.0140 | 0.0100 |
| $\Delta\hat{\lambda}_{HB}$ | 0.0677 | 0.0769 | 0.0857 | 0.0488 | 0.0363 | 0.0288 |

从表 5-4 可以看出，$\Delta\hat{\lambda}_{EB} \in [0.0100, 0.0852]$，$\Delta\hat{\lambda}_{HB} \in [0.0288, 0.0857]$. 因此在 $c(c=0.1, 0.3, 0.5, 1, 1.5, 2)$ 时，$\hat{\lambda}_{EB}$，$\hat{\lambda}_{HB}$ 与 $\lambda = 2.23$ 的偏差都很小，并且 $\hat{\lambda}_{EB}$ 的偏差比 $\hat{\lambda}_{HB}$ 的偏差小，所以从这个意义上说 E-Bayes 估计比多层 Bayes 估计的精度更高.

从表 5-4 可以看出，本章的计算结果与韦程东，韦师，苏韩(2009)中在复合 LINEX 对称损失下给出的 $\lambda$ 的 Bayes 估计和 E-Bayes 估计的计算结果比较接近.

## 5.6   结束语

本章对 Pareto 分布在尺度参数为已知时，在平方损失下给出了形状参数的 E-Bayes 估计(定理 5.2.1)和多层 Bayes 估计(定理 5.3.1)，并且给出了模拟算例和应用实例.

作者认为，提出一种新的参数估计方法，必须回答两个问题：第一个问题，新的估计方法与已有估计方法(计算)结果的差异有多大；第二个问题，新的估计方法与已有估计方法相比，有哪些优点.

我们从模拟算例和应用实例中看到 $\hat{\lambda}_{EB}$ 和 $\hat{\lambda}_{HB}$ 计算结果的差异——虽不同但十分接近. 至于第二个问题——E-Bayes 估计法的优点，从定理 5.2.1 和定理 5.3.1 的表达式上看，显然 $\lambda$ 的 E-Bayes 估计比多层 Bayes 估计简单. 另外，从模拟算例和应用实例的具体计算中，也可以体验到 E-Bayes 估计比多层 Bayes 估计简单，E-Bayes 估计法在应用上更方便一些.

# 第 6 章　Poisson 分布参数的 E-Bayes 估计及其应用

韩明(2016b)对 Poisson 分布，在平方损失下给出了参数的 E-Bayes 估计和多层 Bayes 估计，并在此基础上给出了 E-Bayes 估计的性质. 最后，结合实际问题进行了计算，结果表明本章提出的方法可行且便于应用.

## 6.1　引　言

关于参数估计，近年来用 Bayes 方法取得了一些进展. 特别是在 Lindley，Smith(1972)提出了多层先验分布的想法、韩明(1997)提出了多层先验分布的构造方法以来，多层 Bayes 方法在参数估计方面取得了一些进展. 但用多层 Bayes 方法得到的结果一般都要涉及复杂积分的计算，有时甚至是一些高维的复杂积分，虽然有 MCMC(Markov Chain Monte Carlo)等计算方法，但在有些问题的应用上还是不太方便，这在一定程度上制约了多层 Bayes 方法的应用. 在本章中我们将会看到，参数的 E-Bayes 估计与多层 Bayes 估计相比，在表达式上简单，在应用上更方便一些.

很多实际问题都可以用 Poisson 分布来描述并解决相应的问题. 例如，一本书的某一页中印刷符号错误的个数；某地区一天内邮递遗失的信件数；在某个时间间隔内，某种放射物质发出的某种粒子数；在一段时间内，某操作系统发生故障的次数. 总之，可以用 Poisson 分布来描述在一定条件下稀有事件发生的次数等，对 Poisson 分布的研究具有重要的理论和实际应用价值.

在苏兵(2003)中，对 Poisson 分布的参数，讨论了极大似然估计、矩估计以及 Bayes 估计之间的关系，并对优劣性进行了分析. 在韦莹莹，韦程东，薛婷婷

(2007)和韦程东(2015)中，对 Poisson 分布的参数，分别在复合 LINEX 对称损失和 Q-对称熵损失下给出了参数的 Bayes 估计.

本章将在 6.2 中，给出参数的 E-Bayes 估计的定义，并在此基础上给出 Poisson 分布参数的 E-Bayes 估计；在 6.3 中，给出 Poisson 分布参数的多层 Bayes 估计；在 6.4 中，给出 Poisson 分布参数 E-Bayes 估计的性质；在 6.5 中，给出应用实例.

# 6.2　参数的 E-Bayes 估计

以下首先给出参数的 E-Bayes 估计的定义，然后在此基础上给出 Poisson 分布参数的 E-Bayes 估计.

## 6.2.1　$\lambda$ 的 E-Bayes 估计的定义

设随机变量 $X$ 服从参数为 $\lambda$ 的 Poisson 分布，则其分布律为

$$P\{X=x_i\}=\frac{e^{-\lambda}\lambda^{x_i}}{x_i!},\ \lambda>0,\ x_i=0,\ 1,\ 2,\ \cdots. \tag{6.2.1}$$

设 $x_1,\ x_2,\ \cdots,\ x_n$ 为来自参数为 $\lambda$ 的 Poisson 分布的样本观察值，则样本的似然函数为

$$L(x_1,\ x_2,\ \cdots,\ x_n\,|\,\lambda)=\prod_{i=1}^{n}\frac{e^{-\lambda}\lambda^{x_i}}{x_i!}=\frac{e^{-n\lambda}\lambda^{T}}{\prod_{i=1}^{n}x_i!},\ T=\sum_{i=1}^{n}=x_i. \tag{6.2.2}$$

如果取 $\lambda$ 的先验分布为其共轭分布——Gamma 分布，其密度函数为

$$\pi(\lambda\,|\,a,\ b)=\frac{b^a\lambda^{a-1}\exp(-b\lambda)}{\Gamma(a)},\ \lambda>0, \tag{6.2.3}$$

其中 $\Gamma(a)=\int_{0}^{\infty}t^{a-1}e^{-t}dt$ 是 Gamma 函数，$a$ 和 $b$ 为超参数(hyper parameters)，且 $a>0$，$b>0$.

根据 Poisson 分布的特点(它是描述在一定条件下稀有事件发生的次数)，以及参数 $\lambda$ 的意义(它是 Poisson 分布的数学期望)，因此参数 $\lambda$ 大的可能性小，而小的可能性大. 根据韩明(1997)，超参数 $a$ 和 $b$ 的选取应使 $\pi(\lambda\,|\,a,\ b)$ 为 $\lambda$ 的减

函数. $\pi(\lambda \mid a, b)$ 对 $\lambda$ 的导数为

$$\frac{\mathrm{d}[\pi(\lambda \mid a, b)]}{\mathrm{d}\lambda} = \frac{b^a \lambda^{a-2} \exp(-b\lambda)}{\Gamma(a)} [(a-1) - b\lambda].$$

注意到 $a>0$, $b>0$, $\lambda>0$, 当 $0<a<1$, $b>0$ 时, $\dfrac{\mathrm{d}[\pi(\lambda \mid a, b)]}{\mathrm{d}\lambda}<0$, 因此 $\pi(\lambda \mid a, b)$ 为 $\lambda$ 的减函数.

对 $0<a<1$, $b$ 越大, Gamma 分布的密度函数的尾部越细. 根据 Bayes 估计的稳健性(Berger, 1985), 尾部越细的先验分布常会造成 Bayes 估计的稳健性越差, 因此 $b$ 不宜过大, 应该有一个界限. 设 $b$ 的上界为 $c$, 其中 $c>0$ 为常数. 这样可以确定超参数 $a$ 和 $b$ 的范围为 $0<a<1$, $0<b<c$(常数 $c$ 的具体确定, 见后面的应用实例).

**定义 6.2.1** 对 $(a, b) \in D$, 若 $\hat{\lambda}_B(a, b)$ 是连续的, 称

$$\hat{\lambda}_{EB} = \iint_D \hat{\lambda}_B(a, b) \pi(a, b) \mathrm{d}a \mathrm{d}b$$

是参数 $\lambda$ 的 E-Bayes 估计(expected Bayesian estimation). 其中 $\iint_D \hat{\lambda}_B(a, b) \pi(a, b) \mathrm{d}a \mathrm{d}b$ 是存在的, $D$ 为超参数 $a$ 和 $b$ 取值的集合, $\pi(a, b)$ 是 $a$ 和 $b$ 在集合 $D$ 上的密度函数, $\hat{\lambda}_B(a, b)$ 为 $\lambda$ 的 Bayes 估计(用超参数 $a$ 和 $b$ 表示).

从定义 6.2.1 可以看出, 参数 $\lambda$ 的 E-Bayes 估计

$$\hat{\lambda}_{EB} = \iint_D \hat{\lambda}_B(a, b) \pi(a, b) \mathrm{d}a \mathrm{d}b = E[\hat{\lambda}_B(a, b)]$$

是参数 $\lambda$ 的 Bayes 估计 $\hat{\lambda}_B(a, b)$ 对超参数 $a$ 和 $b$ 的数学期望(expectation), 即 $\lambda$ 的 E-Bayes 估计是 $\lambda$ 的 Bayes 估计对超参数的数学期望. 通过对 $a$ 和 $b$ 求数学期望(即求积分), 达到消除超参数的目的(这正是 E-Bayes 估计的意义——expected Bayesian estimation).

## 6.2.2  $\lambda$ 的 E-Bayes 估计

**定理 6.2.1** 设 $x_1$, $x_2$, $\cdots$, $x_n$ 为来自参数为 $\lambda$ 的 Poisson 分布(6.2.1)的样本观察值, 若 $\lambda$ 的先验分布为 Gamma 分布, 其密度函数由式(6.2.3)给出, 超

参数 $a$ 和 $b$ 的先验分布分别为 $(0，1)$ 和 $(0，c)$ 上的均匀分布，在 $a$ 和 $b$ 独立时，则在平方损失下 $\lambda$ 的 E-Bayes 估计为

$$\hat{\lambda}_{EB}=\frac{1}{2c}(2T+1)\ln\left(\frac{n+c}{n}\right)，\quad T=\sum_{i=1}^{n}x_i.$$

**证明** 设 $x_1，x_2，\cdots，x_n$ 为来自参数为 $\lambda$ 的 Poisson 分布(6.2.1)的样本观察值，样本的似然函数由式(6.2.2)给出，若 $\lambda$ 的先验分布为 Gamma 分布，其密度函数由式(6.2.3)给出，根据韩明(2015)，在平方损失下 $\lambda$ 的 Bayes 估计为 $\hat{\lambda}_B(a，b)=\dfrac{a+T}{b+n}$，其中 $T=\sum_{i=1}^{n}x_i$.

若超参数 $a$ 和 $b$ 的先验分布分别为 $(0，1)$ 和 $(0，c)$ 上的均匀分布，在 $a$ 和 $b$ 独立时，则 $a$ 和 $b$ 的先验密度函数为 $\pi(a，b)=\pi(a)\pi(b)=\dfrac{1}{c}$，$0<a<1$，$0<b<c$.

根据定义 6.2.1，则 $\lambda$ 的 E-Bayes 估计为

$$\hat{\lambda}_{EB}=\iint\limits_{D}\hat{\lambda}_B(a，b)\pi(a，b)\mathrm{d}a\mathrm{d}b=\frac{1}{c}\int_0^c\int_0^1\frac{a+T}{b+n}\mathrm{d}a\mathrm{d}b=\frac{1}{2c}(2T+1)\ln\left(\frac{n+c}{n}\right).$$

证毕

## 6.3　参数的多层 Bayes 估计

若 $\lambda$ 的先验分布为 Gamma 分布，其密度函数由(6.2.3)给出，超参数 $a$ 和 $b$ 的先验分布分别为 $(0，1)$ 和 $(0，c)$ 上的均匀分布，在 $a$ 和 $b$ 独立时，则 $\lambda$ 的多层先验密度函数为

$$\pi(\lambda)=\int_0^c\int_0^1\pi(\lambda\mid a，b)\pi(a，b)\mathrm{d}a\mathrm{d}b=\frac{1}{c}\int_0^c\int_0^1\frac{b^a\lambda^{a-1}\exp(-b\lambda)}{\Gamma(a)}\mathrm{d}a\mathrm{d}b，\quad 0<\lambda<\infty.$$

$$(6.3.1)$$

**定理 6.3.1** 设 $x_1，x_2，\cdots，x_n$ 为来自参数为 $\lambda$ 的 Poisson 分布(6.2.1)的样本观察值，若 $\lambda$ 的多层先验密度函数由式(6.3.1)给出，则在平方损失下 $\lambda$ 的多层 Bayes 估计为

$$\hat{\lambda}_{HB}=\frac{\displaystyle\int_0^c\int_0^1\frac{b^a\Gamma(T+a+1)}{(b+n)^{T+a+1}\Gamma(a)}\mathrm{d}a\mathrm{d}b}{\displaystyle\int_0^c\int_0^1\frac{b^a\Gamma(T+a)}{(b+n)^{T+a}\Gamma(a)}\mathrm{d}a\mathrm{d}b}，\quad T=\sum_{i=1}^{n}x_i.$$

**证明** 设 $x_1, x_2, \cdots, x_n$ 为来自参数为 $\lambda$ 的 Poisson 分布(6.2.1)的样本观察值，则样本的似然函数为 $L(x_1, x_2, \cdots, x_n|\lambda)$ 由式(6.2.2)给出. 若 $\lambda$ 的多层先验密度函数由式(6.3.1)给出，根据 Bayes 定理，则 $\lambda$ 的多层后验密度函数为

$$h(\lambda|x_1, x_2, \cdots, x_n) = \frac{\pi(\lambda)L(x_1, x_2, \cdots, x_n|\lambda)}{\int_0^\infty \pi(\lambda)L(x_1, x_2, \cdots, x_n|\lambda)\mathrm{d}\lambda}$$

$$= \frac{\int_0^c \int_0^1 \frac{b^a}{\Gamma(a)}\lambda^{T+a-1}\exp[-(b+n)\lambda]\mathrm{d}a\mathrm{d}b}{\int_0^c \int_0^1 \frac{b^a \Gamma(T+a)}{(b+n)^{T+a}\Gamma(a)}\mathrm{d}a\mathrm{d}b}, \quad 0<\lambda<\infty.$$

则在平方损失下，$\lambda$ 的多层 Bayes 估计为

$$\hat{\lambda}_{HB} = \int_0^\infty \lambda h(\lambda|x_1, x_2, \cdots, x_n)\mathrm{d}\lambda$$

$$= \frac{\int_0^c \int_0^1 \frac{b^a}{\Gamma(a)}\left\{\int_0^\infty \lambda^{(T+a+1)-1}\exp[-(b+n)\lambda]\mathrm{d}\lambda\right\}\mathrm{d}a\mathrm{d}b}{\int_0^c \int_0^1 \frac{b^a \Gamma(T+a)}{(b+n)^{T+a}\Gamma(a)}\mathrm{d}a\mathrm{d}b}$$

$$= \frac{\int_0^c \int_0^1 \frac{b^a \Gamma(T+a+1)}{(b+n)^{T+a+1}\Gamma(a)}\mathrm{d}a\mathrm{d}b}{\int_0^c \int_0^1 \frac{b^a \Gamma(T+a)}{(b+n)^{T+a}\Gamma(a)}\mathrm{d}a\mathrm{d}b}.$$

证毕

## 6.4  E-Bayes 估计的性质

在定理 6.2.1 和定理 6.3.1 中分别给出了 $\hat{\lambda}_{EB}$ 和 $\hat{\lambda}_{HB}$，那么它们之间有什么关系呢? 以下将给出的定理 6.4.1 将回答这个问题.

**定理 6.4.1**  在定理 6.2.1 和定理 6.3.1 中，$\hat{\lambda}_{EB}$ 和 $\hat{\lambda}_{HB}$ 满足 $\lim\limits_{n\to\infty}\hat{\lambda}_{EB} = \lim\limits_{n\to\infty}\hat{\lambda}_{HB}$.

**证明**  根据 Gamma 函数的性质，有 $\Gamma(T+a+1)=(T+a)\Gamma(T+a)$，于是

$$\int_0^c \int_0^1 \frac{b^a \Gamma(T+a+1)}{(b+n)^{T+a+1}\Gamma(a)}\mathrm{d}a\mathrm{d}b = \int_0^c \int_0^1 \frac{T+a}{b+n} \cdot \frac{b^a \Gamma(T+a)}{(b+n)^{T+a}\Gamma(a)}\mathrm{d}a\mathrm{d}b. \quad (6.4.1)$$

对于 $a\in(0,1)$ 和 $b\in(0,c)$，$\frac{T+a}{b+n}$ 是连续的，$\frac{b^a \Gamma(T+a)}{(b+n)^{T+a}\Gamma(a)}>0$，根据积

分中值定理，在$(0，1)$上至少存在一个数$a_1$，在$(0，c)$上至少存在一个数$b_1$，使

$$\int_0^c \int_0^1 \frac{T+a}{b+n} \frac{b^a \Gamma(T+a)}{(b+n)^{T+a} \Gamma(a)} da\,db = \frac{T+a_1}{b_1+n} \int_0^c \int_0^1 \frac{b^a \Gamma(T+a)}{(b+n)^{T+a} \Gamma(a)} da\,db. \quad (6.4.2)$$

根据式(6.4.1)和式(6.4.2)，有

$$\int_0^c \int_0^1 \frac{b^a \Gamma(T+a+1)}{(b+n)^{T+a+1} \Gamma(a)} da\,db = \frac{T+a_1}{b_1+n} \int_0^c \int_0^1 \frac{b^a \Gamma(T+a)}{(b+n)^{T+a} \Gamma(a)} da\,db. \quad (6.4.3)$$

根据定理6.3.1和式(6.4.3)，有

$$\hat{\lambda}_{HB} = \frac{\int_0^c \int_0^1 \frac{b^a \Gamma(T+a+1)}{(b+n)^{T+a+1} \Gamma(a)} da\,db}{\int_0^c \int_0^1 \frac{b^a \Gamma(T+a)}{(b+n)^{T+a} \Gamma(a)} da\,db} = \frac{\frac{T+a_1}{b_1+n} \int_0^c \int_0^1 \frac{b^a \Gamma(T+a)}{(b+n)^{T+a} \Gamma(a)} da\,db}{\int_0^c \int_0^1 \frac{b^a \Gamma(T+a)}{(b+n)^{T+a} \Gamma(a)} da\,db} = \frac{T+a_1}{b_1+n}.$$

$$(6.4.4)$$

在式(6.4.4)两边取极限，则有

$$\lim_{n \to \infty} \hat{\lambda}_{HB} = \lim_{n \to \infty} \frac{T+a_1}{b_1+n} = 0. \quad (6.4.5)$$

根据定理6.2.1的证明过程，$\lambda$的E-Bayes估计为

$$\hat{\lambda}_{EB} = \frac{1}{c} \int_0^c \int_0^1 \frac{a+T}{b+n} da\,db. \quad (6.4.6)$$

对于$a \in (0，1)$和$b \in (0，c)$，$\frac{T+a}{b+n}$是连续的，根据积分中值定理，在$(0，1)$上至少存在一个数$a_2$，在$(0，c)$上至少存在一个数$b_2$，使

$$\frac{1}{c} \int_0^c \int_0^1 \frac{a+T}{b+n} da\,db = \frac{a_2+T}{b_2+n} \cdot \frac{1}{c} \int_0^c \int_0^1 da\,db = \frac{a_2+T}{b_2+n}. \quad (6.4.7)$$

根据定理6.2.1和式(6.4.6)，式(6.4.7)，则有

$$\lim_{n \to \infty} \hat{\lambda}_{EB} = \lim_{n \to \infty} \frac{a_2+T}{b_2+n} = 0. \quad (6.4.8)$$

根据式(6.4.5)和式(6.4.8)，有$\lim_{n \to \infty} \hat{\lambda}_{EB} = \lim_{n \to \infty} \hat{\lambda}_{HB}$.

证毕

定理6.4.1表明，当$n$为无穷大时，$\hat{\lambda}_{EB}$与$\hat{\lambda}_{HB}$是渐近相等的；或当$n$较大时，$\hat{\lambda}_{EB}$和$\hat{\lambda}_{HB}$和是比较接近的.

# 6.5 应用实例

已知某细胞单位所含白细胞的个数服从 Poisson 分布，对 1008 个细胞单位进行观察，所得数据如表 6-1 所示（韦程东，2015）. 其中 $k$ 表示细胞单位所含白细胞的个数，$n_k$ 表示 1008 个观测单位中含有 $k$ 个白细胞的细胞单位数.

**表 6-1　白细胞的数据**

| $k$ | 0 | 1 | 2 | 3 | 4 | 5 | 6 | 7 | 8 | 9 | 10 | 11 | 总数 |
|---|---|---|---|---|---|---|---|---|---|---|---|---|---|
| $n_k$ | 64 | 171 | 239 | 220 | 155 | 83 | 46 | 20 | 6 | 3 | 0 | 1 | 1008 |

根据表 6-1，定理 6.2.1 和定理 6.3.1，$\lambda$ 的 E-Bayes 和多层 Bayes 估计的计算结果，如表 7-2 所示（$c=1, 2, \cdots, 7$）.

**表 6-2　$\hat{\lambda}_{EB}$ 和 $\hat{\lambda}_{HB}$ 的计算结果**

| $c$ | 1 | 2 | 3 | 4 | 5 | 6 | 7 | 极差 |
|---|---|---|---|---|---|---|---|---|
| $\hat{\lambda}_{EB}$ | 2.8225 | 2.8211 | 2.8197 | 2.8183 | 2.8169 | 2.8155 | 2.8141 | 0.0084 |
| $\hat{\lambda}_{HB}$ | 2.8215 | 2.8201 | 2.8163 | 2.8141 | 2.8110 | 2.8082 | 2.8034 | 0.0181 |

从表 6-2 可以看出，对不同的 $c(c=1, 2, \cdots, 7)$，$\hat{\lambda}_{EB}$ 的极差为 0.0084，$\hat{\lambda}_{HB}$ 的极差为 0.0181，因此 $\hat{\lambda}_{EB}$ 和 $\hat{\lambda}_{HB}$ 都是稳健的. 对相同的 $c(c=1, 2, \cdots, 7)$，$\hat{\lambda}_{EB}$ 和 $\hat{\lambda}_{HB}$ 比较接近，并且 $\hat{\lambda}_{EB}$ 和 $\hat{\lambda}_{HB}$ 满足定理 6.4.1.

由于对不同的 $c(c=1, 2, \cdots, 7)$，$\hat{\lambda}_{EB}$ 和 $\hat{\lambda}_{HB}$ 都是稳健的，因此在应用中，作者建议：$c$ 在 $1, 2, \cdots, 7$ 中居中取值，即取 $c=4$.

从表 6-2 还可以看出，当 $c=1, 2, \cdots, 7$ 时，$\hat{\lambda}_{EB}$ 的"极差"比 $\hat{\lambda}_{HB}$ 的"极差"小，因此从这个意义上说 E-Bayes 估计比多层 Bayes 估计的稳健性好.

# 6.6 结束语

本章对 Poisson 分布，在平方损失下给出了参数的 E-Bayes 估计和多层 Bayes 估计，并在此基础上给出了 E-Bayes 估计的性质. 应用实例表明，所提出的 E-Bayes 估计法可行且便于应用.

作者认为，提出一种新的参数估计方法，必须回答两个问题：第一个问题，新的估计方法与已有估计方法（计算）结果的差异有多大；第二个问题，新的估计方法与已有估计方法相比，有哪些优点.

定理 6.4.1 已经从理论上回答了第一个问题. 另外，又从应用实例中看到了 $\hat{\lambda}_{EB}$ 和 $\hat{\lambda}_{HB}$ 计算结果的差异——虽不同但十分接近.

至于第二个问题——E-Bayes 估计法的优点，从定理 6.2.1 和定理 6.3.1 的表达式上看，显然 $\lambda$ 的 E-Bayes 估计比多层 Bayes 估计简单. 另外，从应用实例的具体计算中，也可以体验到 E-Bayes 估计比多层 Bayes 估计简单，并且 E-Bayes估计比多层 Bayes 估计的稳健性好. 关于 E-Bayes 估计法的其他优点，还有待进一步研究.

# 第 7 章　指数分布参数的 E-Bayes 估计及其应用

本章将介绍：一个超参数情形 I，一个超参数情形 II，两个超参数情形，加权综合 E-Bayes 估计 I，加权综合 E-Bayes 估计 II.

## 7.1　一个超参数情形 I

韩明(2008)对寿命服从指数分布的产品，在无失效数据情形，提出了 E-Bayes 估计法. 给出了失效率的 E-Bayes 估计的定义、E-Bayes 估计和多层 Bayes 估计，并在此基础上给出了 E-Bayes 估计的性质. 最后，结合发动机的实际问题进行了计算.

### 7.1.1　λ 的 E-Bayes 估计的定义

设某产品的寿命服从指数分布，其密度函数

$$f(t) = \lambda \exp(-t\lambda). \tag{7.1.1}$$

其中 $t > 0$，$0 < \lambda < \infty$，$\lambda$ 为指数分布(7.1.1)的失效率(failure rate).

在韩明(2003a)中，当 $\lambda$ 的先验密度函数的核为 $\exp(-a\lambda)$ 且超参数 $0 < a < 1$ 时，给出了 $\lambda$ 的先验密度函数为

$$\pi(\lambda|a) = A\exp(-a\lambda). \tag{7.1.2}$$

其中 $0 < \lambda < \infty$，$A^{-1} = \int_0^\infty \exp(-a\lambda)\mathrm{d}\lambda = \dfrac{1}{a}$，$0 < a < 1$，$a$ 为超参数.

上式给出的这个先验密度函数，符合韩明(1997)提出的先验分布的构造方法.

**定义 7.1.1** 对 $a \in D$，若 $\hat{\lambda}_B(a)$ 为连续的，称

$$\hat{\lambda}_{EB} = \int_D \hat{\lambda}_B(a)\pi(a)\mathrm{d}a$$

是参数 $\lambda$ 的 E-Bayes 估计(expected Bayesian estimation). 其中 $\int_D \hat{\lambda}_B(a)\pi(a)\mathrm{d}a$ 是存在的, $D = \{a : 0 < a < 1\}$, $\pi(a)$ 是 $a$ 在 $D$ 上的密度函数, $\hat{\lambda}_B(a)$ 为 $\lambda$ 的 Bayes 估计 (用超参数 $a$ 表示).

定义 7.1.1 表明，$\lambda$ 的 E-Bayes 估计

$$\hat{\lambda}_{EB} = \int_D \hat{\lambda}_B(a)\pi(a)\mathrm{d}a = E[\hat{\lambda}_B(a)]$$

是 $\lambda$ 的 Bayes 估计 $\hat{\lambda}_B(a)$ 对超参数 $a$ 的数学期望，即 $\lambda$ 的 E-Bayes 估计是 $\lambda$ 的 Bayes 估计对超参数的数学期望.

应该指出，就像经验 Bayes 估计(empirical Bayesian estimation，简称 EB 估计)不同于 Bayes 估计(Bayesian estimation)或多层 Bayes 估计(hierarchical Bayesian estimation)一样，E-Bayes 估计也不同于 Bayes 估计或多层 Bayes 估计，但它与多层 Bayes 估计之间有一定的关系(见稍后"E-Bayes 估计的性质"部分).

## 7.1.2　λ 的 E-Bayes 估计

韩明(2008)在超参数的三个不同先验分布下，分别给出了 $\lambda$ 的 E-Bayes 估计.

**定理 7.1.1** 对寿命服从指数分布(7.1.1)的产品进行 $m$ 次定时截尾试验，结果所有样品无一失效，获得的无失效数据为 $\{(t_i, n_i), i = 1, 2, \cdots, m\}$，记 $N = \sum_{i=1}^m n_i t_i$. 若 $\lambda$ 的先验密度函数 $\pi(\lambda|a)$ 由式(7.1.2)给出，则有如下两个结论：

(1)在平方损失下，$\lambda$ 的 Bayes 估计为 $\hat{\lambda}_B(a) = \dfrac{1}{N+a}$；

(2)若超参数 $a$ 的先验密度函数分别为

$$\pi_1(a) = 2(1-a), \quad 0 < a < 1, \tag{7.1.3}$$

$$\pi_2(a) = 1, \quad 0 < a < 1, \tag{7.1.4}$$

$$\pi_3(a) = 2a, \quad 0 < a < 1, \tag{7.1.5}$$

则 $\lambda$ 的 E-Bayes 估计分别为

$$\hat{\lambda}_{EB1} = 2\Big[(1+N)\ln\Big(\frac{N+1}{N}\Big) - 1\Big],$$

$$\hat{\lambda}_{EB2} = \ln\Big(\frac{N+1}{N}\Big),$$

$$\hat{\lambda}_{EB3} = 2\Big[1 - N\ln\Big(\frac{N+1}{N}\Big)\Big].$$

**证明** (1)对寿命服从指数分布(7.1.1)的产品进行 $m$ 次定时截尾试验,结果所有样品无一失效,获得的无失效数据为 $(t_i, n_i)$, $i = 1, 2, \cdots, m$, 记 $N = \sum_{i=1}^{m} n_i t_i$.

根据韩明,丁元耀与陈涛(1998),在无失效数据情形样本的似然函数为

$L(0|\lambda) = \exp(-N\lambda)$,其中 $N = \sum_{i=1}^{m} n_i t_i$.

若 $\lambda$ 的先验密度函数 $\pi(\lambda|a)$ 由式(7.1.2)给出,根据 Bayes 定理,则 $\lambda$ 的后验密度函数为

$$h(\lambda|N) = \frac{\pi(\lambda|a)L(0|\lambda)}{\int_0^\infty \pi(\lambda|a)L(0|\lambda)d\lambda} = (N+a)\exp[-(N+a)\lambda],$$

其中 $0 < \lambda < \infty$.

则在平方损失下,$\lambda$ 的 Bayes 估计为

$$\hat{\lambda}_B(a) = \int_0^\infty \lambda h(\lambda|N)d\lambda$$

$$= \int_0^\infty \lambda(N+a)\exp[-(N+a)\lambda]d\lambda$$

$$= \frac{1}{N+a}\int_0^\infty \lambda(N+a)\exp[-(N+a)\lambda]d[(N+a)\lambda]$$

$$= \frac{1}{N+a}.$$

(2)若 $a$ 的先验密度函数 $\pi_1(a)$ 由式(7.1.3)给出,根据定义 7.1.1,则 $\lambda$ 的 E-Bayes 估计为

$$\hat{\lambda}_{EB1} = \int_D \hat{\lambda}_B(a)\pi_1(a)da = \int_0^1 \frac{2(1-a)}{N+a}da = 2\Big[(1+N)\ln\Big(\frac{N+1}{N}\Big) - 1\Big].$$

同理，若 $a$ 的先验密度函数 $\pi_2(a)$ 和 $\pi_3(a)$ 分别由式(7.1.4)和式(7.1.5)给出，根据定义 7.1.1，则 $\lambda$ 的 E-Bayes 估计分别为

$$\hat{\lambda}_{EB2} = \int_D \hat{\lambda}_B(a)\pi_2(a)\mathrm{d}a = \int_0^1 \frac{1}{N+a}\mathrm{d}a = \ln\left(\frac{N+1}{N}\right),$$

$$\hat{\lambda}_{EB3} = \int_D \hat{\lambda}_B(a)\pi_3(a)\mathrm{d}a = \int_0^1 \frac{2a}{N+a}\mathrm{d}a = 2\left[1 - N\ln\left(\frac{N+1}{N}\right)\right].$$

证毕

## 7.1.3 $\lambda$ 的多层 Bayes 估计

若 $\lambda$ 的先验密度函数 $\pi(\lambda|a)$ 由式(7.1.2)给出，那么超参数 $a$ 如何确定呢？Lindley 和 Smith(1972)提出了多层先验(hierarchical prior)分布的想法，即在先验分布中含有超参数时，可对超参数再给出一个先验分布.

若 $\lambda$ 的先验密度函数 $\pi(\lambda|a)$ 由式(7.1.2)给出，超参数 $a$ 的先验密度函数分别由式(7.1.3)，式(7.1.4)和式(7.1.5)给出，则 $\lambda$ 的多层先验密度函数分别为

$$\pi_4(\lambda) = 2\int_0^1 (1-a)a\exp(-\lambda a)\mathrm{d}a, \tag{7.1.6}$$

$$\pi_5(\lambda) = \int_0^1 a\exp(-\lambda a)\mathrm{d}a, \tag{7.1.7}$$

$$\pi_6(\lambda) = 2\int_0^1 a^2\exp(-\lambda a)\mathrm{d}a. \tag{7.1.8}$$

其中 $0 < \lambda < \infty$.

韩明(2008)在 $\lambda$ 的三个不同多层先验分布下，分别给出了 $\lambda$ 的多层 Bayes 估计.

**定理 7.1.2** 对寿命服从指数分布(7.1.1)的产品进行 $m$ 次定时截尾试验，结果所有样品无一失效，获得的无失效数据为 $\{(t_i, n_i),\ i=1,\ 2,\ \cdots,\ m\}$，记 $N = \sum_{i=1}^{m} n_i t_i$. 若 $\lambda$ 的多层先验密度函数 $\pi_4(\lambda),\ \pi_5(\lambda),\ \pi_6(\lambda)$ 分别由式(7.1.6)，式(7.1.7)和式(7.1.8)给出，则在平方损失下 $\lambda$ 的多层 Bayes 估计分别为

$$\hat{\lambda}_{HB1} = \frac{(1+2N)\ln\left(\frac{N+1}{N}\right) - 2}{N + \frac{1}{2} - N(N+1)\ln\left(\frac{N+1}{N}\right)},$$

$$\hat{\lambda}_{HB2} = \frac{\ln\left(\frac{N+1}{N}\right) - \frac{1}{N+1}}{1 - N\ln\left(\frac{N+1}{N}\right)},$$

$$\hat{\lambda}_{HB3} = \frac{\frac{2N+1}{N+1} - 2N\ln\left(\frac{N+1}{N}\right)}{\frac{1}{2} - N + N^2\ln\left(\frac{N+1}{N}\right)}.$$

**证明** 对寿命服从指数分布(7.1.1)的产品进行 $m$ 次定时截尾试验,结果所有样品无一失效,获得的无失效数据为 $\{(t_i, n_i), i=1, 2, \cdots, m\}$,记 $N = \sum_{i=1}^{m} n_i t_i$.

在定理 7.1.1 的证明过程中,已经得到在无失效数据情形样本的似然函数为 $L(0|\lambda) = \exp(-N\lambda)$,其中 $N = \sum_{i=1}^{m} n_i t_i$.

若 $\lambda$ 的多层先验密度函数 $\pi_4(\lambda)$ 由式(7.1.6)给出,根据 Bayes 定理,则 $\lambda$ 的多层后验密度函数为

$$h_1(\lambda|N) = \frac{\pi_4(\lambda)L(0|\lambda)}{\int_0^\infty \pi_4(\lambda)L(0|\lambda)\mathrm{d}\lambda}$$

$$= \frac{\int_0^1 a(1-a)\exp[-(N+a)\lambda]\mathrm{d}a}{\int_0^1 a(1-a)\left\{\int_0^\infty \exp[-(N+a)\lambda]\mathrm{d}\lambda\right\}\mathrm{d}a}$$

$$= \frac{\int_0^1 a(1-a)\exp[-(N+a)\lambda]\mathrm{d}a}{N+\frac{1}{2} - N(N+1)\ln\left(\frac{N+1}{N}\right)},$$

其中 $0 < \lambda < \infty$.

则在平方损失下,$\lambda$ 的多层 Bayes 估计为

$$\hat{\lambda}_{HB1} = \int_0^\infty \lambda h_1(\lambda|N)\mathrm{d}\lambda$$

$$= \frac{\int_0^1 a(1-a)\left\{\int_0^\infty \lambda\exp[-(N+a)\lambda]\mathrm{d}\lambda\right\}\mathrm{d}a}{N+\frac{1}{2} - N(N+1)\ln\left(\frac{N+1}{N}\right)}$$

$$= \frac{(1+2N)ln\left(\frac{N+1}{N}\right)-2}{N+\frac{1}{2}-N(N+1)\ln\left(\frac{N+1}{N}\right)}.$$

同理，若 $\lambda$ 的多层先验密度函数 $\pi_5(\lambda)$ 由式(7.1.7)给出，根据 Bayes 定理，则 $\lambda$ 的多层后验密度函数为

$$h_2(\lambda\,|\,N) = \frac{\pi_5(\lambda)L(0\,|\,\lambda)}{\int_0^\infty \pi_5(\lambda)L(0\,|\,\lambda)\mathrm{d}\lambda} = \frac{\int_0^1 a\exp[-(N+a)\lambda]\mathrm{d}a}{1-N\ln\left(\frac{N+1}{N}\right)},$$

其中 $0<\lambda<\infty$.

则在平方损失下，$\lambda$ 的多层 Bayes 估计为

$$\hat{\lambda}_{HB2} = \int_0^\infty \lambda h_2(\lambda\,|\,N)\mathrm{d}\lambda = \frac{\ln\left(\frac{N+1}{N}\right)-\frac{1}{N+1}}{1-N\ln\left(\frac{N+1}{N}\right)}.$$

类似地，若 $\lambda$ 的多层先验密度函数 $\pi_6(\lambda)$ 由式(7.1.8)给出，根据 Bayes 定理，则 $\lambda$ 的多层后验密度函数为

$$h_3(\lambda\,|\,N) = \frac{\pi_6(\lambda)L(0\,|\,\lambda)}{\int_0^\infty \pi_6(\lambda)L(0\,|\,\lambda)\mathrm{d}\lambda} = \frac{\int_0^1 a^2\exp[-(N+a)\lambda]\mathrm{d}a}{\frac{1}{2}-N+N^2\ln\left(\frac{N+1}{N}\right)},$$

其中 $0<\lambda<\infty$.

则在平方损失下，$\lambda$ 的多层 Bayes 估计为

$$\hat{\lambda}_{HB3} = \int_0^\infty \lambda h_3(\lambda\,|\,N)\mathrm{d}\lambda = \frac{\frac{2N+1}{N+1}-2N\ln\left(\frac{N+1}{N}\right)}{\frac{1}{2}-N+N^2\ln\left(\frac{N+1}{N}\right)}.$$

证毕

## 7.1.4　E-Bayes 估计的性质

在定理 7.1.1 和定理 7.1.2 中分别给出了 $\lambda$ 的 E-Bayes 估计 $\hat{\lambda}_{EBi}$（$i=1$, 2, 3）与多层 Bayes 估计 $\hat{\lambda}_{HBi}$（$i=1$, 2, 3），那么 $\hat{\lambda}_{EB1}$，$\hat{\lambda}_{EB2}$ 和 $\hat{\lambda}_{EB3}$ 之间有什么关系

呢？$\lambda$ 的 E-Bayes 估计与多层 Bayes 估计之间又有什么关系呢？根据 $\lambda$ 的 E-Bayes 估计与多层 Bayes 估计得到的可靠度的估计之间又有什么关系呢？韩明（2008）给出了 E-Bayes 估计的几个性质，可以回答这些问题.

### 7.1.4.1 $\hat{\lambda}_{EB1}$，$\hat{\lambda}_{EB2}$ 和 $\hat{\lambda}_{EB3}$ 之间的关系

**定理 7.1.3** 在定理 7.1.1 中，当 $N > 2$ 时，$\hat{\lambda}_{EB1}$，$\hat{\lambda}_{EB2}$ 和 $\hat{\lambda}_{EB3}$ 满足：

(1) $\hat{\lambda}_{EB3} < \hat{\lambda}_{EB2} < \hat{\lambda}_{EB1}$；

(2) $\lim\limits_{N \to \infty} \hat{\lambda}_{EB3} = \lim\limits_{N \to \infty} \hat{\lambda}_{EB2} = \lim\limits_{N \to \infty} \hat{\lambda}_{EB1}$.

**证明** (1) 根据定理 7.1.1，要证明 $\hat{\lambda}_{EB3} < \hat{\lambda}_{EB2} < \hat{\lambda}_{EB1}$，只需证明

$$2\left[1 - N\ln\left(\frac{N+1}{N}\right)\right] < \ln\left(\frac{N+1}{N}\right) < 2\left[(1+N)\ln\left(\frac{N+1}{N}\right) - 1\right].$$

由于当 $-1 < x < 1$ 时，有 $\ln(1+x) = x - \dfrac{x^2}{2} + \dfrac{x^3}{3} - \dfrac{x^4}{4} + \cdots$. 令 $x = \dfrac{1}{N}$，则有

$$\ln\left(\frac{N+1}{N}\right) - 2\left[1 - N\ln\left(\frac{N+1}{N}\right)\right]$$

$$= (1+2N)\ln\left(\frac{N+1}{N}\right) - 2$$

$$= (1+2N)\left(\frac{1}{N} - \frac{1}{2N^2} + \frac{1}{3N^3} - \frac{1}{4N^4} + \frac{1}{5N^5} - \frac{1}{6N^6} + \cdots\right) - 2$$

$$= \left[(1+2N)\left(\frac{1}{N} - \frac{1}{2N^2} + \frac{1}{3N^3} - \frac{1}{4N^4}\right) - 2\right] + (1+2N)\left[\left(\frac{1}{5N^5} - \frac{1}{6N^6}\right) + \right.$$

$$\left. \left(\frac{1}{7N^7} - \frac{1}{8N^8}\right) + \cdots\right].$$

注意到

$$(1+2N)\left(\frac{1}{N} - \frac{1}{2N^2} + \frac{1}{3N^3} - \frac{1}{4N^4}\right) - 2 = \frac{1}{12N^4}(2N^2 - 2N - 3).$$

当 $N > 2$ 时，$2N^2 - 2N - 3 > 0$，且 $\dfrac{1}{5N^5} - \dfrac{1}{6N^6} > 0$，$\dfrac{1}{7N^7} - \dfrac{1}{8N^8} > 0$，$\cdots$，因此

$$\ln\left(\frac{N+1}{N}\right) > 2\left[1 - N\ln\left(\frac{N+1}{N}\right)\right],$$

即 $\hat{\lambda}_{EB3} < \hat{\lambda}_{EB2}$.

由于

$$2\left[(1+N)\ln\left(\frac{N+1}{N}\right) - 1\right] - \ln\left(\frac{N+1}{N}\right) = (1+2N)\ln\left(\frac{N+1}{N}\right) - 2,$$

注意到在证明 $\hat{\lambda}_{EB3}<\hat{\lambda}_{EB2}$ 的过程中已经证明了：当 $N>2$ 时，$(1+2N)\ln\left(\dfrac{N+1}{N}\right)-2>0$，所以 $\hat{\lambda}_{EB2}<\hat{\lambda}_{EB1}$。

因此 $\hat{\lambda}_{EB3}<\hat{\lambda}_{EB2}<\hat{\lambda}_{EB1}$。

(2)注意到，在(1)的证明过程中，

$$\hat{\lambda}_{EB2}-\hat{\lambda}_{EB3}$$
$$=\hat{\lambda}_{EB1}-\hat{\lambda}_{EB2}$$
$$=(1+2N)\ln\left(\frac{N+1}{N}\right)-2$$
$$=\frac{1}{12N^4}(2N^2-2N-3)+(1+2N)\left[\left(\frac{1}{5N^5}-\frac{1}{6N^6}\right)+\left(\frac{1}{7N^7}-\frac{1}{8N^8}\right)+\cdots\right],$$

两边取极限，则有

$$\lim_{N\to\infty}(\hat{\lambda}_{EB2}-\hat{\lambda}_{EB3})$$
$$=\lim_{N\to\infty}(\hat{\lambda}_{EB1}-\hat{\lambda}_{EB2})$$
$$=\lim_{N\to\infty}\left\{\frac{1}{12N^4}(2N^2-2N-3)+(1+2N)\left[\left(\frac{1}{5N^5}-\frac{1}{6N^6}\right)+\left(\frac{1}{7N^7}-\frac{1}{8N^8}\right)+\cdots\right]\right\}$$
$$=0,$$

因此 $\lim\limits_{N\to\infty}\hat{\lambda}_{EB3}=\lim\limits_{N\to\infty}\hat{\lambda}_{EB2}=\lim\limits_{N\to\infty}\hat{\lambda}_{EB1}$。

证毕

定理 7.1.3 的(1)表明，对超参数 $a$ 的不同先验分布，相应的 $\hat{\lambda}_{EB1}$，$\hat{\lambda}_{EB2}$ 和 $\hat{\lambda}_{EB3}$ 也是不同的(后面的实例将说明，三者虽然不同，但差别很小)。

定理 7.1.3 的(2)表明，$\hat{\lambda}_{EB1}$，$\hat{\lambda}_{EB2}$ 和 $\hat{\lambda}_{EB3}$ 是渐进相等的；或当 $N$ 较大时，$\hat{\lambda}_{EB1}$，$\hat{\lambda}_{EB2}$ 和 $\hat{\lambda}_{EB3}$ 比较接近。

### 7.1.4.2　$\hat{\lambda}_{EBi}$ 和 $\hat{\lambda}_{HBi}(i=1，2，3)$ 的关系

**定理 7.1.4**　在定理 7.1.1 和定理 7.1.2 中，$\hat{\lambda}_{EBi}$ 和 $\hat{\lambda}_{HBi}(i=1，2，3)$ 满足：

(1) $\hat{\lambda}_{EBi}>\hat{\lambda}_{HBi}$；

(2) $\lim\limits_{N\to\infty}\hat{\lambda}_{EBi}=\lim\limits_{N\to\infty}\hat{\lambda}_{HBi}$。

**证明**　限于篇幅，这里只给出 $i=2$ 时的证明。

(1)当 $i=2$ 时，根据定理 7.1.1 和定理 7.1.2，有

$$\hat{\lambda}_{HB2} - \hat{\lambda}_{EB2} = \frac{\ln\left(\dfrac{N+1}{N}\right) - \dfrac{1}{N+1}}{1 - N\ln\left(\dfrac{N+1}{N}\right)} - \ln\left(\frac{N+1}{N}\right) = \frac{(1+x)[\ln(1+x)]^2 - x^2}{x(1+x)\left[1 - \dfrac{1}{x}\ln(1+x)\right]},$$

其中 $x = \dfrac{1}{N}$.

令

$$f_1(x) = \frac{(1+x)[\ln(1+x)]^2 - x^2}{x(1+x)\left[1 - \dfrac{1}{x}\ln(1+x)\right]} = \frac{f_3(x)}{f_2(x)}, \tag{7.1.9}$$

其中 $f_3(x) = (1+x)[\ln(1+x)]^2 - x^2$，$f_2(x) = x(1+x)\left[1 - \dfrac{1}{x}\ln(1+x)\right]$.

令 $f_4(x) = f_3'(x) = [\ln(1+x)]^2 + 2\ln(1+x) - 2x$，则

$$f_4'(x) = \frac{2}{(1+x)}[\ln(1+x) - x] = \frac{2}{(1+x)}f_5(x),$$

其中 $f_5(x) = \ln(1+x) - x$.

于是 $f_5'(x) = -\dfrac{x}{1+x}$.

由于 $x = \dfrac{1}{N} > 0$（其中 $N = \sum\limits_{i=1}^{m} n_i t_i$），所以 $f_5'(x) = -\dfrac{x}{1+x} < 0$，即对于 $\forall x > 0$，$f_5(x)$ 是 $x$ 的单调减函数. 又 $f_5(0) = 0$，即对于 $\forall x > 0$，$f_5(x) < f_5(0) = 0$.

由于 $x = \dfrac{1}{N} > 0$，所以 $f_4'(x) = \dfrac{2}{(1+x)}f_5(x) < 0$，即对于 $\forall x > 0$，$f_4(x)$ 是 $x$ 的单调减函数. 又 $f_4(0) = 0$，于是对于 $\forall x > 0$，$f_3'(x) = f_4(x) < f_4(0) = 0$，即对于 $\forall x > 0$，$f_3(x)$ 是 $x$ 的单调减函数. 又 $f_3(0) = 0$，于是对于 $\forall x > 0$，$f_3(x) < f_3(0) = 0$，即

$$f_3(x) < 0. \tag{7.1.10}$$

由于当 $-1 < x < 1$，有 $\ln(1+x) = x - \dfrac{x^2}{2} + \dfrac{x^3}{3} - \dfrac{x^4}{4} + \cdots$. 令 $x = \dfrac{1}{N}$，所以

$$1 - \frac{1}{x}\ln(1+x) = 1 - N\ln\left(1 + \frac{1}{N}\right)$$

$$= 1 - N\left(\frac{1}{N} - \frac{1}{2N^2} + \frac{1}{3N^3} - \frac{1}{4N^4} + \cdots\right)$$

$$= \left(\frac{1}{2N^2} - \frac{1}{3N^3}\right) + \left(\frac{1}{4N^4} - \frac{1}{5N^5}\right) + \cdots$$

$$>0. \tag{7.1.11}$$

由于 $x=\dfrac{1}{N}>0$，所以

$$x(1+x)>0. \tag{7.1.12}$$

根据式(7.1.11)和式(7.1.12)，有

$$f_2(x)=x(1+x)\left[1-\frac{1}{x}\ln(1+x)\right]>0. \tag{7.1.13}$$

根据式(7.1.9)，式(7.1.10)和式(7.1.13)，有 $f_1(x)=\dfrac{f_3(x)}{f_2(x)}<0$，即

$$\hat{\lambda}_{HB2}-\hat{\lambda}_{EB2}=f_1(x)=\frac{f_3(x)}{f_2(x)}<0.$$

于是 $\hat{\lambda}_{EB2}>\hat{\lambda}_{HB2}$.

(2)根据(1)的证明过程和式(7.1.9)，有

$$\hat{\lambda}_{HB2}-\hat{\lambda}_{EB2}=f_1(x)=\frac{f_3(x)}{f_2(x)}. \tag{7.1.14}$$

其中 $f_3(x)=(1+x)[\ln(1+x)]^2-x^2$，$f_2(x)=x(1+x)\left[1-\dfrac{1}{x}\ln(1+x)\right]$.

在式(7.1.14)两边取极限，得

$$\lim_{N\to\infty}(\hat{\lambda}_{HB2}-\hat{\lambda}_{EB2})=\lim_{x\to0}\frac{f_3(x)}{f_2(x)}. \tag{7.1.15}$$

由于 $f_3(x)=(1+x)[\ln(1+x)]^2-x^2$，$f_2(x)=x(1+x)\left[1-\dfrac{1}{x}\ln(1+x)\right]$，

所以式(7.1.15)的右边是 $\dfrac{0}{0}$ 型，根据洛必达法则，有

$$\lim_{x\to0}\frac{f_3(x)}{f_2(x)}=\lim_{x\to0}\frac{f_3'(x)}{f_2'(x)}. \tag{7.1.16}$$

由于 $f_3'(x)=[\ln(1+x)]^2+2\ln(1+x)-2x$，$f_2'(x)=2x-\ln(1+x)$，所以

式(7.1.16)的右边是 $\dfrac{0}{0}$ 型，根据洛必达法则，有

$$\lim_{x\to0}\frac{f_3(x)}{f_2(x)}=\lim_{x\to0}\frac{f_3'}{f_2'}=\lim_{x\to0}\frac{f_3''}{f_2''}. \tag{7.1.17}$$

由于 $f_3''(x)=\dfrac{2\ln(1+x)+2}{1+x}-2$，$f_2''(x)=2-\dfrac{1}{1+x}$，所以

$$\lim_{x \to 0} \frac{f''_3(x)}{f''_2}(x) = \lim_{x \to 0} \frac{2\ln(1+x) - 2x}{2x+1} = 0. \tag{7.1.18}$$

根据式(7.1.17)和式(7.1.18)，有

$$\lim_{x \to 0} \frac{f_3(x)}{f_2(x)} = \lim_{x \to 0} \frac{f'_3}{f'_2} = \lim_{x \to 0} \frac{f''_3(x)}{f''_2(x)} = 0. \tag{7.1.19}$$

根据式(7.1.15)和式(7.1.19)，有

$$\lim_{N \to \infty} \hat{\lambda}_{HB2} = \lim_{N \to \infty} \hat{\lambda}_{EB2}.$$

证毕

定理 7.1.4 的(1)表明，$\hat{\lambda}_{EBi}$ 和 $\hat{\lambda}_{HBi}(i=1,2,3)$ 是不同的(后面的实例将说明，它们的差别非常小).

定理 7.1.4 的(2)表明，$\hat{\lambda}_{EBi}$ 与 $\hat{\lambda}_{HBi}(i=1,2,3)$ 是渐进相等的；或当 $N$ 较大时，$\hat{\lambda}_{EBi}$ 与 $\hat{\lambda}_{HBi}(i=1,2,3)$ 比较接近.

### 7.1.4.3　$\hat{R}_{EB1}(t)$，$\hat{R}_{EB2}(t)$ 和 $\hat{R}_{EB3}(t)$ 的关系

**定理 7.1.5**　$\hat{R}_{EB1}(t)$，$\hat{R}_{EB2}(t)$ 和 $\hat{R}_{EB3}(t)$ 满足：

(1)$\hat{R}_{EB3}(t) > \hat{R}_{EB2}(t) > \hat{R}_{EB1}(t)$；

(2)$\lim\limits_{N \to \infty} \hat{R}_{EB3}(t) = \lim\limits_{N \to \infty} \hat{R}_{EB2}(t) = \lim\limits_{N \to \infty} \hat{R}_{EB1}(t)$. 其中 $\hat{R}_{EBi}(t) = \exp(-\hat{\lambda}_{EBi}t)(i= 1,2,3)$，$\hat{\lambda}_{EBi}(i=1,2,3)$ 由定理 7.1.1 给出.

定理 7.1.5 可以由定理 7.1.3 直接得到.

定理 7.1.5 的(1)说明，$\hat{R}_{EB1}(t)$，$\hat{R}_{EB2}(t)$ 和 $\hat{R}_{EB3}(t)$ 有大小关系(后面的实例将说明，它们的差别非常小).

定理 7.1.5 的(2)说明，$\hat{R}_{EB1}(t)$，$\hat{R}_{EB2}(t)$ 和 $\hat{R}_{EB3}(t)$ 是渐进相等的；或当 $N$ 较大时，$\hat{R}_{EB1}(t)$，$\hat{R}_{EB2}(t)$ 和 $\hat{R}_{EB3}(t)$ 比较接近.

### 7.1.4.4　$\hat{R}_{EBi}(t)$ 和 $\hat{R}_{HBi}(t)$ 的关系

**定理 7.1.6**　$\hat{R}_{EBi}(t)$ 和 $\hat{R}_{HBi}(t)$ 满足($i=1,2,3$)：

(1)$\hat{R}_{EBi}(t) < \hat{R}_{HBi}(t)$；

(2)$\lim\limits_{N \to \infty} \hat{R}_{EBi}(t) = \lim\limits_{N \to \infty} \hat{R}_{HBi}(t)$.

其中 $\hat{R}_{EBi}(t) = \exp(-\hat{\lambda}_{EBi}t)$，$\hat{R}_{HBi}(t) = \exp(-\hat{\lambda}_{HBi}t)$；$\hat{\lambda}_{EBi}$ 和 $\hat{\lambda}_{HBi}$ 分别由定理 7.1.1 和定理 7.1.2 给出.

定理 7.1.6 可以由定理 7.1.4 直接得到. 定理 7.1.6 中的(1)和(2)的解释与定理 7.1.4，定理 7.1.5 的解释类似.

## 7.1.5 应用实例

韩明(2003a)中给出了某型发动机的无失效数据(试验时间单位：小时)，共有 6 组 20 个数据，如表 7-1 所示.

**表 7-1 发动机的无失效数据**

| $i$ | 1 | 2 | 3 | 4 | 5 | 6 |
|---|---|---|---|---|---|---|
| $t_i$ | 136 | 282 | 370 | 667 | 1188 | 1335 |
| $n_i$ | 2 | 2 | 3 | 5 | 4 | 4 |

根据韩明(2003a)，该型发动机的寿命服从指数分布. 根据表 7-1，定理 7.1.1 和定理 7.1.2，可以得到 $\lambda$ 的 E-Bayes 估计和多层 Bayes 估计，其计算结果如表 7-2 所示.

**表 7-2 $\hat{\lambda}_{EBi}$ 和 $\hat{\lambda}_{HBi}$ 的计算结果**

| $i$ | 1 | 2 | 3 | 极差 |
|---|---|---|---|---|
| $\hat{\lambda}_{EBi}$ | $6.50477 \times 10^{-5}$ | $6.50470 \times 10^{-5}$ | $6.50463 \times 10^{-5}$ | $1.40 \times 10^{-9}$ |
| $\hat{\lambda}_{HBi}$ | $6.50465 \times 10^{-5}$ | $6.50463 \times 10^{-5}$ | $6.50378 \times 10^{-5}$ | $8.70 \times 10^{-9}$ |
| $\hat{\lambda}_{EBi} - \hat{\lambda}_{HBi}$ | $0.00012 \times 10^{-5}$ | $0.00007 \times 10^{-5}$ | $0.00085 \times 10^{-5}$ | $7.80 \times 10^{-9}$ |

从表 7-2 可以看出，$\hat{\lambda}_{EB1}$，$\hat{\lambda}_{EB2}$ 和 $\hat{\lambda}_{EB3}$ 很接近；$\hat{\lambda}_{HB1}$，$\hat{\lambda}_{HB2}$ 和 $\hat{\lambda}_{HB3}$ 也很接近；并且 $\hat{\lambda}_{EBi}(i=1, 2, 3)$ 满足定理 7.1.3，$\hat{\lambda}_{EBi}$ 和 $\hat{\lambda}_{HBi}(i=1, 2, 3)$ 满足定理 7.1.4.

根据表 7-2，可以得到该型发动机可靠度的 E-Bayes 估计和多层 Bayes 估计，其计算结果见表如 7-3 和图 7-1~图 7-3 所示.

**表 7-3 $\hat{R}_{EBi}(t)$ 和 $\hat{R}_{HBi}(t)$ 的计算结果**

| $i$ | 1 | 2 | 3 | 极差 |
|---|---|---|---|---|
| $\hat{R}_{EBi}(100)$ | 0.99351634 | 0.99351641 | 0.99351648 | 0.00000014 |
| $\hat{R}_{HBi}(100)$ | 0.99351644 | 0.99351647 | 0.99351732 | 0.00000088 |
| $\hat{R}_{HBi}(100) - \hat{R}_{EBi}(100)$ | 0.00000010 | 0.00000006 | 0.00000084 | 0.00000074 |
| $\hat{R}_{EBi}(300)$ | 0.98067486 | 0.98067507 | 0.98067528 | 0.00000042 |
| $\hat{R}_{HBi}(300)$ | 0.98067516 | 0.98067527 | 0.98067777 | 0.00000261 |
| $\hat{R}_{HBi}(300) - \hat{R}_{EBi}(300)$ | 0.00000070 | 0.00000020 | 0.00000251 | 0.00000219 |
| $\hat{R}_{EBi}(500)$ | 0.96799936 | 0.96799970 | 0.96800005 | 0.00000069 |
| $\hat{R}_{HBi}(500)$ | 0.96799985 | 0.96800004 | 0.96800415 | 0.00000430 |
| $\hat{R}_{HBi}(500) - \hat{R}_{EBi}(500)$ | 0.00000049 | 0.00000034 | 0.00000410 | 0.00000361 |
| $\hat{R}_{EBi}(700)$ | 0.95548769 | 0.95548817 | 0.95548864 | 0.00000095 |

（续表）

| $i$ | 1 | 2 | 3 | 极差 |
|---|---|---|---|---|
| $\hat{R}_{HBi}(700)$ | 0.95548837 | 0.95548864 | 0.95549432 | 0.00000595 |
| $\hat{R}_{HBi}(700)-\hat{R}_{EBi}(700)$ | 0.00000068 | 0.00000047 | 0.00000568 | 0.00000500 |
| $\hat{R}_{EBi}(1000)$ | 0.93702276 | 0.93702343 | 0.93702409 | 0.00000133 |
| $\hat{R}_{HBi}(1000)$ | 0.93702370 | 0.93702408 | 0.93703204 | 0.00000843 |
| $\hat{R}_{HBi}(1000)-\hat{R}_{EBi}(1000)$ | 0.00000094 | 0.00000065 | 0.00000795 | 0.00000710 |
| $\hat{R}_{EBi}(1300)$ | 0.91891467 | 0.91891551 | 0.91891636 | 0.00000169 |
| $\hat{R}_{HBi}(1300)$ | 0.91891587 | 0.91891634 | 0.91892650 | 0.00001063 |
| $\hat{R}_{HBi}(1300)-\hat{R}_{EBi}(1300)$ | 0.00000120 | 0.00000083 | 0.00001014 | 0.00000894 |

从表 7-3 可以看出，当 $t=100$，300，500，700，1000，1300（小时）时，$\hat{R}_{EB1}(t)$，$\hat{R}_{EB2}(t)$ 和 $\hat{R}_{EB3}(t)$ 很接近；$\hat{R}_{HB1}(t)$，$\hat{R}_{HB2}(t)$ 和 $\hat{R}_{HB3}(t)$ 也很接近；并且 $\hat{R}_{EBi}(t)(i=1, 2, 3)$ 满足定理 7.1.5，$\hat{R}_{EBi}(t)$ 和 $\hat{R}_{HBi}(t)(i=1, 2, 3)$ 满足定理 7.1.6.

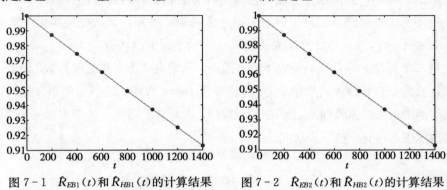

图 7-1 $\hat{R}_{EB1}(t)$ 和 $\hat{R}_{HB1}(t)$ 的计算结果　　图 7-2 $\hat{R}_{EB2}(t)$ 和 $\hat{R}_{HB2}(t)$ 的计算结果

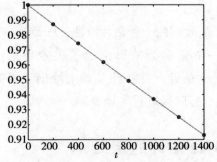

图 7-3 $\hat{R}_{EB3}(t)$ 和 $\hat{R}_{HB3}(t)$ 的计算结果

说明：在图 7-1～图 7-3 中，＊分别表示 $\hat{R}_{EB1}(t)$，$\hat{R}_{EB2}(t)$ 和 $\hat{R}_{EB3}(t)$ 的结算结果；。分

别表示 $\hat{R}_{HB1}(t)$，$\hat{R}_{HB2}(t)$ 和 $\hat{R}_{HB3}(t)$ 的结算结果.

从图 7-1~图 7-3 可以看出，当 $t\in(0，1400]$时，对 $i=1$，2，3，$\hat{R}_{EBi}(t)$ 和 $\hat{R}_{HBi}(t)$ 都很接近.

从应用实例可以看出，由于超参数 $a$ 取不同的先验分布(密度函数 $\pi(a)$分别由式(7.1.3)，式(7.1.4)和式(7.1.5)给出)，$\hat{\lambda}_{EBi}$，$\hat{\lambda}_{HBi}$($i=1$，2，3)，$\hat{R}_{EBi}(t)$ 和 $\hat{R}_{HBi}(t)$($i=1$，2，3)都是稳健的. 显然，当超参数 $a$ 的先验分布取均匀分布时(其密度函数 $\pi(a)$由式(7.1.4)给出)，$\hat{\lambda}_{EB2}$ 和 $\hat{\lambda}_{HB2}$ 的结果(表达式)最简单. Berger(1985)提出，先验分布的确定应使估计结果具有稳健性. 因此，作者建议，超参数 $a$ 的先验分布取均匀分布(这也是一些文献中超参数的先验分布取均匀分布的理由吧).

作者认为，提出一种新的参数估计方法，必须回答两个问题：

第一个问题，新的估计方法与已有估计方法(计算)结果的差异有多大；

第二个问题，新的估计方法与已有估计方法相比，有哪些优点.

定理 7.1.4 已经从理论上回答了第一个问题. 另外，又从应用实例中看到了 $\hat{\lambda}_{EBi}$ 和 $\hat{\lambda}_{HBi}$($i=1$，2，3)计算结果的差异——虽不同但很接近.

第二个问题——E-Bayes 估计法的优点，从定理 7.1.1 和定理 7.1.2 的表达式上看，显然 $\lambda$ 的 E-Bayes 估计(表达式)比多层 Bayes 估计(表达式)简单. 另外，从应用实例中也可以体验到 $\hat{\lambda}_{EBi}$ 比 $\hat{\lambda}_{HBi}$($i=1$，2，3)计算上简单. 关于 E-Bayes 估计法的其他优点，还有待进一步研究.

# 7.2　一个超参数情形 Ⅱ

Han(2009a)提出了失效率的一种估计方法——E-Bayes 估计法. 对寿命服从指数分布的产品，在一个超参数情形给出了失效率的 E-Bayes 估计的定义、E-Bayes估计和多层 Bayes 估计，并在此基础上给出了 E-Bayes 估计的性质. 最后，结合某电子产品的实际问题进行了计算.

## 7.2.1　$\lambda$ 的 E-Bayes 估计的定义

设某产品的寿命服从指数分布，其密度函数由式(7.1.1)给出. 如果取 $\lambda$ 的

先验分布为其共轭分布——Gamma 分布，其密度函数为

$$\pi(\lambda|a, b) = \frac{b^a \lambda^{a-1} \exp(-b\lambda)}{\Gamma(a)},$$

其中 $0 < \lambda < \infty$，$\Gamma(a) = \int_0^\infty t^{a-1} e^{-t} dt$ 是 Gamma 函数，$a$ 和 $b$ 为超参数，且 $a > 0$，$b > 0$.

根据韩明(1997)，$a$ 和 $b$ 的选取应使 $\pi(\lambda|a, b)$ 为 $\lambda$ 的单调减函数. $\pi(\lambda|a, b)$ 对 $\lambda$ 的导数为

$$\frac{d[\pi(\lambda|a, b)]}{d\lambda} = \frac{[b^a \lambda^{a-2} \exp(-b\lambda)]}{\Gamma(a)}[(a-1) - b\lambda].$$

注意到 $a > 0$，$b > 0$，$\lambda > 0$，当 $0 < a < 1$，$b > 0$ 时，$\frac{d[\pi(\lambda|a, b)]}{d\lambda} < 0$，因此 $\pi(\lambda|a, b)$ 为 $\lambda$ 的单调减函数.

当 $0 < a < 1$ 时，$b$ 越大，Gamma 分布密度函数的尾部越细. 根据 Bayes 估计的稳健性(Berger(1985))，尾部越细的先验分布常会造成 Bayes 估计的稳健性越差，因此 $b$ 不宜过大，应该有一个界限. 设 $b$ 的上界为 $c$，其中 $c > 0$ 为常数. 这样可以确定超参数 $a$ 和 $b$ 的范围为 $0 < a < 1$，$0 < b < c$(常数 $c$ 的确定，见后面的应用实例).

当 $a = 1$ 和 $0 < b < c$ 时，$\pi(\lambda|a, b)$ 仍然是 $\lambda$ 的单调减函数，此时 $\lambda$ 的密度函数为

$$\pi(\lambda|b) = b\exp(-b\lambda), \tag{7.2.1}$$

其中 $0 < \lambda < \infty$.

**定义 7.2.1** 对 $b \in D$，若 $\hat{\lambda}_B(b)$ 是连续的，称

$$\hat{\lambda}_{EB} = \int_D \hat{\lambda}_B(b)\pi(b)db$$

为参数 $\lambda$ 的 E-Bayes 估计. 其中 $\int_D \hat{\lambda}_B(b)\pi(b)db$ 是存在的，$D = \{b: 0 < b < c\}$，$c > 0$ 为常数，$\pi(b)$ 是 $b$ 在 $D$ 上的密度函数，$\hat{\lambda}_B(b)$ 为 $\lambda$ 的 Bayes 估计(用超参数 $b$ 表示).

定义 7.2.1 表明，$\lambda$ 的 E-Bayes 估计

$$\hat{\lambda}_{EB} = \int_D \hat{\lambda}_B(b)\pi(b)db = E[\hat{\lambda}_B(b)]$$

是 $\lambda$ 的 Bayes 估计 $\hat{\lambda}_B(b)$ 对超参数 $b$ 的数学期望，即 $\lambda$ 的 E-Bayes 估计是 $\lambda$ 的

Bayes 估计对超参数的数学期望.

## 7. 2. 2  $\lambda$ 的 E-Bayes 估计

Han(2009a)在超参数的三个不同先验分布下，给出了 $\lambda$ 的 E-Bayes 估计.

**定理 7. 2. 1**  对寿命服从指数分布(7.1.1)的产品进行 $m$ 次定时截尾试验，获得的试验数据为 $\{(n_i,\ r_i,\ t_i),\ i=1,\ \cdots,\ m\}$. 记 $r=\sum\limits_{i=1}^{m}r_i,M=\sum\limits_{i=1}^{m}(n_i-r_i)t_i$. 若 $\lambda$ 的先验密度函数 $\pi(\lambda|b)$ 由(7.2.1)给出，则有如下两个结论：

(1)在平方损失下，$\lambda$ 的 Bayes 估计为 $\hat{\lambda}(b)=\dfrac{r+1}{M+b}$;

(2)若超参数 $b$ 的先验密度函数分别为

$$\pi_1(b)=\frac{2(c-b)}{c^2},\ 0<b<c, \tag{7.2.2}$$

$$\pi_2(b)=\frac{1}{c},\ 0<b<c, \tag{7.2.3}$$

$$\pi_3(b)=\frac{2b}{c^2},\ 0<b<c, \tag{7.2.4}$$

则 $\lambda$ 的 E-Bayes 估计分别为

$$\hat{\lambda}_{EB1}=\frac{2(r+1)}{c^2}\Big[(M+c)\ln\Big(\frac{M+c}{M}\Big)-c\Big],$$

$$\hat{\lambda}_{EB2}=\frac{(r+1)}{c}\ln\Big(\frac{M+c}{M}\Big),$$

$$\hat{\lambda}_{EB3}=\frac{2(r+1)}{c^2}\Big[c-M\ln\Big(\frac{M+c}{M}\Big)\Big].$$

**证明**  (1)对寿命服从指数分布(7.1.1)的产品进行 $m$ 次定时截尾试验，获得的试验数据为 $\{(n_i,\ r_i,\ t_i),\ i=1,\ \cdots,\ m\}$. 如果在第 $i$ 次定时截尾试验中，失效样品数为 $X_i$，根据 Lawless(1982)，则 $X_i$ 服从参数为 $(n_i-r_i)t_i\lambda$ 的 Poisson 分布，于是样本的似然函数为

$$L(r\mid\lambda)=\prod_{i=1}^{m}P\{X_i=r_i\}=\Big\{\prod_{i=1}^{m}\frac{[(n_i-r_i)t_i]^{r_i}}{(r_i)!}\Big\}\lambda^r\exp(-M\lambda),$$

其中 $M=\sum\limits_{i=1}^{m}(n_i-r_i)t_i,r=\sum\limits_{i=1}^{m}r_i$.

若 $\lambda$ 的先验密度函数 $\pi(\lambda\,|\,b)$ 由式(7.2.1)给出，根据 Bayes 定理，则 $\lambda$ 的后验密度函数为

$$
\begin{aligned}
h(\lambda\mid r) &= \frac{\pi(\lambda\mid b)L(r\mid\lambda)}{\int_0^\infty \pi(\lambda\mid b)L(r\mid\lambda)\mathrm{d}\lambda}\\
&= \frac{\lambda^r\exp[-(M+b)\lambda]}{\int_0^\infty \lambda^r\exp[-(M+b)\lambda]\mathrm{d}\lambda}\\
&= \frac{(M+b)^{r+1}}{\Gamma(r+1)}\lambda^r\exp[-(M+b)\lambda],
\end{aligned}
$$

其中 $0<\lambda<\infty$.

则在平方损失下，$\lambda$ 的 Bayes 估计为

$$
\begin{aligned}
\hat{\lambda}_B(b) &= \int_0^\infty \lambda h(\lambda\mid r)\mathrm{d}\lambda\\
&= \frac{(M+b)^{r+1}}{\Gamma(r+1)}\int_0^\infty \lambda^{(r+2)-1}\exp[-(M+b)\lambda]\mathrm{d}\lambda\\
&= \frac{\Gamma(r+2)(M+b)^{r+1}}{\Gamma(r+1)(M+b)^{r+2}}\\
&= \frac{r+1}{M+b}.
\end{aligned}
$$

(2)若超参数 $b$ 的先验密度函数 $\pi_1(b)$ 由式(7.2.2)给出，根据定义 7.2.1，则 $\lambda$ 的 E-Bayes 估计为

$$
\begin{aligned}
\hat{\lambda}_{EB1} &= \int_D \lambda_B(b)\pi_1(b)\mathrm{d}b\\
&= \frac{2(r+1)}{c^2}\int_0^c \frac{c-b}{M+b}\mathrm{d}b\\
&= \frac{2(r+1)}{c^2}\Big[(M+c)\ln\Big(\frac{M+c}{M}\Big)-c\Big].
\end{aligned}
$$

同理，若超参数 $b$ 的先验密度函数 $\pi_2(b)$ 由式(7.2.3)给出，根据定义 7.2.1，则 $\lambda$ 的 E-Bayes 估计为

$$
\hat{\lambda}_{EB2} = \int_D \hat{\lambda}_B(b)\pi_2(b)\mathrm{d}b = \frac{(r+1)}{c}\ln\Big(\frac{M+c}{M}\Big).
$$

类似地，若超参数 $b$ 的先验密度函数 $\pi_3(b)$ 由式(7.2.4)给出，根据定义 7.2.1，则 $\lambda$ 的 E-Bayes 估计为

$$\hat{\lambda}_{EB3} = \int_D \hat{\lambda}_B(b)\pi_3(b)db = \frac{2(r+1)}{c^2}\left[c - M\ln\left(\frac{M+c}{M}\right)\right].$$

证毕

### 7.2.3 λ 的多层 Bayes 估计

若 $\lambda$ 的先验密度函数 $\pi(\lambda \mid b)$ 由式(7.2.1)给出，$b$ 的先验密度函数分别由式(7.2.2)，式(7.2.3)和式(7.2.4)给出，则 $\lambda$ 的多层先验密度函数分别为

$$\pi_4(\lambda) = \int_0^c \pi(\lambda \mid b)\pi_1(b)db = \frac{2}{c^2}\int_0^c b(c-b)\exp(-b\lambda)db, \quad (7.2.5)$$

$$\pi_5(\lambda) = \int_0^c \pi(\lambda \mid b)\pi_2(b)db = \frac{1}{c}\int_0^c b\exp(-b\lambda)db, \quad (7.2.6)$$

$$\pi_6(\lambda) = \int_0^c \pi(\lambda \mid b)\pi_3(b)db = \frac{2}{c^2}\int_0^c b^2\exp(-b\lambda)db, \quad (7.2.7)$$

其中 $0 < \lambda < \infty$.

Han(2009a)在 $\lambda$ 的三个不同多层先验分布下，给出了 $\lambda$ 的多层 Bayes 估计.

**定理 7.2.2** 对寿命服从指数分布(7.1.1)的产品进行 $m$ 次定时截尾试验，获得的试验数据为$\{(n_i, r_i, t_i), i=1, \cdots, m\}$. 记 $r = \sum_{i=1}^m r_i$，$M = \sum_{i=1}^m (n_i - r_i)t_i$. 若 $\lambda$ 的多层先验密度函数分别由式(7.2.5)，式(7.2.6)和式(7.2.7)给出，则在平方损失下 $\lambda$ 的多层 Bayes 估计分别为

$$\hat{\lambda}_{HB1} = (r+1)\frac{\int_0^c \frac{b(c-b)}{(M+b)^{r+2}}db}{\int_0^c \frac{b(c-b)}{(M+b)^{r+1}}db},$$

$$\hat{\lambda}_{HB2} = (r+1)\frac{\int_0^c \frac{b}{(M+b)^{r+2}}db}{\int_0^c \frac{b}{(M+b)^{r+1}}db},$$

$$\hat{\lambda}_{HB3} = (r+1)\frac{\int_0^c \frac{b^2}{(M+b)^{r+2}}db}{\int_0^c \frac{b^2}{(M+b)^{r+1}}db}.$$

**证明** 对寿命服从指数分布(7.1.1)的产品进行 $m$ 次定时截尾试验，获得的

试验数据为$\{(n_i,\ r_i,\ t_i),\ i=1,\ \cdots,\ m\}$. 在定理 7.2.1 的证明过程中，已得到了样本的似然函数为

$$L(r|\lambda)=\prod_{i=1}^{m}P\{X_i=r_i\}=\left\{\prod_{i=1}^{m}\frac{[(n_i-r_i)t_i]^{r_i}}{(r_i)!}\right\}\lambda^r\exp(-M\lambda),$$

其中 $M=\displaystyle\sum_{i=1}^{m}(n_i-r_i)t_i,\ r=\sum_{i=1}^{m}r_i.$

若 $\lambda$ 的多层先验密度函数 $\pi_4(\lambda)$ 由式(7.2.5)给出，根据 Bayes 定理，则 $\lambda$ 的多层后验密度函数为

$$h(\lambda|r)=\frac{\pi_4(\lambda|b)L(r|\lambda)}{\int_0^\infty\pi_4(\lambda|b)L(r|\lambda)\mathrm{d}\lambda}=\frac{\int_0^c b(c-b)\lambda^r\exp[-(M+b)\lambda]\mathrm{d}b}{\int_0^c\frac{b(c-b)\Gamma(r+1)}{(M+b)^{r+1}}\mathrm{d}b},$$

其中 $0<\lambda<\infty.$

则在平方损失下，$\lambda$ 的多层 Bayes 估计为

$$\hat{\lambda}_{HB1}=\int_0^\infty\lambda h(\lambda|r)\mathrm{d}\lambda$$

$$=\frac{\int_0^c b(c-b)\left\{\int_0^\infty\lambda^{(r+2)-1}\exp[-(M+b)\lambda]\mathrm{d}\lambda\right\}\mathrm{d}b}{\int_0^c\frac{b(c-b)\Gamma(r+1)}{(M+b)^{r+1}}\mathrm{d}b}$$

$$=\frac{\int_0^c\frac{b(c-b)\Gamma(r+2)}{(M+b)^{r+2}}\mathrm{d}b}{\int_0^c\frac{b(c-b)\Gamma(r+1)}{(M+b)^{r+1}}\mathrm{d}b}$$

$$=(r+1)\frac{\int_0^c\frac{b(c-b)}{(M+b)^{r+2}}\mathrm{d}b}{\int_0^c\frac{b(c-b)}{(M+b)^{r+1}}\mathrm{d}b}.$$

同理，若 $\lambda$ 的多层先验密度函数 $\pi_5(\lambda)$ 和 $\pi_6(\lambda)$ 分别由式(7.2.6)和式(7.2.7)给出，在平方损失下，则 $\lambda$ 的多层 Bayes 估计分别为

$$\hat{\lambda}_{HB2}=(r+1)\frac{\int_0^c\frac{b}{(M+b)^{r+2}}\mathrm{d}b}{\int_0^c\frac{b}{(M+b)^{r+1}}\mathrm{d}b},$$

$$\hat{\lambda}_{HB3}=(r+1)\frac{\int_0^c \frac{b^2}{(M+b)^{r+2}}db}{\int_0^c \frac{b^2}{(M+b)^{r+1}}db}.$$

证毕

## 7.2.4 E-Bayes 估计的性质

在定理 7.2.1 和定理 7.2.2 中分别给出了 $\lambda$ 的 E-Bayes 估计 $\hat{\lambda}_{EBi}$($i=1$，2，3)与多层 Bayes 估计 $\hat{\lambda}_{HBi}$($i=1$，2，3)，那么 $\hat{\lambda}_{EBi}$($i=1$，2，3)之间有什么关系呢？$\hat{\lambda}_{EBi}$($i=1$，2，3)与 $\hat{\lambda}_{HBi}$($i=1$，2，3)之间又有什么关系呢？Han(2009a)给出了 E-Bayes 估计的性质将回答这些问题.

### 7.2.4.1 $\hat{\lambda}_{EB1}$，$\hat{\lambda}_{EB2}$ 和 $\hat{\lambda}_{EB3}$ 的关系

**定理 7.2.3** 在定理 7.2.1 中，当 $0<c<M$ 时，有如下两个结论：

(1) $\hat{\lambda}_{EB3}<\hat{\lambda}_{EB2}<\hat{\lambda}_{EB1}$；

(2) $\lim\limits_{M\to\infty}\hat{\lambda}_{EB1}=\lim\limits_{M\to\infty}\hat{\lambda}_{EB2}=\lim\limits_{M\to\infty}\hat{\lambda}_{EB3}$.

**证明** (1)根据定理 7.2.1，有

$$\hat{\lambda}_{EB1}-\hat{\lambda}_{EB2}=\hat{\lambda}_{EB2}-\hat{\lambda}_{EB3}=\frac{(r+1)}{c^2}\left[(2M+c)ln\left(\frac{M+c}{M}\right)-2c\right]. \tag{7.2.8}$$

当 $-1<x<1$ 时，有 $\ln(1+x)=x-\dfrac{x^2}{2}+\dfrac{x^3}{3}-\dfrac{x^4}{4}+\cdots=\sum\limits_{i=1}^{\infty}(-1)^{i-1}\dfrac{x^i}{i}$.

令 $x=\dfrac{c}{M}$，当 $0<c<M$，$0<\dfrac{c}{M}<1$，有

$$(2M+c)\ln\left(\frac{M+c}{M}\right)-2c$$

$$=(2M+c)\ln\left(1+\frac{c}{M}\right)-2c$$

$$=(2M+c)\left[\frac{c}{M}-\frac{1}{2}\left(\frac{c}{M}\right)^2+\frac{1}{3}\left(\frac{c}{M}\right)^3-\frac{1}{4}\left(\frac{c}{M}\right)^4+\frac{1}{5}\left(\frac{c}{M}\right)^5-\cdots\right]-2c$$

$$=\left[2c-\frac{c^2}{M}+\frac{2c^3}{3M^2}-\frac{2c^4}{4M^3}+\frac{2c^5}{5M^4}-\frac{2c^6}{6M^5}+\cdots\right]-2c+$$

$$\left[\frac{c^2}{M}-\frac{c^3}{2M^2}+\frac{c^4}{3M^3}-\frac{c^5}{4M^4}+\frac{c^6}{5M^5}-\cdots\right]$$

$$= \left( \frac{c^3}{6M^2} - \frac{c^4}{6M^3} \right) + \left( \frac{3c^5}{20M^4} - \frac{2c^6}{15M^5} \right) + \cdots$$

$$= \frac{c^3}{6M^2} \left( 1 - \frac{c}{M} \right) + \frac{c^5}{60M^4} \left( 9 - 8\frac{c}{M} \right) + \cdots$$

$$> 0. \qquad (7.2.9)$$

根据式(7.2.8)和式(7.2.9)，有 $\hat{\lambda}_{EB1} - \hat{\lambda}_{EB2} = \hat{\lambda}_{EB2} - \hat{\lambda}_{EB3} > 0$.

因此 $\hat{\lambda}_{EB3} < \hat{\lambda}_{EB2} < \hat{\lambda}_{EB1}$.

(2)根据式(7.2.8)和式(7.2.9)，有

$$\lim_{M \to \infty} (\hat{\lambda}_{EB1} - \hat{\lambda}_{EB2})$$

$$= \lim_{M \to \infty} (\hat{\lambda}_{EB2} - \hat{\lambda}_{EB3})$$

$$= \frac{(r+1)}{c^2} \lim_{M \to \infty} \left[ \frac{c^3}{6M^2} \left( 1 - \frac{c}{M} \right) + \frac{c^5}{60M^4} \left( 9 - 8\frac{c}{M} \right) + \cdots \right]$$

$$= 0,$$

所以，$\lim_{M \to \infty} \hat{\lambda}_{EB1} = \lim_{M \to \infty} \hat{\lambda}_{EB2} = \lim_{M \to \infty} \hat{\lambda}_{EB3}$.

证毕

定理 7.2.3 的(1)表明，对超参数不同的先验分布，相应的 $\hat{\lambda}_{EBi}(i=1,2,3)$ 也是不同的. 定理 7.2.3 的(2)表明，$\hat{\lambda}_{EBi}(i=1,2,3)$ 渐近相等；或当 $M$ 较大时，$\hat{\lambda}_{EBi}(i=1,2,3)$ 比较接近.

### 7.2.4.2 $\hat{\lambda}_{EBi}$ 和 $\hat{\lambda}_{HBi}(i=1，2，3)$的关系

**定理 7.2.4** 在定理 7.2.1 和 7.2.2 中，当 $0 < c < M$ 时，$\hat{\lambda}_{EBi}$ 和 $\hat{\lambda}_{HBi}(i=1, 2，3)$满足：$\lim_{M \to \infty} \hat{\lambda}_{EBi} = \lim_{M \to \infty} \hat{\lambda}_{HBi}(i=1，2，3)$.

**证明** 当 $b \in (0, c)$ 时，$\dfrac{1}{(M+b)^{r+2}}$ 是连续的，且 $b(c-b) > 0$，根据积分中值定理的推广，至少存在一个 $b_1 \in (0, c)$，使

$$\int_0^c \frac{b(c-b)}{(M+b)^{r+2}} db = \frac{1}{(M+b_1)^{r+2}} \int_0^c b(c-b) db = \frac{c^3}{6} \cdot \frac{1}{(M+b_1)^{r+2}}. \quad (7.2.10)$$

同理，至少存在一个 $b_2 \in (0, c)$，使

$$\int_0^c \frac{b(c-b)}{(M+b)^{r+1}} db = \frac{1}{(M+b_2)^{r+1}} \int_0^c b(c-b) db = \frac{c^3}{6} \cdot \frac{1}{(M+b_2)^{r+1}}. \quad (7.2.11)$$

根据式(7.2.10)和式(7.2.11)，有

$$\frac{\int_0^c \dfrac{b(c-b)}{(M+b)^{r+2}}\mathrm{d}b}{\int_0^c \dfrac{b(c-b)}{(M+b)^{r+1}}\mathrm{d}b} = \frac{\dfrac{c^3}{6}\cdot\dfrac{1}{(M+b_1)^{r+2}}}{\dfrac{c^3}{6}\cdot\dfrac{1}{(M+b_2)^{r+1}}} = \left(\frac{M+b_2}{M+b_1}\right)^{r+1}\cdot\frac{1}{M+b_1}. \quad (7.2.12)$$

根据式(7.2.12)和定理 7.2.2，有

$$\lim_{M\to\infty}\hat{\lambda}_{HB1} = (r+1)\lim_{M\to\infty}\frac{\int_0^c \dfrac{b(c-b)}{(M+b)^{r+2}}\mathrm{d}b}{\int_0^c \dfrac{b(c-b)}{(M+b)^{r+1}}\mathrm{d}b}$$

$$= (r+1)\lim_{M\to\infty}\left[\left(\frac{M+b_2}{M+b_1}\right)^{r+1}\cdot\frac{1}{M+b_1}\right]$$

$$= 0. \quad (7.2.13)$$

根据定理 7.2.1，

$$\hat{\lambda}_{EB1} = \frac{2(r+1)}{c^2}\left[(M+c)\ln\left(\frac{M+c}{M}\right)-c\right]. \quad (7.2.14)$$

当 $-1<x<1$ 时，有 $\ln(1+x)=x-\dfrac{x^2}{2}+\dfrac{x^3}{3}-\dfrac{x^4}{4}+\cdots=\displaystyle\sum_{i=1}^{\infty}(-1)^{i-1}\frac{x^i}{i}$.

令 $x=\dfrac{c}{M}$，当 $0<c<M$ 时，$0<\dfrac{c}{M}<1$，有

$$(M+c)\ln\left(\frac{M+c}{M}\right)-c$$

$$= (M+c)\ln\left(1+\frac{c}{M}\right)-c$$

$$= (M+c)\left[\frac{c}{M}-\frac{1}{2}\left(\frac{c}{M}\right)^2+\frac{1}{3}\left(\frac{c}{M}\right)^3-\frac{1}{4}\left(\frac{c}{M}\right)^4+\frac{1}{5}\left(\frac{c}{M}\right)^5-\cdots\right]-c$$

$$= \left[c-\frac{c^2}{2M}+\frac{c^3}{3M^2}-\frac{c^4}{4M^3}+\frac{c^5}{5M^4}-\frac{c^6}{6M^5}+\cdots\right]-c+$$

$$\left[\frac{c^2}{M}-\frac{c^3}{2M^2}+\frac{c^4}{3M^3}-\frac{c^5}{4M^4}+\frac{c^6}{5M^5}-\cdots\right]$$

$$= \left(\frac{c^2}{2M}-\frac{c^3}{6M^2}\right)+\left(\frac{c^4}{12M^3}-\frac{c^5}{20M^4}\right)+\cdots$$

$$= \frac{c^2}{6M}\left(3-\frac{c}{M}\right)+\frac{c^4}{60M^3}\left(5-3\frac{c}{M}\right)+\cdots. \quad (7.2.15)$$

根据式(7.2.14)和式(7.2.15)，有

$$\lim_{M\to\infty}\hat{\lambda}_{EB1}=\frac{2(r+1)}{c^2}\lim_{M\to\infty}\left[\frac{c^2}{6M}\left(3-\frac{c}{M}\right)+\frac{c^4}{60M^3}\left(5-3\frac{c}{M}\right)+\cdots\right]=0.$$

$$(7.2.16)$$

根据式(7.2.13)和式(7.2.16)，有 $\lim\limits_{M\to\infty}\hat{\lambda}_{EB1}=\lim\limits_{M\to\infty}\hat{\lambda}_{HB1}$.

类似地，有 $\lim\limits_{M\to\infty}\hat{\lambda}_{EBi}=\lim\limits_{M\to\infty}\hat{\lambda}_{HBi}(i=2,3)$.

证毕

定理7.2.4表明，$\hat{\lambda}_{EBi}$ 和 $\hat{\lambda}_{HBi}(i=1,2,3)$ 渐近相等，或当 $M$ 较大时，$\hat{\lambda}_{EBi}$ 和 $\hat{\lambda}_{HBi}(i=1,2,3)$ 比较接近.

应该说明，在定理7.2.4的证明中，还可以另外给出"$\lim\limits_{M\to\infty}\hat{\lambda}_{EB1}=0$"的一种证明方法.

事实上，根据定理7.2.1的证明过程，有

$$\hat{\lambda}_{EB1}=\int_D\hat{\lambda}_B(b)\pi_1(b)db=\frac{2(r+1)}{c^2}\int_0^c\frac{c-b}{M+b}db.$$

当 $b\in(0,c)$ 时，$\frac{1}{M+b}$ 是连续的，且 $c-b>0$，根据积分中值定理的推广，至少存在一个 $b_1\in(0,c)$，使

$$\hat{\lambda}_{EB1}=\frac{2(r+1)}{c^2}\int_0^c\frac{c-b}{M+b}db$$

$$=(r+1)\frac{1}{M+b_1}\left[\frac{2}{c^2}\int_0^c(c-b)db\right]$$

$$=(r+1)\frac{1}{M+b_1}.$$

两边取极限，有

$$\lim_{M\to\infty}\hat{\lambda}_{EB1}=(r+1)\lim_{M\to\infty}\frac{1}{M+b_1}=0.$$

## 7.2.5　应用实例

在某型电子产品的定时截尾可靠性试验中，获得的试验数据(Han，2009a)如表7-4(其中试验时间单位：小时)所示.

**表 7 - 4  某型电子产品的试验数据**

| $i$ | 1 | 2 | 3 | 4 | 5 | 6 | 7 |
|---|---|---|---|---|---|---|---|
| $t_i$ | 480 | 680 | 880 | 1080 | 1280 | 1480 | 1680 |
| $n_i$ | 3 | 3 | 5 | 5 | 8 | 8 | 8 |
| $r_i$ | 0 | 0 | 0 | 1 | 0 | 2 | 1 |

根据 Han(2009a)，该电子产品的寿命服从指数分布. 根据定理 7.2.1 和定理 7.2.2，可以得到 $\hat{\lambda}_{EBi}(i=1，2，3)$，$\hat{\lambda}_{HBi}(i=1，2，3)$. 一些计算结果如表 7-5 所示.

**表 7 - 5  $\hat{\lambda}_{EBi}(i=1，2，3)$ 和 $\hat{\lambda}_{HBi}(i=1，2，3)$ 的计算结果**

| $c$ | 500 | 1000 | 2000 | 3000 | 4000 | 极差 |
|---|---|---|---|---|---|---|
| $\hat{\lambda}_{EB1}$ | 1.186$E$-04 | 1.181$E$-04 | 1.172$E$-04 | 1.163$E$-04 | 1.154$E$-04 | 3.139$E$-06 |
| $\hat{\lambda}_{HB1}$ | 1.183$E$-04 | 1.177$E$-04 | 1.164$E$-04 | 1.151$E$-04 | 1.139$E$-04 | 4.429$E$-06 |
| $\hat{\lambda}_{B1-}$ | 2.270$E$-07 | 4.465$E$-07 | 8.497$E$-07 | 1.204$E$-06 | 1.517$E$-06 | 4.290$E$-06 |
| $\hat{\lambda}_{EB2}$ | 1.183$E$-04 | 1.176$E$-04 | 1.163$E$-04 | 1.150$E$-04 | 1.137$E$-04 | 3.139$E$-06 |
| $\hat{\lambda}_{HB2}$ | 1.181$E$-04 | 1.172$E$-04 | 1.155$E$-04 | 1.138$E$-04 | 1.123$E$-04 | 4.429$E$-06 |
| $\hat{\lambda}_{B2-}$ | 2.301$E$-07 | 4.421$E$-07 | 8.306$E$-07 | 1.170$E$-06 | 1.455$E$-06 | 1.225$E$-06 |
| $\hat{\lambda}_{EB3}$ | 1.181$E$-04 | 1.172$E$-04 | 1.154$E$-04 | 1.137$E$-04 | 1.120$E$-04 | 6.120$E$-06 |
| $\hat{\lambda}_{HB3}$ | 1.180$E$-04 | 1.170$E$-04 | 1.150$E$-04 | 1.131$E$-04 | 1.113$E$-04 | 6.675$E$-06 |
| $\hat{\lambda}_{B3-}$ | 1.132$E$-07 | 2.189$E$-07 | 3.963$E$-07 | 5.526$E$-07 | 6.682$E$-07 | 5.550$E$-07 |

注：$1.132E\text{-}07=1.132\times10^{-7}$，$\hat{\lambda}_{i-}=\hat{\lambda}_{EBi}-\hat{\lambda}_{HBi}$，$i=1，2，3$.

根据表 7 - 5，我们发现，对相同的 $c$(100，500，1000，2000，3000，4000)，$\hat{\lambda}_{EBi}(i=1，2，3)$ 比较接近，并且满足定理 2.2.3. 对不同的 $c$(100，500，1000，2000，3000，4000)，$\hat{\lambda}_{EBi}(i=1，2，3)$ 和 $\hat{\lambda}_{HBi}(i=1，2，3)$ 都是稳健的，并且满足定理 2.2.4.

根据表 7 - 5，可以得到 $\hat{R}_{EBi}(t)=\exp(-\hat{\lambda}_{EBi}t)(i=1，2，3)$ 和 $\hat{R}_{HBi}(t)=\exp(-\hat{\lambda}_{HBi}t)(i=1，2，3)$. 一些结算结果如表 7-6 所示

**表 7 - 6  $\hat{R}_{EBi}(500)(i=1，2，3)$ 和 $\hat{R}_{HBi}(500)(i=1，2，3)$ 计算结果**

| $c$ | 500 | 1000 | 2000 | 3000 | 4000 | 极差 |
|---|---|---|---|---|---|---|
| $\hat{R}_{EB1}(500)$ | 0.9424343 | 0.9426531 | 0.9430831 | 0.9435035 | 0.9439148 | 0.0014805 |
| $\hat{R}_{HB1}(500)$ | 0.9425413 | 0.9428635 | 0.9434838 | 0.9440715 | 0.9446312 | 0.0020899 |
| $\hat{R}_{B1-}(500)$ | 0.0001070 | 0.0002104 | 0.0004007 | 0.0005680 | 0.0007164 | 0.0006094 |
| $\hat{R}_{EB2}(500)$ | 0.9425443 | 0.9426806 | 0.9435083 | 0.9441275 | 0.9447288 | 0.0021845 |

（续表）

| $c$ | 500 | 1000 | 2000 | 3000 | 4000 | 极差 |
|---|---|---|---|---|---|---|
| $\hat{R}_{HB2}(500)$ | 0.9426528 | 0.9428891 | 0.9439003 | 0.9446795 | 0.9454167 | 0.0027639 |
| $\hat{R}_{B2-}(500)$ | 0.0001085 | 0.0002085 | 0.0003920 | 0.0005520 | 0.0006879 | 0.0005794 |
| $\hat{R}_{EB3}(500)$ | 0.9426543 | 0.9430881 | 0.9439338 | 0.9447518 | 0.9455434 | 0.0028891 |
| $\hat{R}_{HB3}(500)$ | 0.9427077 | 0.9431913 | 0.9441209 | 0.9450129 | 0.9458594 | 0.0031517 |
| $\hat{R}_{B3-}(500)$ | 0.0000534 | 0.0001032 | 0.0001871 | 0.0002611 | 0.0003160 | 0.0002626 |

注：$\hat{R}_{i-}(500) = \hat{R}_{HBi}(500) - \hat{R}_{EBi}(500)$，$i = 1$，2，3.

根据表 7 – 6，可以发现，对相同的 $c$（100，500，1000，2000，3000，4000），$\hat{R}_{EBi}(t)$（$i=1$，2，3）比较接近．对不同的 $c$（100，500，1000，2000，3000，4000），$\hat{R}_{EBi}(t)$（$i=1$，2，3）和 $\hat{R}_{HBi}(t)$（$i=1$，2，3）都是稳健的．在应用中作者建议，常数 $c$ 取区间（0，4000］的中点，即 $c=2000$．

根据表 7 – 5，当 $c=2000$ 时，$\hat{R}_{EB2}(t)$ 和 $\hat{R}_{HB2}(t)$ 的计算结果，如图 7 – 4 所示．

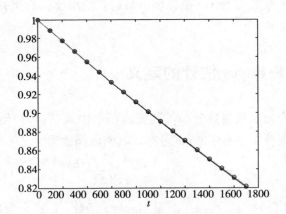

图 7 – 4　$\hat{R}_{EB2}(t)$ 和 $\hat{R}_{HB2}(t)$ 的计算结果

说明：* 表示 $\hat{R}_{EB2}(t)$ 的结算结果，。表示 $\hat{R}_{HB2}(t)$ 的结算结果．

从应用实例可以看出，由于超参数 $b$ 取不同的先验分布（密度函数 $\pi(b)$ 分别由式（7.2.3），式（7.2.4）和式（7.2.5）给出），$\hat{\lambda}_{EBi}$，$\hat{\lambda}_{HBi}$（$i=1$，2，3），$\hat{R}_{EBi}(t)$ 和 $\hat{R}_{HBi}(t)$（$i=1$，2，3）都是稳健的．显然，当超参数 $b$ 的先验分布取均匀分布时，$\hat{\lambda}_{EB2}$ 和 $\hat{\lambda}_{HB2}$ 的结果（表达式）最简单．

作者认为，提出一种新的参数估计方法，必须回答两个问题：第一个问题，新的估计方法与已有估计方法(计算)结果的差异有多大；第二个问题，新的估计方法与已有估计方法相比，有哪些优点.

定理 7.2.4 已经从理论上回答了第一个问题. 另外，又从应用实例中看到了 $\hat{\lambda}_{EBi}$ 和 $\hat{\lambda}_{HBi}$ ($i=1$, $2$, $3$)计算结果的差异——虽不同但很接近.

至于第二个问题——E-Bayes 估计法的优点，从定理 7.2.1 和定理 7.2.2 的表达式上看，显然 $\lambda$ 的 E-Bayes 估计比多层 Bayes 估计简单. 另外，从应用实例的具体计算中，也可以体验到 $\lambda$ 的 E-Bayes 估计比多层 Bayes 估计简单. 关于 E-Bayes 估计法的其他优点，还有待进一步研究.

# 7.3　两个超参数情形

对寿命服从指数分布的产品，在失效率的先验分布中有两个超参数时，以下将给出失效率的 E-Bayes 估计的定义、E-Bayes 估计和多层 Bayes 估计，并在此基础上给出可靠性参数 E-Bayes 的性质. 最后，给出模拟算例并结合某电子产品的实际问题进行计算.

## 7.3.1　λ 的 E-Bayes 估计的定义

设某产品的寿命服从指数分布，其密度函数由式(7.1.1)给出. 如果取 $\lambda$ 的先验分布为其共轭分布——Gamma 分布，其密度函数为

$$\pi(\lambda \mid a,\ b) = \frac{b^a \lambda^{a-1} \exp(-b\lambda)}{\Gamma(a)}, \tag{7.3.1}$$

其中 $0 < \lambda < \infty$，$\Gamma(a) = \int_0^\infty t^{a-1} e^{-t} dt$ 是 Gamma 函数，$a$ 和 $b$ 为超参数，且 $a > 0$，$b > 0$.

根据韩明(1997)，$a$ 和 $b$ 的选取应使 $\pi(\lambda \mid a,\ b)$ 为 $\lambda$ 的单调减函数. $\pi(\lambda \mid a,\ b)$ 对 $\lambda$ 的导数为

$$\frac{\mathrm{d}[\pi(\lambda \mid a,\ b)]}{\mathrm{d}\lambda} = \frac{[b^a \lambda^{a-2} \exp(-b\lambda)]}{\Gamma(a)} [(a-1) - b\lambda].$$

注意到 $a > 0$，$b > 0$，$\lambda > 0$，当 $0 < a < 1$，$b > 0$ 时，$\dfrac{\mathrm{d}[\pi(\lambda \mid a,\ b)]}{\mathrm{d}\lambda} < 0$，因此

$\pi(\lambda|a, b)$为$\lambda$的单调减函数.

当$0<a<1$时，$b$越大，Gamma 分布的密度函数的尾部越细. 根据 Bayes 估计的稳健性（Berger(1985)），尾部越细的先验分布常会造成 Bayes 估计的稳健性越差，因此$b$不宜过大，应该有一个界限. 设$b$的上界为$c$，其中$c>0$为常数. 这样可以确定超参数$a$和$b$的范围为$0<a<1$，$0<b<c$（常数$c$的确定，见后面的应用实例）.

**定义 7.3.1**　对$(a, b)\in D$，若$\hat{\lambda}_B(a, b)$是连续的，称

$$\hat{\lambda}_{EB}=\iint\limits_{D}\hat{\lambda}_B(a, b)\pi(a, b)\mathrm{d}a\mathrm{d}b$$

是参数$\lambda$的 E-Bayes 估计. 其中$\iint\limits_{D}\hat{\lambda}_B(a, b)\pi(a, b)\mathrm{d}a\mathrm{d}b$是存在的，$D=\{(a, b)：0<a<1，0<b<c\}$，$c>0$为常数，$\pi(a, b)$是$a$和$b$在区域$D$上的密度函数，$\hat{\lambda}_B(a, b)$为$\lambda$的 Bayes 估计（用超参数$a$和$b$表示）.

定义 7.3.1 表明，$\lambda$的 E-Bayes 估计

$$\hat{\lambda}_{EB}=\iint\limits_{D}\hat{\lambda}_B(a, b)\pi(a, b)\mathrm{d}a\mathrm{d}b=E[\hat{\lambda}_B(a, b)]$$

是$\lambda$的 Bayes 估计$\hat{\lambda}_B(a, b)$对超参数$a$和$b$的数学期望，即$\lambda$的 E-Bayes 估计是$\lambda$的 Bayes 估计对超参数的数学期望.

## 7.3.2　$\lambda$ 的 E-Bayes 估计

**定理 7.3.1**　对寿命服从指数分布(7.1.1)的产品进行$m$次定时截尾试验，获得的试验数据为$\{(n_i, r_i, t_i), i=1, \cdots, m\}$. 记$r=\sum\limits_{i=1}^{m}r_i$，$M=\sum\limits_{i=1}^{m}(n_i-r_i)t_i$. 若$\lambda$的先验密度函数$\pi(\lambda|a, b)$由式(7.3.1)给出，则有如下两个结论：

(1)在平方损失下，$\lambda$的 Bayes 估计为$\hat{\lambda}_B(a, b)=\dfrac{r+a}{M+b}$；

(2)若超参数$a$和$b$的先验密度函数分别为

$$\pi_1(a, b)=\frac{2(c-b)}{c^2}, \quad 0<a<1，0<b<c, \tag{7.3.2}$$

$$\pi_2(a, b)=\frac{1}{c}, \quad 0<a<1，0<b<c, \tag{7.3.3}$$

$$\pi_3(a,\ b) = \frac{2b}{c^2},\ 0 < a < 1,\ 0 < b < c, \tag{7.3.4}$$

则 $\lambda$ 的 E-Bayes 估计分别为

$$\hat{\lambda}_{EB1} = \frac{2}{c^2}\left(r + \frac{1}{2}\right)\left[(M+c)\ln\left(\frac{M+c}{M}\right) - c\right],$$

$$\hat{\lambda}_{EB2} = \frac{1}{c}\left(r + \frac{1}{2}\right)\ln\left(\frac{M+c}{M}\right),$$

$$\hat{\lambda}_{EB3} = \frac{2}{c^2}\left(r + \frac{1}{2}\right)\left[c - M\ln\left(\frac{M+c}{M}\right)\right].$$

**证明** (1)对寿命服从指数分布(7.1.1)的产品进行 $m$ 次定时截尾试验，获得的试验数据为 $\{(n_i,\ r_i,\ t_i),\ i=1,\ \cdots,\ m\}$. 在定理 7.2.1 的证明过程中已得到了样本的似然函数为

$$L(r|\lambda) = \prod_{i=1}^{m} P\{X_i = r_i\} = \left\{\prod_{i=1}^{m} \frac{[(n_i - r_i)t_i]^{r_i}}{(r_i)!}\right\}\lambda^r \exp(-M\lambda),$$

其中 $M = \sum\limits_{i=1}^{m}(n_i - r_i)t_i$, $r = \sum\limits_{i=1}^{m} r_i$.

若 $\lambda$ 的先验密度 $\pi(\lambda|a,\ b)$ 由式(7.3.1)给出，根据 Bayes 定理，则 $\lambda$ 的后验密度函数为

$$
\begin{aligned}
h_1(\lambda|r) &= \frac{\pi(\lambda|a,\ b)L(r|\lambda)}{\int_0^\infty \pi(\lambda|a,\ b)L(r|\lambda)\mathrm{d}\lambda} \\
&= \frac{\lambda^{r+a-1}\exp[-(M+b)\lambda]}{\int_0^\infty \lambda^{r+a-1}\exp[-(M+b)\lambda]\mathrm{d}\lambda} \\
&= \frac{(M+b)^{r+a}}{\Gamma(r+a)}\lambda^{r+a-1}\exp[-(M+b)\lambda],
\end{aligned}
$$

其中 $0 < \lambda < \infty$.

则在平方损失下，$\lambda$ 的 Bayes 估计为

$$
\begin{aligned}
\hat{\lambda}_B(a,\ b) &= \int_0^\infty \lambda h_1(\lambda|r)\mathrm{d}\lambda \\
&= \frac{(M+b)^{r+a}}{\Gamma(r+a)}\int_0^\infty \lambda^{(r+a+1)-1}\exp[-(M+b)\lambda]\mathrm{d}\lambda \\
&= \frac{\Gamma(r+a+1)(M+b)^{r+a}}{\Gamma(r+a)(M+b)^{r+a+1}}
\end{aligned}
$$

$$= \frac{r+a}{M+b}.$$

（2）若超参数 $a$ 和 $b$ 的先验密度函数 $\pi_1(a, b)$ 由式（7.3.2）给出，根据定义 7.3.1，则 $\lambda$ 的 E-Bayes 估计为

$$\hat{\lambda}_{EB1} = \iint_D \hat{\lambda}_B(a, b)\pi_1(a, b)\mathrm{d}a\mathrm{d}b$$

$$= \frac{2}{c^2}\int_0^1 (r+a)\mathrm{d}a \int_0^c \frac{(c-b)}{M+b}\mathrm{d}b$$

$$= \frac{2}{c^2}\left(r+\frac{1}{2}\right)\left\{(M+c)\ln\left[\frac{(M+c)}{M}\right]-c\right\}.$$

同理，若超参数 $a$ 和 $b$ 的先验密度函数 $\pi_2(a, b)$ 由（7.3.3）给出，根据定义 7.3.1，则 $\lambda$ 的 E-Bayes 估计为

$$\hat{\lambda}_{EB2} = \iint_D \hat{\lambda}_B(a, b)\pi_2(a, b)\mathrm{d}a\mathrm{d}b = \frac{1}{c}\left(r+\frac{1}{2}\right)\ln\left(\frac{M+c}{M}\right).$$

类似地，若超参数 $a$ 和 $b$ 的先验密度函数 $\pi_3(a, b)$ 由式（7.3.4）给出，根据定义 7.3.1，则 $\lambda$ 的 E-Bayes 估计为

$$\hat{\lambda}_{EB3} = \iint_D \hat{\lambda}_B(a, b)\pi_3(a, b)\mathrm{d}a\mathrm{d}b = \frac{2}{c^2}\left(r+\frac{1}{2}\right)\left[c-M\ln\left(\frac{M+c}{M}\right)\right].$$

证毕

应该说明，韩明（2003b）给出了 $\hat{\lambda}_{EB2}$。韩明（2004b）给出了 $\hat{\lambda}_{EB2}$ 和 $\hat{\lambda}_{EB3}$，但 $\hat{\lambda}_{EB1}$ 与定理 7.3.1 中的 $\hat{\lambda}_{EB1}$ 有所不同（因为 $a$ 和 $b$ 的先验密度函数与式（7.3.2）给出的不同）。

## 7.3.3　$\lambda$ 的多层 Bayes 估计

若 $\lambda$ 的先验密度函数 $\pi(\lambda|a, b)$ 由式（7.3.1）给出，那么超参数 $a$ 和 $b$ 如何确定呢？Lindley & Smith(1972)提出了多层先验分布的想法，即在先验分布中含有超参数时，可对超参数再给出一个先验分布。

若 $\lambda$ 的先验密度函数 $\pi(\lambda|a, b)$ 由式（7.3.1）给出，且参数 $a$ 和 $b$ 的先验密度函数分别由式（7.3.2），式（7.3.3）和式（7.3.4）给出，则 $\lambda$ 的多层先验密度函数

分别为

$$\pi_4(\lambda)=\int_0^c\int_0^1\pi(\lambda\,|\,a,\ b)\pi_1(a,\ b)\mathrm{d}a\mathrm{d}b=\frac{2}{c^2}\int_0^c\int_0^1\frac{(c-b)b^a\lambda^{a-1}\exp(-b\lambda)}{\Gamma(a)}\mathrm{d}a\mathrm{d}b,$$

$$(7.3.5)$$

$$\pi_5(\lambda)=\int_0^c\int_0^1\pi(\lambda\,|\,a,\ b)\pi_2(a,\ b)\mathrm{d}a\mathrm{d}b=\frac{1}{c}\int_0^c\int_0^1\frac{b^a\lambda^{a-1}\exp(-b\lambda)}{\Gamma(a)}\mathrm{d}a\mathrm{d}b,$$

$$(7.3.6)$$

$$\pi_6(\lambda)=\int_0^c\int_0^1\pi(\lambda\,|\,a,\ b)\pi_3(a,\ b)\mathrm{d}a\mathrm{d}b=\frac{2}{c^2}\int_0^c\int_0^1\frac{b^{a+1}\lambda^{a-1}\exp(-b\lambda)}{\Gamma(a)}\mathrm{d}a\mathrm{d}b,$$

$$(7.3.7)$$

其中 $0<\lambda<\infty$.

在以上 $\lambda$ 的三个多层先验分布的基础上，以下给出 $\lambda$ 的多层 Bayes 估计.

**定理 7.3.2**　对寿命服从指数分布(7.1.1)的产品进行 $m$ 次定时截尾试验，获得的试验数据为 $\{(n_i,\ r_i,\ t_i),\ i=1,\ \cdots,\ m\}$. 记 $r=\sum_{i=1}^m r_i$, $M=\sum_{i=1}^m(n_i-r_i)t_i$. 若 $\lambda$ 的多层先验密度函数分别由式(7.3.5)、式(7.3.6)和式(7.3.7)给出，则在平方损失下 $\lambda$ 的多层 Bayes 估计分别为

$$\hat{\lambda}_{HB1}=\frac{\displaystyle\int_0^c\int_0^1\frac{(c-b)b^a\Gamma(a+r+1)}{(M+b)^{a+r+1}\Gamma(a)}\mathrm{d}a\mathrm{d}b}{\displaystyle\int_0^c\int_0^1\frac{(c-b)b^a\Gamma(a+r)}{(M+b)^{a+r}\Gamma(a)}\mathrm{d}a\mathrm{d}b},$$

$$\hat{\lambda}_{HB2}=\frac{\displaystyle\int_0^c\int_0^1\frac{b^a\Gamma(a+r+1)}{(M+b)^{a+r+1}\Gamma(a)}\mathrm{d}a\mathrm{d}b}{\displaystyle\int_0^c\int_0^1\frac{b^a\Gamma(a+r)}{(M+b)^{a+r}\Gamma(a)}\mathrm{d}a\mathrm{d}b},$$

$$\hat{\lambda}_{HB3}=\frac{\displaystyle\int_0^c\int_0^1\frac{b^{a+1}\Gamma(a+r+1)}{(M+b)^{a+r+1}\Gamma(a)}\mathrm{d}a\mathrm{d}b}{\displaystyle\int_0^c\int_0^1\frac{b^{a+1}\Gamma(a+r)}{(M+b)^{a+r}\Gamma(a)}\mathrm{d}a\mathrm{d}b}.$$

**证明**　对寿命服从指数分布(7.1.1)的产品进行 $m$ 次定时截尾试验，获得的试验数据为 $\{(n_i,\ r_i,\ t_i),\ i=1,\ \cdots,\ m\}$. 在定理 7.2.1 的证明过程中，已得到了样本的似然函数为

$$L(r\,|\,\lambda)=\prod_{i=1}^m P\{X_i=r_i\}=\left\{\prod_{i=1}^m\frac{[(n_i-r_i)t_i]^{r_i}}{(r_i)!}\right\}\lambda^r\exp(-M\lambda),$$

其中 $M = \sum\limits_{i=1}^{m} (n_i - r_i) t_i$，$r = \sum\limits_{i=1}^{m} r_i$.

若 $\lambda$ 的多层先验密度函数 $\pi_4(\lambda)$ 由式(7.3.5)给出，根据 Bayes 定理，则 $\lambda$ 的多层后验密度函数为

$$
\begin{aligned}
h_2(\lambda \mid r) &= \frac{\pi_4(\lambda) L(r \mid \lambda)}{\int_0^\infty \pi_4(\lambda) L(r \mid \lambda) \mathrm{d}\lambda} \\
&= \frac{\int_0^c \int_0^1 \dfrac{(c-b) b^a}{\Gamma(a)} \lambda^{r+a-1} \exp[-(M+b)\lambda] \mathrm{d}a \mathrm{d}b}{\int_0^c \int_0^1 \dfrac{(c-b) b^a}{\Gamma(a)} \left\{ \int_0^\infty \lambda^{r+a-1} \exp[-(M+b)\lambda] \mathrm{d}\lambda \right\} \mathrm{d}a \mathrm{d}b} \\
&= \frac{\int_0^c \int_0^1 \dfrac{(c-b) b^a}{\Gamma(a)} \lambda^{r+a-1} \exp[-(M+b)\lambda] \mathrm{d}a \mathrm{d}b}{\int_0^c \int_0^1 \dfrac{(c-b) b^a \Gamma(a+r)}{(M+b)^{a+r} \Gamma(a)} \mathrm{d}a \mathrm{d}b},
\end{aligned}
$$

其中 $0 < \lambda < \infty$.

则在平方损失下，$\lambda$ 的多层 Bayes 估计为

$$
\begin{aligned}
\hat{\lambda}_{HB1} &= \int_0^\infty \lambda h_2(\lambda \mid r) \mathrm{d}\lambda \\
&= \frac{\int_0^c \int_0^1 \dfrac{(c-b) b^a}{\Gamma(a)} \left\{ \int_0^\infty \lambda^{(r+a+1)-1} \exp[-(M+b)\lambda] \mathrm{d}\lambda \right\} \mathrm{d}a \mathrm{d}b}{\int_0^c \int_0^1 \dfrac{(c-b) b^a \Gamma(a+r)}{(M+b)^{a+r} \Gamma(a)} \mathrm{d}a \mathrm{d}b} \\
&= \frac{\int_0^c \int_0^1 \dfrac{(c-b) b^a \Gamma(a+r+1)}{(M+b)^{a+r+1} \Gamma(a)} \mathrm{d}a \mathrm{d}b}{\int_0^c \int_0^1 \dfrac{(c-b) b^a \Gamma(a+r)}{(M+b)^{a+r} \Gamma(a)} \mathrm{d}a \mathrm{d}b}.
\end{aligned}
$$

同理，若 $\lambda$ 的多层先验密度函数 $\pi_5(\lambda)$，$\pi_6(\lambda)$ 分别由式(7.3.6)和式(7.3.7)给出，则在平方损失下 $\lambda$ 的多层 Bayes 估计分别为

$$
\hat{\lambda}_{HB2} = \frac{\int_0^c \int_0^1 \dfrac{b^a \Gamma(a+r+1)}{(M+b)^{a+r+1} \Gamma(a)} \mathrm{d}a \mathrm{d}b}{\int_0^c \int_0^1 \dfrac{b^a \Gamma(a+r)}{(M+b)^{a+r} \Gamma(a)} \mathrm{d}a \mathrm{d}b},
$$

$$\hat{\lambda}_{HB3} = \frac{\int_0^c \int_0^1 \frac{b^{a+1} \Gamma(a+r+1)}{(M+b)^{a+r+1} \Gamma(a)} \mathrm{d}a \mathrm{d}b}{\int_0^c \int_0^1 \frac{b^{a+1} \Gamma(a+r)}{(M+b)^{a+r} \Gamma(a)} \mathrm{d}a \mathrm{d}b}.$$

证毕

应该说明，韩明(2004b)给出了$\hat{\lambda}_{HB2}$和$\hat{\lambda}_{HB3}$，但$\hat{\lambda}_{HB1}$与定理7.3.2中的$\hat{\lambda}_{HB1}$有所不同(因为$\lambda$的多层先验密度函数与式(7.3.5)给出的不同).

## 7.3.4　E-Bayes 估计的性质

在定理7.3.1中给出了$\lambda$的三个E-Bayes估计，那么它们之间有什么关系呢？在定理7.3.1和定理7.3.2中给出了$\lambda$的E-Bayes估计与多层Bayes估计，那么它们之间有什么关系呢？根据$\lambda$的E-Bayes估计与多层Bayes估计得到的可靠度的估计之间又有什么关系呢？以下将给出的E-Bayes估计的性质将回答这些问题.

### 7.3.4.1　$\hat{\lambda}_{EB1}$，$\hat{\lambda}_{EB2}$和$\hat{\lambda}_{EB3}$的关系

**定理7.3.3**　在定理7.3.1中，当$0 < c < M$时，有如下两个结论：

(1)$\hat{\lambda}_{EB3} < \hat{\lambda}_{EB2} < \hat{\lambda}_{EB1}$；

(2)$\lim\limits_{M \to \infty} \hat{\lambda}_{EB1} = \lim\limits_{M \to \infty} \hat{\lambda}_{EB2} = \lim\limits_{M \to \infty} \hat{\lambda}_{EB3}$.

**证明**　(1)根据定理7.3.1，有

$$\hat{\lambda}_{EB1} - \hat{\lambda}_{EB2} = \hat{\lambda}_{EB2} - \hat{\lambda}_{EB3} = \frac{2}{c^2}\left(r + \frac{1}{2}\right)\left[(2M+c)\ln\left(\frac{M+c}{M}\right) - 2c\right]. \quad (7.3.8)$$

当$-1 < x < 1$时，有$\ln(1+x) = x - \dfrac{x^2}{2} + \dfrac{x^3}{3} - \dfrac{x^4}{4} + \cdots = \sum\limits_{i=1}^{\infty}(-1)^{i-1}\dfrac{x^i}{i}$.

令$x = \dfrac{c}{M}$，当$0 < c < M$，$0 < \dfrac{c}{M} < 1$，则有

$$(2M+c)\ln\left(\frac{M+c}{M}\right) - 2c$$

$$= (2M+c)\left[\frac{c}{M} - \frac{1}{2}\left(\frac{c}{M}\right)^2 + \frac{1}{3}\left(\frac{c}{M}\right)^3 - \frac{1}{4}\left(\frac{c}{M}\right)^4 + \frac{1}{5}\left(\frac{c}{M}\right)^5 - \cdots\right] - 2c$$

$$= \left(2c - \frac{c^2}{M} + \frac{2c^3}{3M^2} - \frac{2c^4}{4M^3} + \frac{2c^5}{5M^4} - \frac{2c^6}{6M^5} + \cdots\right) - 2c +$$

$$\left(\frac{c^2}{M}-\frac{c^3}{2M^2}+\frac{c^4}{3M^3}-\frac{c^5}{4M^4}+\frac{c^6}{5M^5}+\cdots\right)$$

$$=\left(\frac{c^3}{6M^2}-\frac{c^4}{6M^3}\right)+\left(\frac{3c^5}{20M^4}-\frac{2c^6}{15M^5}\right)+\cdots$$

$$=\frac{c^3}{6M^2}\left(1-\frac{c}{M}\right)+\frac{c^5}{60M^4}\left(9-8\frac{c}{M}\right)+\cdots$$

$$>0. \tag{7.3.9}$$

根据式(7.3.8)和式(7.3.9)，有 $\hat{\lambda}_{EB1}-\hat{\lambda}_{EB2}=\hat{\lambda}_{EB2}-\hat{\lambda}_{EB3}>0$.

因此 $\hat{\lambda}_{EB3}<\hat{\lambda}_{EB2}<\hat{\lambda}_{EB1}$.

(2)根据式(7.3.8)和式(7.3.9)，有

$$\lim_{M\to\infty}\left(\hat{\lambda}_{EB1}-\hat{\lambda}_{EB2}\right)$$

$$=\lim_{M\to\infty}\left(\hat{\lambda}_{EB2}-\hat{\lambda}_{EB3}\right)$$

$$=\frac{2}{c^2}\left(r+\frac{1}{2}\right)\lim_{M\to\infty}\left\{\frac{c^3}{6M^2}\left(1-\frac{c}{M}\right)+\frac{c^5}{60M^4}\left(9-8\frac{c}{M}\right)+\cdots\right\}$$

$$=0,$$

所以 $\lim_{M\to\infty}\hat{\lambda}_{EB1}=\lim_{M\to\infty}\hat{\lambda}_{EB2}=\lim_{M\to\infty}\hat{\lambda}_{EB3}$.

证毕

定理 7.3.3 的(1)说明，对超参数 $a$ 和 $b$ 的不同的先验分布，相应的 $\hat{\lambda}_{EBi}(i=1,2,3)$也是不同的. 定理 7.3.3 的(2)说明，$\hat{\lambda}_{EBi}(i=1,2,3)$是渐近相等的；或当 $M$ 较大时，$\hat{\lambda}_{EBi}(i=1,2,3)$是比较接近的.

### 7.3.4.2　$\hat{R}_{EB1}(t)$，$\hat{R}_{EB2}(t)$和$\hat{R}_{EB3}(t)$的关系

以下的定理 7.3.4 可以由定理 7.3.3 直接得到.

**定理 7.3.4**　$\hat{R}_{EB1}(t)$，$\hat{R}_{EB2}(t)$和$\hat{R}_{EB3}(t)$满足：

(1)$\hat{R}_{EB1}(t)<\hat{R}_{EB2}(t)<\hat{R}_{EB3}(t)$；

(2)$\lim_{M\to\infty}\hat{R}_{EB1}(t)=\lim_{M\to\infty}\hat{R}_{EB2}(t)=\lim_{M\to\infty}\hat{R}_{EB3}(t)$.

这里 $\hat{R}_{EBi}(t)=\exp(-\hat{\lambda}_{EBi}t)$，$\hat{\lambda}_{EBi}(i=1,2,3)$由定理 7.3.1 给出.

定理 7.3.4 的(1)表明，对超参数不同的先验分布，相应的 $\hat{R}_{EB1}(t)$，$\hat{R}_{EB2}(t)$和$\hat{R}_{EB3}(t)$也是不同的.

定理 7.3.4 的(2)表明，$\hat{R}_{EB1}(t)$，$\hat{R}_{EB2}(t)$和$\hat{R}_{EB3}(t)$是渐近相等的.

### 7.3.4.3 $\hat{\lambda}_{EBi}$ 和 $\hat{\lambda}_{HBi}(i=1,2,3)$ 的关系

**定理 7.3.5** 在定理 7.3.1 和定理 7.3.2 中，$\hat{\lambda}_{EBi}(i=1,2,3)$ 和 $\hat{\lambda}_{HBi}(i=1,2,3)$ 满足：$\lim\limits_{M\to\infty}\hat{\lambda}_{EBi}=\lim\limits_{M\to\infty}\hat{\lambda}_{HBi}(i=1,2,3)$.

**证明** 根据定理 7.3.1，有

$$\lim_{M\to\infty}\hat{\lambda}_{EB2}=\frac{1}{c}\left(r+\frac{1}{2}\right)\lim_{M\to\infty}\ln\left(\frac{M+c}{M}\right)=0. \tag{7.3.10}$$

根据定理 7.3.2，有

$$\hat{\lambda}_{HB2}=\frac{\displaystyle\int_0^c\int_0^1\frac{b^a\Gamma(a+r+1)}{(M+b)^{a+r+1}\Gamma(a)}\mathrm{d}a\mathrm{d}b}{\displaystyle\int_0^c\int_0^1\frac{b^a\Gamma(a+r)}{(M+b)^{a+r}\Gamma(a)}\mathrm{d}a\mathrm{d}b}. \tag{7.3.11}$$

对 $b\in(0,c)$，$\dfrac{1}{(M+b)^{a+r+1}}$ 是连续的，且 $b^a>0$，根据积分中值定理的推广，至少存在一个 $b_1\in(0,c)$，使

$$\int_0^c\int_0^1\frac{b^a\Gamma(a+r+1)}{(M+b)^{a+r+1}\Gamma(a)}\mathrm{d}a\mathrm{d}b$$

$$=\int_0^1\frac{(a+r)\Gamma(a+r)}{\Gamma(a)}\left[\int_0^c\frac{b^a}{(M+b)^{a+r+1}}\mathrm{d}b\right]\mathrm{d}a$$

$$=\int_0^1\left[\frac{(a+r)\Gamma(a+r)}{(M+b_1)^{a+r+1}\Gamma(a)}\int_0^c b^a\mathrm{d}b\right]\mathrm{d}a$$

$$=\int_0^1\left[\frac{(a+r)\Gamma(a+r)c^{a+1}}{(a+1)(M+b_1)^{a+r+1}\Gamma(a)}\right]\mathrm{d}a. \tag{7.3.12}$$

对 $a\in(0,1)$，$\dfrac{a+r}{(M+b_1)^{a+r+1}}$ 是连续的，且 $\dfrac{\Gamma(a+r)c^{a+1}}{(a+1)\Gamma(a)}>0$，根据积分中值定理的推广，至少存在一个 $a_1\in(0,1)$，使

$$\int_0^1\left[\frac{(a+r)\Gamma(a+r)c^{a+1}}{(a+1)(M+b_1)^{a+r+1}\Gamma(a)}\right]\mathrm{d}a=\frac{(a_1+r)}{(M+b_1)^{a_1+r+1}}\int_0^1\frac{\Gamma(a+r)c^{a+1}}{(a+1)\Gamma(a)}\mathrm{d}a. \tag{7.3.13}$$

同理，至少存在 $b_2\in(0,c)$ 和 $a_2\in(0,1)$ 使，

$$\int_0^c\int_0^1\frac{b^a\Gamma(a+r)}{(M+b)^{a+r}\Gamma(a)}\mathrm{d}a\mathrm{d}b=\frac{1}{(M+b_2)^{a_2+r}}\int_0^1\frac{\Gamma(a+r)c^{a+1}}{(a+1)\Gamma(a)}\mathrm{d}a. \tag{7.3.14}$$

根据式(7.3.11)—式(7.3.14)，有

$$\hat{\lambda}_{HB2} = (a_1+r)\frac{(M+b_2)^{a_2+r}}{(M+b_1)^{a_1+r+1}} = (a_1+r)\left(\frac{M+b_2}{M+b_1}\right)^{a_2+r}\frac{1}{(M+b_1)^{1+a_1-a_2}}.$$

由于 $a_1$，$a_2 \in (0, 1)$，当 $a_1 \geqslant_2$ 时，有 $1+a_1-a_2 \geqslant 1$；当 $a_1 < a_2$ 时，$0 < 1+a_1-a_2 < 1$，所以

$$\lim_{M\to\infty}\frac{1}{(M+b_1)^{1+a_1-a_2}} = 0,$$

$$\lim_{M\to\infty}\hat{\lambda}_{HB2} = (a_1+r)\lim_{M\to\infty}\left[\left(\frac{M+b_2}{M+b_1}\right)^{a_2+r}\frac{1}{(M+b_1)^{1+a_1-a_2}}\right] = 0. \quad (7.3.15)$$

根据式(7.3.10)和式(7.3.15)，有 $\lim_{M\to\infty}\hat{\lambda}_{EB2} = \lim_{M\to\infty}\hat{\lambda}_{HB2}$.

同样，有 $\lim_{M\to\infty}\hat{\lambda}_{EBi} = \lim_{M\to\infty}\hat{\lambda}_{HBi}(i=1, 3)$.

证毕

定理 7.3.5 表明，$\hat{\lambda}_{EBi}$ 和 $\hat{\lambda}_{HBi}(i=1, 2, 3)$ 是渐进相等的，或当 $M$ 比较大时，$\hat{\lambda}_{EBi}$ 和 $\hat{\lambda}_{HBi}(i=1, 2, 3)$ 是比较接近的.

#### 7.3.4.4　$\hat{R}_{EBi}(t)$ 和 $\hat{R}_{HBi}(t)$ 的关系

**定理 7.3.6**　$\hat{R}_{EBi}(t)$ 和 $\hat{R}_{HBi}(t)(i=1, 2, 3)$ 满足：$\lim_{M\to\infty}\hat{R}_{EBi}(t) = \lim_{M\to\infty}\hat{R}_{HBi}(t)$ $(i=1, 2, 3)$. 这里 $\hat{R}_{EBi}(t) = \exp(-\hat{\lambda}_{EBi}t)$，$\hat{R}_{HBi}(t) = \exp(-\hat{\lambda}_{HBi}t)$，$\hat{\lambda}_{EBi}$ 和 $\hat{\lambda}_{HBi}$ 分别由定理 7.3.1 和定理 7.3.2 给出.

定理 7.3.6 可以由定理 7.3.5 直接得到.

定理 7.3.6 表明，$\hat{R}_{EBi}(t)$ 和 $\hat{R}_{HBi}(t)(i=1, 2, 3)$ 是渐近相等的，或当 $M$ 比较大时，$\hat{R}_{EBi}(t)$ 和 $\hat{R}_{HBi}(t)(i=1, 2, 3)$ 是比较接近的.

## 7.3.5　模拟算例

根据定理 7.3.1 和定理 7.3.2，通过模拟 $M$ 和 $r$，可以获得 $\hat{\lambda}_{EBi}$ 和 $\hat{\lambda}_{HBi}(i=1, 2, 3)$，其计算结果如表 7－7～表 7－14($r=2, 4$；$M=10000$，$M=100000$)所示.

表 7-7  $\hat{\lambda}_{EBi}$ 和 $\hat{\lambda}_{HBi}$ 的计算结果 $(r=2, c=100, M=10000)$

| $i$ | 1 | 2 | 3 | 极差 |
|---|---|---|---|---|
| $\hat{\lambda}_{EBi}$ | 2.491708E-04 | 2.487583E-04 | 2.483457E-04 | 8.251000E-07 |
| $\hat{\lambda}_{HBi}$ | 2.383990E-04 | 2.372232E-04 | 2.356095E-04 | 2.789500E-06 |
| $\hat{\lambda}_{-Bi}$ | 1.077180E-05 | 1.153510E-05 | 1.273620E-05 | 1.964400E-06 |

说明：$\hat{\lambda}_{-Bi} = |\hat{\lambda}_{EBi} - \hat{\lambda}_{HBi}|$.

表 7-8  $\hat{\lambda}_{EBi}$ 和 $\hat{\lambda}_{HBi}$ 的计算结果 $(r=2, c=500, M=10000)$

| $i$ | 1 | 2 | 3 | 极差 |
|---|---|---|---|---|
| $\hat{\lambda}_{EBi}$ | 2.459345E-04 | 2.439508E-04 | 2.419672E-04 | 3.967300E-06 |
| $\hat{\lambda}_{HBi}$ | 2.409745E-04 | 2.407721E-04 | 2.404852E-04 | 4.893000E-07 |
| $\hat{\lambda}_{-Bi}$ | 4.960000E-06 | 3.178700E-06 | 1.482000E-06 | 3.478000E-07 |

表 7-9  $\hat{\lambda}_{EBi}$ 和 $\hat{\lambda}_{HBi}$ 的计算结果 $(r=2, c=1000, M=10000)$

| $i$ | 1 | 2 | 3 | 极差 |
|---|---|---|---|---|
| $\hat{\lambda}_{EBi}$ | 2.420599E-04 | 2.382754E-04 | 2.344910E-04 | 7.568900E-06 |
| $\hat{\lambda}_{HBi}$ | 2.396816E-04 | 2.381045E-04 | 2.369850E-04 | 2.696600E-06 |
| $\hat{\lambda}_{-Bi}$ | 2.378300E-06 | 1.709000E-07 | 2.494000E-06 | 2.323100E-06 |

表 7-10  $\hat{\lambda}_{EBi}$ 和 $\hat{\lambda}_{HBi}$ 的计算结果 $(r=2, c=2000, M=10000)$

| $i$ | 1 | 2 | 3 | 极差 |
|---|---|---|---|---|
| $\hat{\lambda}_{EBi}$ | 2.348233E-04 | 2.279019E-04 | 2.209805E-04 | 1.384280E-05 |
| $\hat{\lambda}_{HBi}$ | 2.334542E-04 | 2.298163E-04 | 2.262503E-04 | 7.203900E-06 |
| $\hat{\lambda}_{-Bi}$ | 1.369100E-06 | 1.914400E-06 | 5.269800E-06 | 3.355400E-06 |

表 7-11  $\hat{\lambda}_{EBi}$ 和 $\hat{\lambda}_{HBi}$ 的计算结果 $(r=4, c=100, M=100000)$

| $i$ | 1 | 2 | 3 | 极差 |
|---|---|---|---|---|
| $\hat{\lambda}_{EBi}$ | 4.498500E-05 | 4.497751E-05 | 4.497002E-05 | 1.498000E-08 |
| $\hat{\lambda}_{HBi}$ | 4.319853E-05 | 4.308557E-05 | 4.293721E-05 | 2.613200E-07 |
| $\hat{\lambda}_{-Bi}$ | 1.786470E-06 | 1.891940E-06 | 2.032810E-06 | 2.463400E-07 |

**表 7-12　$\hat{\lambda}_{EBi}$ 和 $\hat{\lambda}_{HBi}$ 的计算结果（$r=4$，$c=500$，$M=100000$）**

| $i$ | 1 | 2 | 3 | 极差 |
|---|---|---|---|---|
| $\hat{\lambda}_{EBi}$ | 4.492518E-05 | 4.488787E-05 | 4.485056E-05 | 7.462000E-08 |
| $\hat{\lambda}_{HBi}$ | 4.385829E-05 | 4.373889E-05 | 4.357486E-05 | 2.834300E-07 |
| $\hat{\lambda}_{-Bi}$ | 1.066890E-06 | 1.148980E-06 | 1.275700E-06 | 2.088100E-07 |

**表 7-13　$\hat{\lambda}_{EBi}$ 和 $\hat{\lambda}_{HBi}$ 的计算结果（$r=4$，$c=1000$，$M=100000$）**

| $i$ | 1 | 2 | 3 | 极差 |
|---|---|---|---|---|
| $\hat{\lambda}_{EBi}$ | 4.485075E-05 | 4.477649E-05 | 4.470223E-05 | 1.485200E-07 |
| $\hat{\lambda}_{HBi}$ | 4.409356E-05 | 4.399121E-05 | 4.384796E-05 | 2.456000E-07 |
| $\hat{\lambda}_{-Bi}$ | 7.571900E-07 | 7.852800E-07 | 8.542700E-07 | 9.708000E-08 |

**表 7-14　$\hat{\lambda}_{EBi}$ 和 $\hat{\lambda}_{HBi}$ 的计算结果（$r=4$，$c=2000$，$M=100000$）**

| $i$ | 1 | 2 | 3 | 极差 |
|---|---|---|---|---|
| $\hat{\lambda}_{EBi}$ | 4.470296E-05 | 4.455591E-05 | 4.440886E-05 | 2.941000E-07 |
| $\hat{\lambda}_{HBi}$ | 4.419424E-05 | 4.413747E-05 | 4.405691E-05 | 1.373300E-07 |
| $\hat{\lambda}_{-Bi}$ | 5.087200E-07 | 4.184400E-07 | 3.519500E-07 | 1.567700E-07 |

从表 7-7～表 7-14 可以发现，对相同的 $c$（100，500，1000，2000），$\hat{\lambda}_{EBi}$（$i=1$，2，3）和 $\hat{\lambda}_{HBi}$（$i=1$，2，3）是比较接近的，并且 $\hat{\lambda}_{EBi}$（$i=1$，2，3）满足定理 7.3.3；对不同的 $c$（100，500，1000，2000），$\hat{\lambda}_{EBi}$（$i=1$，2，3）和 $\hat{\lambda}_{HBi}$（$i=1$，2，3）都是稳健的，并且满足定理 7.3.5.

回顾模拟算例，对超参数 $a$ 和 $b$ 不同的先验分布，相应的 $\hat{\lambda}_{EBi}$（$i=1$，2，3）和 $\hat{\lambda}_{HBi}$（$i=1$，2，3）都是稳健的，并且满足定理 7.3.5. 因此作者建议，超参数 $a$ 和 $b$ 的先验分布取均匀分布（取 $\pi_2(a,b)$ 作为 $a$ 和 $b$ 的先验密度函数）.

## 7.3.6　应用实例

某型电子产品在定时截尾寿命试验中获得的试验数据（Han，2009a），如表 7-15（其中试验时间单位：小时）所示.

**表 7-15  某型电子产品的试验数据**

| $i$ | 1 | 2 | 3 | 4 | 5 | 6 | 7 |
|-----|-----|-----|-----|------|------|------|------|
| $t_i$ | 480 | 680 | 880 | 1080 | 1280 | 1480 | 1680 |
| $n_i$ | 3 | 3 | 5 | 5 | 8 | 8 | 8 |
| $r_i$ | 0 | 0 | 0 | 1 | 0 | 2 | 1 |

根据 Han(2009a)，该电子产品的寿命服从指数分布. 根据定理 7.3.1 和定理 7.3.2，可以得到 $\hat{\lambda}_{EB2}$ 和 $\hat{\lambda}_{HB2}$，其计算结果如表 7-16 所示.

**表 7-16  $\hat{\lambda}_{EB2}$ 和 $\hat{\lambda}_{HB2}$ 的计算结果**

| $c$ | 100 | 500 | 1000 | 2000 | 极差 |
|-----|-----|-----|------|------|------|
| $\hat{\lambda}_{EB2}$ | 1.043358E-04 | 1.038553E-04 | 1.032629E-04 | 1.021046E-04 | 2.231200E-06 |
| $\hat{\lambda}_{HB2}$ | 1.007962E-04 | 1.022170E-04 | 1.024687E-04 | 1.020646E-04 | 1.672500E-06 |
| $\hat{\lambda}_{-B2}$ | 3.539600E-06 | 1.638300E-06 | 7.942000E-07 | 4.000000E-08 | 3.499600E-06 |

注：$\hat{\lambda}_{-B2} = |\hat{\lambda}_{EB2} - \hat{\lambda}_{HB2}|$.

从表 7-16 我们发现，对相同的 $c(100，500，1000，2000)$，$\hat{\lambda}_{EB2}$ 和 $\hat{\lambda}_{HB2}$ 比较接近，对不同的 $c(100，500，1000，2000)$，$\hat{\lambda}_{EB2}$ 和 $\hat{\lambda}_{HB2}$ 都是稳健的，并且满足定理 7.3.5.

比较表 7-5 和表 7-16，我们发现对一组数据，失效率 $\lambda$ 的先验分布中含有一个超参数与两个超参数的情形，相应的 $\lambda$ 的 E-Bayes 估计(或多层 Bayes 估计)的计算结果虽然有所不同，但相差很小.

根据表 8.3.10，我们可以得到可靠度的估计 $\hat{R}_{EB2}(t) = \exp(-\hat{\lambda}_{EB2}t)$ 和 $\hat{R}_{HB2}(t) = \exp(-\hat{\lambda}_{HB2}t)$，其计算结果如表 7-17 所示.

**表 7-17  $\hat{R}_{EB2}(1000)$ 和 $\hat{R}_{HB2}(1000)$ 的结算结果**

| $c$ | 100 | 500 | 1000 | 2000 | 极差 |
|-----|-----|-----|------|------|------|
| $\hat{R}_{EB2}(1000)$ | 0.900923 | 0.901356 | 0.901890 | 0.902935 | 0.002012 |
| $\hat{R}_{HB2}(1000)$ | 0.904117 | 0.902834 | 0.902606 | 0.902971 | 0.001511 |
| $\hat{R}_{-B2}(1000)$ | 0.003194 | 0.001478 | 0.000716 | 0.000360 | 0.002834 |

注：$\hat{R}_{-B2}(1000) = |\hat{R}_{EB2}(1000) - \hat{R}_{HB2}(1000)|$.

从表 7-17 我们发现，对相同的 $c(100，500，1000，2000)$，$\hat{R}_{EB2}(t)$ 和 $\hat{R}_{HB2}$

$(t)$ 比较接近，并且满足定理 8.3.6；对不同的 $c(100, 500, 1000, 2000)$，$\hat{R}_{EB2}$ $(t)$ 和 $\hat{R}_{HB2}(t)$ 都比较稳健. 因此作者建议在应用中，$c$ 取区间 $(0，2000]$ 的中点，即 $c=1000$.

在表 7-16 中，取 $c=1000$，得 $\hat{\lambda}_{EB2}=1.032629\times10^{-4}$，$\hat{\lambda}_{HB2}=1.024687\times10^{-4}$. 根据 $\hat{\lambda}_{EB2}$ 和 $\hat{\lambda}_{HB2}$ 可以得到的可靠度的估计 $\hat{R}_{EB2}(t)=\exp(-t\hat{\lambda}_{EB2})$ 和 $\hat{R}_{HB2}(t)=\exp(-t\hat{\lambda}_{HB2})$，其计算结果如图 7-5 所示.

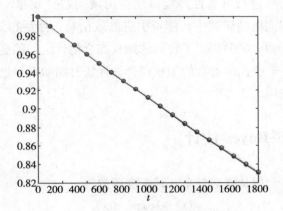

图 7-5　$\hat{R}_{EB2}(t)$ 和 $\hat{R}_{HB2}(t)$ 的计算结果

说明：＊表示 $\hat{R}_{EB2}(t)$ 的计算结果，。表示 $\hat{R}_{HB2}(t)$ 的计算结果.

E-Bayes 估计法作为一种新的参数估计方法，作者提出两个问题：

(1)E-Bayes 估计法(的计算结果)与已有参数估计方法(的计算结果)的区别？

(2)E-Bayes 估计法与已有参数估计方法相比有哪些优点？

对于第一个问题，定理 7.3.5 已经给出了回答. 另外，从模拟算例和应用实例中看到，$\hat{\lambda}_{EBi}$ 和 $\hat{\lambda}_{HBi}$ 比较接近，$\hat{R}_{EBi}(t)$ 和 $\hat{R}_{HB2i}(t)$ 也比较接近. 关于第二个问题，从定理 7.3.1 和定理 7.3.2 我们发现，E-Bayes 估计的表达式比多层 Bayes 估计的表达式比简单. 至于 E-Bayes 估计法的其他优点还有待进一步研究.

# 7.4　加权综合 E-Bayes 估计 I

韩明，丁元耀(2005)提出了可靠性参数的一种估计方法—加权综合估计法. 在无失效数据情形下给出了失效率的 E-Bayes 估计的定义，并给出了失效率的 E-

Bayes 估计. 在引进失效信息后，给出了失效率的 E-Bayes 估计，并在此基础上给出了失效率和其他参数的加权综合估计. 最后，结合实际问题进行计算.

现有对无失效数据问题的研究文献，几乎都是用无失效数据得到参数估计，然后直接用于产品可靠性的评定. 这样做有一个问题，就是在外推时间处是否会有失效样品出现还不能确定. 如果此时有失效样品出现，那么对产品可靠性的评定就可能会产生"冒进"现象. 在实际工程问题中，一些工程技术人员认为根据无失效数据直接对产品进行可靠性评定可能会出现"冒进"现象. 这些促使我们想到，在无失效数据问题的研究中，能否引进失效信息，然后再进行综合处理呢？基于此韩明，丁元耀(2005)提出了参数的加权综合估计法. 郭金龙等(2008)应用韩明与丁元耀(2005)提出的参数的加权综合估计法对船舶寿命进行了研究，并称该方法便于工程应用.

## 7.4.1　$\lambda$ 的 E-Bayes 估计

设某产品的寿命服从指数分布，其密度函数为

$$f(t) = \lambda \exp(-t\lambda). \tag{7.4.1}$$

其中 $t > 0$，$0 < \lambda < \infty$，$\lambda$ 为指数分布(8.4.1)的失效率.

如果取 $\lambda$ 的先验分布为其共轭分布——Gamma 分布，其密度函数为

$$\pi(\lambda \mid a, b) = \frac{b^a \lambda^{a-1} \exp(-b\lambda)}{\Gamma(a)},$$

其中 $0 < \lambda < \infty$，$\Gamma(a) = \int_0^\infty t^{a-1} \mathrm{e}^{-t} \mathrm{d}t$ 是 Gamma 函数，$a$ 和 $b$ 为超参数，且 $a > 0$，$b > 0$.

根据韩明(1997)，$a$ 和 $b$ 的选取应使 $\pi(\lambda \mid a, b)$ 为 $\lambda$ 的减函数. $\pi(\lambda \mid a, b)$ 对 $\lambda$ 的导数为

$$\frac{\mathrm{d}[\pi(\lambda \mid a, b)]}{\mathrm{d}\lambda} = \frac{[b^a \lambda^{a-2} \exp(-b\lambda)]}{\Gamma(a)} [(a-1) - b\lambda].$$

注意到 $a > 0$，$b > 0$，$\lambda > 0$，当 $0 < a < 1$，$b > 0$ 时，$\dfrac{\mathrm{d}[\pi(\lambda \mid a, b)]}{\mathrm{d}\lambda} < 0$，因此 $\pi(\lambda \mid a, b)$ 为 $\lambda$ 的减函数.

对 $0 < a < 1$，$b$ 越大，Gamma 分布的密度函数的尾部越细. 根据 Bayes 估计

的稳健性(Berger(1985)),尾部越细的先验分布常会造成 Bayes 估计的稳健性越差,因此 $b$ 不宜过大,应该有一个界限. 设 $b$ 的上界为 $c$,其中 $c>0$ 为常数. 这样可以确定超参数 $a$ 和 $b$ 的范围为 $0<a<1$,$0<b<c$.

取 $a=a_0$,其中 $0<a_0<1$($a_0$ 为常数,它的具体确定方法在后面将给出),此时 $\lambda$ 的密度函数为

$$\pi(\lambda\,|\,b)=\frac{b^{a_0}\lambda^{a_0-1}\exp(-b\lambda)}{\Gamma(a_0)}, \tag{7.4.2}$$

韩明,丁元耀(2005)给出了 $\lambda$ 的 E-Bayes 估计,叙述在如下的定理 7.4.1 中.

**定理 7.4.1**　对寿命服从指数分布(7.4.1)的产品进行 $m$ 次定时截尾试验,结果所有样品无一失效,获得的无失效数据为 $\{(n_i,\ r_i),\ i=1,\ \cdots,\ m\}$,记 $N=\sum_{i=1}^{m}n_it_i$. 若 $\lambda$ 的先验密度函数 $\pi(\lambda\,|\,b)$ 由式(7.4.2)给出,则有如下两个结论:

(1)在平方损失下,$\lambda$ 的 Bayes 估计为 $\hat{\lambda}_B(b)=\dfrac{a_0}{n+b}$;

(2)若超参数 $b$ 的先验密度函数为 $(0,\ c)$ 上的均匀分布,则 $\lambda$ 的 E-Bayes 估计为

$$\hat{\lambda}_{EB}=\frac{a_0}{c}\ln\Big(\frac{N+c}{N}\Big).$$

定理 7.4.1 的证明从略,详见韩明,丁元耀(2005).

以下来确定常数 $a_0$. 由于 $0<a_0<1$,根据定理 7.4.1 的(1),在无失效数据情形下,$a_0$ 起等效失效数的作用. 根据王玲玲,王炳兴(1996),无失效数据情形下,取 $a_0=\dfrac{1}{2}\chi_\alpha^2(2)=-\ln\alpha$(其中 $\chi_\alpha^2(2)$ 是自由度为 2 的 $\chi^2$ 分布的 $\alpha$ 分位数). 取置信水平为 0.5 的置信上限作为无失效数据情形下的点估计,于是 $a_0=-\ln 0.5=0.693147$. 韩明(2000)也是采用了这种做法.

## 7.4.2　引进失效信息后 $\lambda$ 的 E-Bayes 估计

韩明,丁元耀(2005)提出了把无失效情况的结果与引进失效信息后的结果进行综合处理——提出了可靠性参数的另一种"加权综合估计法".

现在已知 $m$ 次定时截尾试验的结果是所有样品无一失效,获得的无失效数

据为$\{(n_i,\ t_i),\ i=1,\ 2,\ \cdots,\ m\}$. 若在第 $m+1$ 次定时截尾试验中, 截尾时间为 $t_{m+1}$, 相应的试验样品数为 $n_{m+1}$ 结果有 $r$ 个样品失效($r=0,\ 1,\ 2,\ \cdots,$ $n_{m+1}$). 那么如何确定 $t_{m+1}$ 和 $n_{m+1}$ 以及 $r$ 呢? 由于第 $m+1$ 次定时截尾试验实际上并没有进行(也不允许进行), 所以 $t_{m+1}$ 和 $n_{m+1}$ 以及 $r$ 还是未知的. 以下给出 $t_{m+1}$ 和 $n_{m+1}$ 的一种确定方法(韩明, 丁元耀(2005)):

$$t_{m+1}=t_m+\frac{1}{(m-1)}\sum_{i=2}^{m}(t_i-t_i-1). \qquad (7.4.3)$$

可以做如下解释: $t_m+1$ 是 $t_m$ 再加上前 $m$ 次定时截尾试验的平均试验间隔时间.

$$n_{m+1}=\left[\frac{1}{m}\sum_{i=1}^{m}n_i\right]. \qquad (7.4.4)$$

其中$[x]$表示不超过 $x$ 的最大整数.

可以做如下解释: $n_{m+1}$ 是前 $m$ 次定时截尾试验的平均样品数(取整数).

**定理 7.4.2** 对寿命服从指数分布(7.4.1)的产品进行 $m$ 次定时截尾试验, 结果所有样品无一失效, 获得的无失效数据为$\{(n_i,\ r_i),\ i=1,\ \cdots,\ m\}$. 若在第 $m+1$ 次定时截尾试验中, 截尾时间为 $t_{m+1}$, 相应的试验样品数为 $n_{m+1}$, 结果有 $r$ 个样品失效($r=0,\ 1,\ 2,\ \cdots,\ n_{m+1}$), $t_{m+1}$ 和 $n_{m+1}$ 分别由式(7.4.3)和式(7.4.4)给出. 记 $M=\sum_{i=1}^{m+1}n_it_i$. 若 $\lambda$ 的先验密度 $\pi(\lambda|b)$ 由式(7.4.2)给出, 则有如下两个结论:

(1)在平方损失下, $\lambda$ 的 Bayes 估计为 $\hat{\lambda}_B(b)=\dfrac{a_0+r}{M+b}$;

(2)若超参数 $b$ 的先验分布为$(0,\ c)$上的均匀分布, 则 $\lambda$ 的 E-Bayes 估计为

$$\hat{\lambda}_{EB}=\frac{(a_0+r)}{C}\ln\left(\frac{M+c}{M}\right).$$

定理 7.4.2 的证明从略, 详见韩明, 丁元耀(2005).

## 7.4.3　引进失效信息后参数的加权综合估计

在无失效数据情形下, 定理 7.4.1 给出了 $\lambda$ 的 E-Bayes 估计, 记作 $\hat{\lambda}_{EB1}$; 在引进失效信息后定理 7.4.2 给出了 $\lambda$ 的 E-Bayes 估计, 记作 $\hat{\lambda}_{EB2}(r)$, $r=0,\ 1,$

2，…，$n_{m+1}$.

**定义 7.4.1**　称

$$\hat{\lambda}^* = \frac{1}{\sum\limits_{i=1}^{m+1} n_i t_i} \left\{ \left( \sum\limits_{i=1}^{m} n_i t_i \right) \hat{\lambda}_1 + (n_{m+1} t_{m+1}) \hat{\lambda}_2 \right\}$$

为指数分布在无失效数据为 $\{(n_i,\ t_i),\ i=1,\ 2,\ \cdots,\ m\}$ 时，$\lambda$ 的加权综合估计.
其中 $\hat{\lambda}_1 = \hat{\lambda}_{EB1}$ 由定理 7.4.1 给出，$\hat{\lambda}_{EB2}(r)(r=0,\ 1,\ 2,\ \cdots,\ n_{m+1})$ 由定理 7.4.2
给出，$\hat{\lambda}_2$ 由下式给出

$$\hat{\lambda}_2 = \sum\limits_{r=0}^{n_{m+1}} \omega_r \hat{\lambda}_{EB2}(r), \quad \omega_r = \frac{n_{m+1}+r+1}{\sum\limits_{r=0}^{n_{m+1}} n_{m+1}-r+1}, \quad r=0,\ 1,\ 2,\ \cdots,\ n_{m+1}.$$

从定义 7.4.1 可以看出，$\hat{\lambda}^*$ 是 $\hat{\lambda}_1$ 和 $\hat{\lambda}_2$ 的加权平均，而 $\hat{\lambda}_2$ 是 $\hat{\lambda}_{EB2}(0)$，$\hat{\lambda}_{EB2}(1)$，…，
$\hat{\lambda}_{EB2}(n_{m+1})$ 的加权平均.

**定义 7.4.2**　称

$$\hat{R}^*(t) = \exp(-\hat{\lambda}^* t)$$

为指数分布在无失效数据为 $\{(n_i,\ t_i),\ i=1,\ 2,\ \cdots,\ m\}$ 时，可靠度的加权综合
估计. 其中 $\hat{\lambda}^*$ 由定义 7.4.1 给出.

# 7.4.4　应用实例 Ⅰ

韩明（2000）给出了某型液压电动机的无失效数据，如表 7－18 所示. 共有 6
组 18 个数据（其中试验时间单位：小时）.

**表 7－18　液压电动机的无失效数据**

| $t_i$ | 145 | 270 | 369 | 720 | 1080 | 1230 |
|---|---|---|---|---|---|---|
| $n_i$ | 2 | 1 | 3 | 5 | 4 | 3 |

根据韩明（2000），该型液压电动机的寿命服从指数分布. 在引进失效信息
后，根据表 7－18，式（7.4.3）和式（7.4.4），有 $t_7 = t_6 + \frac{1}{5} \sum\limits_{i=2}^{6} (t_i - t_{i-1}) = 1447$，

$n_7 = \left[ \frac{1}{6} \sum\limits_{i=1}^{6} n_i \right] = 3$.

根据定理 7.4.1，定理 7.4.2，定义 7.4.1 和表 7.4.1，对不同的 $c(50 \leqslant c \leqslant 6000)$，$\hat{\lambda}_1$，$\hat{\lambda}_{EB2}(r)$（其中 $r=0$，1，2，3），$\hat{\lambda}_2$，$\hat{\lambda}^*$ 的计算结果如表 7-19 所示.

表 7-19　$\hat{\lambda}_1$，$\hat{\lambda}_{EB2}(r)$，$\hat{\lambda}_2$，$\hat{\lambda}^*$ 的计算结果（$10^{-5}$）

| $c$ | 50 | 200 | 800 | 1200 | 2000 | 3000 | 4000 | 6000 | 极差 |
|---|---|---|---|---|---|---|---|---|---|
| $\hat{\lambda}_1$ | 5.2109 | 5.1817 | 5.0694 | 4.9981 | 4.8630 | 4.7069 | 4.5634 | 4.3077 | 0.9032 |
| $\hat{\lambda}_{EB2}(0)$ | 3.9287 | 3.9121 | 3.8476 | 3.8061 | 3.7266 | 3.6330 | 3.5455 | 3.3859 | 0.5428 |
| $\hat{\lambda}_{EB2}(1)$ | 9.5966 | 9.5561 | 9.3982 | 9.2970 | 9.1024 | 8.8740 | 8.6601 | 8.2702 | 1.3264 |
| $\hat{\lambda}_{EB2}(2)$ | 15.265 | 15.200 | 14.949 | 14.788 | 14.479 | 14.116 | 13.776 | 13.155 | 2.1100 |
| $\hat{\lambda}_{EB2}(3)$ | 20.933 | 20.844 | 20.500 | 20.279 | 19.856 | 19.357 | 18.891 | 18.040 | 2.8930 |
| $\hat{\lambda}_2$ | 9.5968 | 9.5564 | 9.3987 | 9.2974 | 9.1029 | 8.8747 | 8.6606 | 8.2710 | 1.3258 |
| $\hat{\lambda}^*$ | 6.2915 | 6.2596 | 6.1361 | 6.0573 | 5.9077 | 5.7338 | 5.5729 | 5.2841 | 1.0074 |

从表 7-19 可以看出，对不同的 $c(50 \leqslant c \leqslant 6000)$，$\hat{\lambda}_1$，$\hat{\lambda}_{EB2}(r)$，$\hat{\lambda}_2$，$\hat{\lambda}^*$ 都是稳健的.

根据表 7-19 和定义 7.4.2，可靠度的加权综合估计的计算结果如表 7-20 所示.

表 7-20　可靠度的加权综合估计的计算结果

| $c$ | 50 | 200 | 800 | 1200 | 2000 | 3000 | 4000 | 6000 | 极差 |
|---|---|---|---|---|---|---|---|---|---|
| $\hat{R}^*(200)$ | 0.9876 | 0.9875 | 0.9878 | 0.9879 | 0.9882 | 0.9885 | 0.9889 | 0.9895 | 0.0019 |
| $\hat{R}^*(400)$ | 0.9752 | 0.9752 | 0.9757 | 0.9760 | 0.9766 | 0.9773 | 0.9779 | 0.9791 | 0.0039 |
| $\hat{R}^*(600)$ | 0.9629 | 0.9631 | 0.9638 | 0.9643 | 0.9651 | 0.9661 | 0.9671 | 0.9688 | 0.0059 |
| $\hat{R}^*(800)$ | 0.9509 | 0.9511 | 0.9520 | 0.9526 | 0.9538 | 0.9551 | 0.9563 | 0.9586 | 0.0077 |
| $\hat{R}^*(1000)$ | 0.9390 | 0.9393 | 0.9404 | 0.9412 | 0.9426 | 0.9442 | 0.9457 | 0.9485 | 0.0095 |
| $\hat{R}^*(1200)$ | 0.9273 | 0.9276 | 0.9290 | 0.9298 | 0.9315 | 0.9335 | 0.9353 | 0.9386 | 0.0113 |

从表 7-20 可以看出，对不同的 $c(50 \leqslant c \leqslant 6000)$，可靠度的加权综合估计，在 200，400，600，800，1000，1200 小时处的最大极差为 0.0113（百分之 1.13），对不同的 $c(50 \leqslant c \leqslant 6000)$，可靠度的加权综合估计是比较稳健的. 据此作者提出，$c$ 在区间 $[50, 6000]$ 可以居中（附近）取值，取 $c=3000$.

现在把"引进失效信息后与没有引进失效信息"情形的参数估计进行比较.

取 $c=3000$，在定理 7.4.1 中给出了 $\lambda$ 的 E-Bayes 估计 $\hat{\lambda}_{EB1}$，根据表 7-19，$\hat{\lambda}_{EB1}=4.7069 \times 10^{-5}$. 在引进失效信息后，根据表 7-8，$\lambda$ 的加权综合估计为 $\hat{\lambda}^*$

$=5.7338\times10^{-5}$. 根据 $\lambda$ 的 E-Bayes 估计 $\hat{\lambda}_{EB1}$ 和加权综合估计为 $\hat{\lambda}^*$ 得到的可靠度的估计和可靠度的加权综合估计分别为 $\hat{R}_{EB}(t)=\exp(-t\hat{\lambda}_{EB1})$ 和 $\hat{R}^*(t)=\exp(-t\hat{\lambda}^*)$，其计算结果如图 7-6 所示.

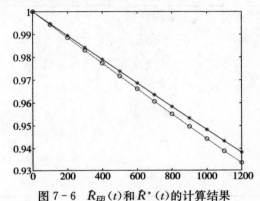

图 7-6　$\hat{R}_{EB}(t)$ 和 $\hat{R}^*(t)$ 的计算结果

说明：* 表示 $\hat{R}_{EB}(t)$ 的计算结果，。表示 $\hat{R}^*(t)$ 的计算结果.

## 7.4.5　应用实例Ⅱ

郭金龙等(2008)给出了Ⅰ型和Ⅱ型船舶寿命试验中获得的无失效数据，如表 7-21(其中试验时间单位：月)所示.

表 7-21　船舶的无失效数据

| | Ⅰ型船舶 | | Ⅱ型船舶 | |
|---|---|---|---|---|
| $i$ | $n_i$ | $t_i$ | $n_i$ | $t_i$ |
| 1 | 1 | 36 | 2 | 36 |
| 2 | 1 | 60 | 1 | 48 |
| 3 | 1 | 84 | 1 | 72 |
| 4 | 2 | 120 | 4 | 84 |
| 5 | 1 | 132 | 2 | 96 |
| 6 | 2 | 144 | 3 | 108 |
| 7 | 2 | 168 | 2 | 120 |

（续表）

| | Ⅰ型船舶 | | Ⅱ型船舶 | |
|---|---|---|---|---|
| 8 | 1 | 180 | 1 | 132 |
| 9 | 1 | 204 | 1 | 144 |
| 10 | 2 | 240 | 3 | 168 |
| 11 | 1 | 276 | 5 | 180 |
| 12 | | | 1 | 192 |
| 13 | | | 3 | 204 |
| 14 | | | 1 | 216 |
| 15 | | | 2 | 228 |
| 16 | | | 1 | 240 |

在引进失效信息后，根据表 7-21，式(7.4.4)和式(7.4.3)，对Ⅰ型船舶，

$$n_{12}=\left[\frac{1}{11}\sum_{i=1}^{11}n_i\right]=1,\quad t_{12}=t_{11}+\frac{1}{10}\sum_{i=2}^{11}(t_i-t_{i-1})=300;\text{对Ⅱ型船舶，}n_{17}=$$

$$\left[\frac{1}{16}\sum_{i=1}^{16}n_i\right]=2,\quad t_{17}=t_{16}+\frac{1}{15}\sum_{i=2}^{16}(t_i-t_{i-1})=253.6.$$

根据定理 7.4.1，定理 7.4.2，定义 7.4.1 和表 7-21，对不同的 $c(50\leqslant c\leqslant$ 6000)，$\hat{\lambda}_1$，$\hat{\lambda}_{EB2}(r)$（其中对Ⅰ型船舶，$r=0$，1；对Ⅱ型船舶，$r=0$，1，2），$\hat{\lambda}_2$，$\hat{\lambda}^*$ 的计算结果如表 7-22 和表 7-23 所示.

表 7-22　对Ⅰ型船舶 $\hat{\lambda}_1$，$\hat{\lambda}_{EB2}(r)$，$\hat{\lambda}_2$，$\hat{\lambda}^*$ 的计算结果（$10^{-4}$）

| $c$ | 50 | 200 | 800 | 1200 | 2000 | 3000 | 4000 | 6000 | 极差 |
|---|---|---|---|---|---|---|---|---|---|
| $\hat{\lambda}_1$ | 2.9610 | 2.8706 | 2.5708 | 2.4115 | 2.1574 | 1.9197 | 1.7385 | 1.4768 | 1.4842 |
| $\hat{\lambda}_{EB2}(0)$ | 2.6246 | 2.5532 | 2.3119 | 2.1809 | 1.9681 | 1.7652 | 1.6078 | 1.3770 | 1.2476 |
| $\hat{\lambda}_{EB2}(1)$ | 6.4112 | 6.2368 | 5.6471 | 5.3272 | 4.8075 | 4.3117 | 3.9274 | 3.3636 | 3.0476 |
| $\hat{\lambda}_2$ | 3.8868 | 3.7811 | 3.4236 | 3.2296 | 2.9146 | 2.6140 | 2.3810 | 2.0392 | 1.8476 |
| $\hat{\lambda}^*$ | 3.0672 | 2.9750 | 2.6686 | 2.5053 | 2.2442 | 1.9994 | 1.8122 | 1.5413 | 1.5259 |

表 7-23 对 Ⅱ 型船舶 $\hat{\lambda}_1$，$\hat{\lambda}_{EB2}(r)$，$\hat{\lambda}_2$，$\hat{\lambda}^*$ 的计算结果（$10^{-4}$）

| $c$ | 50 | 200 | 800 | 1200 | 2000 | 3000 | 4000 | 6000 | 极差 |
|---|---|---|---|---|---|---|---|---|---|
| $\hat{\lambda}_1$ | 1.4732 | 1.4503 | 1.3673 | 1.3185 | 1.2332 | 1.1444 | 1.0704 | 0.9532 | 0.5201 |
| $\hat{\lambda}_{EB2}(0)$ | 1.2768 | 1.2595 | 1.1962 | 1.1583 | 1.0913 | 1.0202 | 0.9600 | 0.8628 | 0.4140 |
| $\hat{\lambda}_{EB2}(1)$ | 3.1187 | 3.0766 | 2.9218 | 2.8295 | 2.6657 | 2.4921 | 2.3450 | 2.1075 | 1.0113 |
| $\hat{\lambda}_{EB2}(2)$ | 4.9607 | 4.8936 | 4.6475 | 4.5006 | 4.2401 | 3.9640 | 3.7300 | 3.3522 | 1.6085 |
| $\hat{\lambda}_2$ | 2.5047 | 2.4709 | 2.3466 | 2.2724 | 2.1409 | 2.0015 | 1.8833 | 1.6926 | 0.8122 |
| $\hat{\lambda}^*$ | 1.5709 | 1.5469 | 1.4601 | 1.4089 | 1.3193 | 1.2257 | 1.1475 | 1.0233 | 0.5476 |

从表 7-22 和表 7-23 可以看出，对不同的 $c$（$50 \leqslant c \leqslant 6000$），$\hat{\lambda}_1$，$\hat{\lambda}_{EB2}(r)$，$\hat{\lambda}_2$，$\hat{\lambda}^*$ 都是稳健的．因此建议 $c$ 在区间[50，6000]的中点附近取值，比如取 $c=3000$．

现在把"引进失效信息后与没有引进失效信息"情形的参数估计进行比较．

对 Ⅰ 型船舶，取 $c=3000$，根据表 7-22，$\hat{\lambda}_1=1.9197\times10^{-4}$．在引进失效信息后，根据表 7-22，$\lambda$ 的加权综合估计为 $\hat{\lambda}^*=1.9994\times10^{-4}$．

对 Ⅱ 型船舶，取 $c=3000$，根据表 7-23，$\hat{\lambda}_1=1.1444\times10^{-4}$．在引进失效信息后，根据表 7-23，$\lambda$ 的加权综合估计为 $\hat{\lambda}^*=1.2261\times10^{-4}$．

根据 $\hat{\lambda}_1$ 和 $\hat{\lambda}^*$ 得到的可靠度的估计和可靠度的加权综合估计分别为 $\hat{R}_{EB}(t)=\exp(-t\hat{\lambda}_1)$ 和 $\hat{R}^*(t)=\exp(-t\hat{\lambda}^*)$，其计算结果如图 7-7（Ⅰ型船舶）和图 7-8（Ⅱ型船舶）所示．

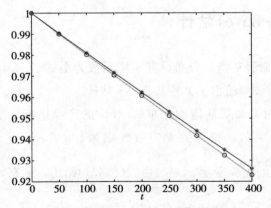

图 7-7 Ⅰ型船舶 $\hat{R}_{EB}(t)$ 和 $\hat{R}^*(t)$ 的计算结果

说明：＊表示 $\hat{R}_{EB}(t)$ 的计算结果，。表示 $\hat{R}^*(t)$ 的计算结果．

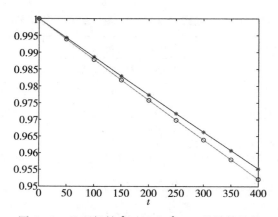

图 7-8　Ⅱ型船舶 $\hat{R}_{EB}(t)$ 和 $\hat{R}^*(t)$ 的计算结果

说明：＊表示 $\hat{R}_{EB}(t)$ 的计算结果，。表示 $\hat{R}^*(t)$ 的计算结果.

# 7.5　加权综合 E-Bayes 估计 Ⅱ

韩明(2003a)，提出了可靠性参数的一种可靠性参数的加权综合估计法. 在指数分布无失效数据情形，给出了失效率的 E-Bayes 估计的定义，并给出了失效率的 E-Bayes 估计. 在引进失效信息后，给出了失效率的 E-Bayes 估计，并在此基础上给出了失效率和其他参数的加权综合估计. 最后，结合实际问题进行计算.

## 7.5.1　$\lambda$ 的 E-Bayes 估计

设某产品的寿命服从指数分布，其密度函数为由式(7.4.1)给出，在无失效数据情形，韩明(2003a)给出了 $\lambda$ 的 E-Bayes 估计.

**定理 7.5.1**　对寿命服从指数分布(7.4.1)的产品进行 $m$ 次定时截尾试验，结果所有样品无一失效，获得的无失效数据为 $\{(n_i,\ r_i),\ i=1,\ \cdots,\ m\}$，记 $N=\sum\limits_{i=1}^{m} n_i t_i$. 若 $\lambda$ 的先验密度 $\pi(\lambda|a)$ 由式(8.4.1)给出，则有如下两个结论：

(1)在平方损失下，$\lambda$ 的 Bayes 估计为 $\hat{\lambda}_B(a)=\dfrac{1}{N+a}$；

(2)若超参数 $a$ 的先验密度函数为 $(0,\ 1)$ 上的均匀分布，则 $\lambda$ 的 E-Bayes 估

190

计为

$$\hat{\lambda}_{EB} = \ln\left(\frac{N+1}{N}\right).$$

这里定理 7.5.1 的证明从略,详见韩明(2003a).

应该说明,定理 7.5.1 中的 $\hat{\lambda}_{EB}$ 即为定理 7.4.1 中的 $\hat{\lambda}_{EB2}$.

## 7.5.2 引进失效信息后 $\lambda$ 的 E-Bayes 估计

韩明(2003a)提出了把无失效情况的结果与引进失效信息后的结果进行综合处理—给出了可靠性参数的"加权综合估计法".

现在已知 $m$ 次定时截尾试验的结果是所有样品无一失效,获得的无失效数据为 $\{(n_i, t_i), i=1, 2, \cdots, m\}$. 若在第 $m+1$ 次定时截尾试验中,截尾时间为 $t_{m+1}$,相应的试验样品数为 $n_{m+1}$,结果有 $r$ 个样品失效,$r=0, 1, 2, \cdots, n_{m+1}$. 那么如何确定 $t_{m+1}$ 和 $n_{m+1}$ 以及 $r$ 呢?由于第 $m+1$ 次定时截尾试验实际上并没有进行(也不允许进行),所以 $t_{m+1}$ 和 $n_{m+1}$ 以及 $r$ 还是未知的. $t_{m+1}$ 和 $n_{m+1}$ 的一种确定方法由式(7.4.3)和式(7.4.4)给出.

**定理 7.5.2** 对寿命服从指数分布(7.4.1)的产品进行 $m$ 次定时截尾试验,结果所有样品无一失效,获得的无失效数据为 $\{(n_i, r_i), i=1, \cdots, m\}$. 若在第 $m+1$ 次定时截尾试验中,截尾时间为 $t_{m+1}$,相应的试验样品数为 $n_{m+1}$,结果有 $r$ 个样品失效$(r=0, 1, 2, \cdots, n_{m+1})$,$t_{m+1}$ 和 $n_{m+1}$ 分别由式(7.4.3)和式(7.4.4)给出,记 $M=\sum_{i=1}^{m+1} n_i t_i$. 若 $\lambda$ 的先验密度 $\pi(\lambda|a)$ 由式(7.4.1)给出,则有如下两个结论:

(1)在平方损失下,$\lambda$ 的 Bayes 估计为

$$\hat{\lambda}_B(a) = \frac{1+r}{M+a};$$

(2)若超参数 $a$ 的先验密度函数为$(0, 1)$上的均匀分布,则 $\lambda$ 的 E-Bayes 估计为

$$\hat{\lambda}_{EB} = (1+r)\ln\left(\frac{M+1}{M}\right).$$

定理 7.5.2 的证明从略,见详韩明(2003a).

### 7.5.3　引进失效信息后参数的加权综合估计

在无失效数据情形下，定理 7.5.1 给出了 $\lambda$ 的 E-Bayes 估计，记作 $\hat{\lambda}_{EB1}$；在引进失效信息后定理 7.5.2 给出了 $\lambda$ 的 E-Bayes 估计，记作 $\hat{\lambda}_E B(r)$，$r=0$，1，2，$\cdots$，$n_{m+1}$.

**定义 7.5.1**　称

$$\hat{\lambda}^* = \frac{1}{\sum\limits_{i=1}^{m+1} n_i t_i} \left\{ \left( \sum_{i=1}^{m} n_i t_i \right) \hat{\lambda}_1 + (n_{m+1} t_{m+1}) \hat{\lambda}_2 \right\}$$

为指数分布在无失效数据为 $\{(n_i，r_i)，i=1，\cdots，m\}$ 时，$\lambda$ 的加权综合估计. 其中 $\hat{\lambda}_1 = \hat{\lambda}_{EB1}$ 由定理 7.5.1 给出，$\hat{\lambda}_{EB}(r)(r=0，1，2，\cdots，n_{m+1})$ 由定理 7.5.2 给出，$\hat{\lambda}_2$ 由下式给出

$$\hat{\lambda}_2 = \sum_{r=0}^{n_{m+1}} \omega_r \hat{\lambda}_{EB}(r)，\quad \omega_r = \frac{\dfrac{1}{(r+1)!}}{\sum\limits_{r=0}^{n_{m+1}} \dfrac{1}{(r+1)!}}，\quad r=0，1，2，\cdots，n_{m+1}.$$

从定义 7.5.1 可以看出，$\hat{\lambda}^*$ 是 $\hat{\lambda}_1$ 和 $\hat{\lambda}_2$ 的加权平均，而 $\hat{\lambda}_2$ 是 $\hat{\lambda}_{EB}(0)$，$\hat{\lambda}_{EB}(1)$，$\cdots$，$\hat{\lambda}_{EB}(n_{m+1})$ 的加权平均.

注意，在定义 7.4.1 和定义 7.5.1 中，不等权 $\omega_r(r=0，1，2，\cdots，n_{m+1})$ 有所不同.

**定义 7.5.2**　称

$$\hat{R}^*(t) = \exp(-\hat{\lambda}^* t)$$

为指数分布在无失效数据为 $\{(n_i，r_i)，i=1，\cdots，m\}$ 时，可靠度的加权综合估计. 其中 $\hat{\lambda}^*$ 由定义 7.5.1 给出.

### 7.5.4　应用实例

韩明(2003a)中给出了某型发动机的无失效数据(其中试验时间单位为：小时)，共有 6 组 20 个数据，如表 7-24 所示.

**表 7-24　发动机的无失效数据**

| $i$ | 1 | 2 | 3 | 4 | 5 |
|---|---|---|---|---|---|
| $t_i$ | 136 | 282 | 370 | 667 | 1188 |
| $n_i$ | 2 | 2 | 3 | 5 | 4 |

根据韩明(2003a)，该型发动机的寿命服从指数分布. 在引进失效信息后，根据式(7.3.3)和式(7.3.4)，有 $t_7=t_6+\dfrac{1}{5}\sum\limits_{i=2}^{6}(t_i-t_i-1)=1574.8$，$n_7=\left[\dfrac{1}{6}\sum\limits_{i=1}^{6}n_i\right]=3$.

根据定理 7.5.1，定理 7.5.2，表 7-24 和定义 7.5.1，得到 $\hat{\lambda}_1$，$\hat{\lambda}_{EB}(r)$，$\hat{\lambda}_2$，$\hat{\lambda}^*$，其计算结果如表 7-25($r=0$，1，2，3)所示.

**表 7-25　$\hat{\lambda}_1$，$\hat{\lambda}_{EB}(r)$，$\hat{\lambda}_2$，$\hat{\lambda}^*(10^{-5})$的计算结果($r=0$，1，2，3)**

| $\hat{\lambda}_1$ | $\hat{\lambda}_{EB}(0)$ | $\hat{\lambda}_{EB}(1)$ | $\hat{\lambda}_{EB}(2)$ | $\hat{\lambda}_{EB}(3)$ | $\hat{\lambda}_2$ | $\hat{\lambda}^*$ |
|---|---|---|---|---|---|---|
| 6.5047 | 4.9756 | 9.9513 | 14.9270 | 19.9030 | 7.7669 | 6.8014 |

根据表 7-25，得 $\hat{\lambda}^*=6.8014\times10^{-5}$，再根据定义 7.5.2，得可靠度的加权综合估计，其计算结果如表 7-26 所示.

**表 7-26　可靠度的加权综合估计的计算结果**

| $t$ | 100 | 300 | 500 | 700 | 900 | 1100 | 1300 |
|---|---|---|---|---|---|---|---|
| $\hat{R}^*(t)$ | 0.993222 | 0.979803 | 0.966565 | 0.953506 | 0.940623 | 0.927915 | 0.915378 |

现在把"引进失效信息后与没有引进失效信息"情形的参数估计进行比较.

在定理 7.5.1 中，给出了 $\lambda$ 的 E-Bayes 估计为 $\hat{\lambda}_{EB}$. 根据表 7-25，$\hat{\lambda}_{EB}=\hat{\lambda}_1=6.5047\times10^{-5}$. 在引进失效信息后，根据 7-25，$\lambda$ 的加权综合估计为 $\hat{\lambda}^*=6.8014\times10^{-5}$. 根据 $\lambda$ 的 E-Bayes 估计 $\hat{\lambda}_{EB}$ 和加权综合估计 $\hat{\lambda}^*$ 得到的可靠度的估计和可靠度的加权综合估计分别为 $\hat{R}_{EB}(t)=\exp(-t\hat{\lambda}_{EB})$ 和 $\hat{R}^*(t)=\exp(-t\hat{\lambda}^*)$，其计算结果如图 7-9 所示.

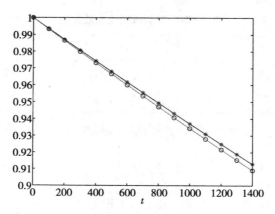

图 7 - 9   $\hat{R}_{EB}(t)$ 和 $\hat{R}^*(t)$ 的计算结果

说明：＊表示 $\hat{R}_{EB}(t)$ 的计算结果；。表示 $\hat{R}^*(t)$ 的计算结果.

# 第 8 章  失效概率的 E-Bayes 估计及其应用

本章以下包括：一个超参数情形 I，一个超参数情形 II，一个超参数情形 III，两个超参数情形，加权综合 E-Bayes 估计，位置-尺度参数模型的估计及其应用.

## 8.1  一个超参数情形 I

韩明(2007a)在无失效数据情形，给出了失效概率的 E-Bayes 估计的定义，在此基础上给出了失效概率的 E-Bayes 估计和多层 Bayes 估计，并给出了失效概率的 E-Bayes 估计的性质——E-Bayes 估计和多层 Bayes 估计的关系. 最后，给出了模拟算例.

### 8.1.1  $p_i$ 的 E-Bayes 估计的定义

茆诗松与罗朝斌(1989)提出了配分布曲线法，其基本思路是：先估计时刻 $t_i$ 处的失效概率(failure probability) $p_i = P\{T \leqslant t_i\}$，然后用最小二乘法给出分布参数的估计，最后给出可靠度的估计. 其中关键是估计 $t_i$ 处的失效概率 $p_i$.

如果取 $p_i$ 的先验分布为其共轭分布—Beta 分布，其密度函数为

$$\pi(p_i | a, b) = \frac{p_i^{a-1}(1-p_i)^{b-1}}{B(a, b)},$$

其中 $0 < p_i < 1$，$B(a, b) = \int_0^1 t^{a-1}(1-t)^{b-1}\mathrm{d}t$ 是 Beta 函数，$a > 0$ 和 $b > 0$ 为超参数.

根据韩明(1997)，选取 $a$ 和 $b$ 应使 $\pi(p_i | a, b)$ 是 $p_i$ 的单调减函数. 为此求 $\pi$

$(p_i|a, b)$对$p_i$的导数

$$\frac{d[\pi(p_i|a, b)]}{dp_i}=\frac{p_i^{a-2}(1-p_i)^{b-2}[(a-1)(1-p_i)-(b-1)p_i]}{B(a, b)}.$$

注意到$a>0$，$b>0$，且$0<p_i<1$，当$0<a<1$，$b>1$时，有$\frac{d[\pi(p_i|a, b)]}{dp_i}$ $<0$，$\pi(p_i|a, b)$是$p_i$的单调减函数.

当$a=1$和$b>1$时，$\pi(p_i|a, b)$仍然是$p_i$是的单调减函数，此时$p_i$的密度函数为

$$\pi(p_i|b)=b(1-p_i)^{b-1}, \tag{8.1.1}$$

其中$0<p_i<1$.

当$a=1$和$b>1$时，根据Bayes估计的稳健性（Berger(1985))，尾部越细的先验分布会造成Bayes估计的稳健性越差，因此$b$不宜过大，应该有一个界限. 设$c$是$b$的一个上界，其中$c>1$为常数. 这样可以确定超参数$b$的范围为$1<b<c$.

**定义8.1.1** 对$b\in D$，若$\hat{p}_{iB}(b)$是连续的，称

$$\hat{p}_{iEB}=\int_D \hat{p}_{iB}(b)\pi(b)db$$

是$p_i$的E-Bayes估计，$i=1, 2, \cdots, m$. 其中$\int_D \hat{p}_{iB}(b)\pi(b)db$是存在的，$D=\{b: 1<b<c, b\in \mathbf{R}\}$，$c>1$为常数，$\pi(b)$为$b$在区间$D$上的密度函数，$\hat{p}_{iB}(b)$为$p_i$的Bayes估计(用超参数$b$表示)，$i=1, 2, \cdots, m$.

从定义8.1.1可以看出，$p_i$的E-Bayes估计

$$\hat{p}_{iEB}=\int_D \hat{p}_{iB}(b)\pi(b)db=E[\hat{p}_{iB}(b)]$$

是$\hat{p}_{iB}(b)$对超参数$b$的数学期望，即$p_i$的E-Bayes估计是$p_i$的Bayes估计对超参数的数学期望.

应该说明，这里$p_i$的E-Bayes估计不是Bayes估计或多层Bayes估计(hierarchical Bayesian estimation). 当然$p_i$的E-Bayes估计与$p_i$的多层Bayes估计之间有一定的关系(见后面的"E-Bayes估计的性质"部分).

## 8.1.2 $p_i$ 的 E-Bayes 估计

韩明(2007a)给出了$p_i$的E-Bayes估计.

**定理 8.1.1** 对某产品进行 $m$ 次定时截尾试验，结果所有样品无一失效，获得的无失效数据为 $\{(n_i, t_i), i=1, 2, \cdots, m\}$. 记 $s_i = \sum_{j=i}^{m} n_j$, $i=1, 2, \cdots, m$. 若 $p_i$ 的先验密度函数 $\pi(p_i|b)$ 由式(8.1.1)给出，则有如下两个结论：

(1)在平方损失下，$p_i$ 的 Bayes 估计为 $\hat{p}_{iB}(b) = \dfrac{1}{s_i+b+1}$；

(2)若 $b$ 的先验分布为区间 $D$ 上的均匀分布，其密度函数为 $\pi(b) = \dfrac{1}{c-1}$，$1 < b < c$，则 $p_i$ 的 E-Bayes 估计为 $\hat{p}_{iEB} = \dfrac{1}{(c-1)} \ln\left(\dfrac{s_i+c+1}{s_i+2}\right)$.

**证明** (1)对某产品进行 $m$ 次定时截尾试验，结果所有样品无一失效，获得的无失效数据为 $\{(n_i, t_i), i=1, 2, \cdots, m\}$. 根据茆诗松与罗朝斌(1989)，在无失效数据情形下样本的似然函数为 $L(0|p_i) = (1-p_i)^{s_i}$，其中 $s_i = \sum_{j=i}^{m} nj$，$i=1, 2, \cdots, m$.

若 $p_i$ 的先验密度函数 $\pi(p_i)$ 由式(8.1.1)给出，根据 Bayes 定理，则 $p_i$ 的后验密度函数为

$$h(p_i|s_i) = \frac{\pi(p_i)L(0|p_i)}{\int_0^1 \pi(p_i)L(0|p_i)\mathrm{d}p_i} = \frac{b(1-p_i)^{s_i+b-1}}{\int_0^1 (1-p_i)^{s_i+b-1}\mathrm{d}p_i} = (s_i+b)(1-p_i)^{s_i+b-1},$$

其中 $0 < p_i < 1$.

则在平方损失下，$p_i$ 的 Bayes 估计为

$$\hat{p}_{iB}(b) = \int_0^1 p_i h(p_i|s_i)\mathrm{d}p_i$$

$$= (s_i+b)\int_0^1 p_i(1-p_i)^{s_i+b-1}\mathrm{d}p_i$$

$$= (s_i+b)\int_0^1 \left[(1-p_i)^{s_i+b-1} - (1-p_i)^{s_i+b}\right]\mathrm{d}p_i$$

$$= \frac{1}{s_i+b+1}.$$

(2)若 $b$ 的先验分布为区间 $D$ 上的均匀分布，其密度函数为 $\pi(b) = \dfrac{1}{c-1}$，$1 < b < c$，根据定义 8.1.1，则 $p_i$ 的 E-Bayes 估计为

$$\hat{p}_{iEB} = \int_D \hat{p}_{iB}(b)\pi(b)\mathrm{d}b = \frac{1}{(c-1)}\int_1^c \frac{1}{s_i+b+1}\mathrm{d}b = \frac{1}{(c-1)}\ln\left(\frac{s_1+c+1}{s_i+2}\right).$$

证毕

## 8.1.3 $p_i$ 的多层 Bayes 估计

若 $p_i$ 的先验的先验密度函数由式(8.1.1)给出,超参数 $b$ 的先验分布取区间 $(1,c)$ 上的均匀分布,则 $p_i$ 的多层先验密度函数为

$$\pi(p_i) = \int_1^c \pi(p_i \mid b)\pi(b)\mathrm{d}b = \frac{1}{(c-1)}\int_1^c b(1-p_i)^{b-1}\mathrm{d}b, \tag{8.1.2}$$

其中 $0 < p_i < 1$.

Han(2001)给出了 $p_i$ 的多层 Bayes 估计.

**定理 8.1.2** 对某产品进行 $m$ 次定时截尾试验,结果所有样品无一失效,获得的无失效数据为 $\{(n_i, t_i), i=1, 2, \cdots, m\}$. 记 $s_i = \sum_{j=i}^m n_j$, $i=1, 2, \cdots, m$. 若 $p_i$ 的多层先验密度函数 $\pi(p_i)$ 由式(8.1.2)给出,则在平方损失下,$p_i$ 的多层 Bayes 估计为

$$\hat{p}_{iHB} = \frac{(s_i+1)\ln\left(\dfrac{s_i+c+1}{s_i+2}\right) - s_i\ln\left(\dfrac{s_i+c}{s_i+1}\right)}{(c-1) - s_i\ln\left(\dfrac{s_i+c}{s_i+1}\right)}.$$

**证明** 根据定理 8.1.1 的证明过程,在无失效数据情形下样本的似然函数为 $L(0 \mid p_i) = (1-p_i)^{s_i}$,其中 $s_i = \sum_{j=i}^m n_j$, $i=1, 2, \cdots, m$.

若 $p_i$ 的多层先验密度函数 $\pi(p_i)$ 由式(8.1.2)给出,根据 Bayes 定理,则 $p_i$ 的多层后验密度函数为

$$h(p_i \mid s_i) = \frac{\pi(p_i)L(0 \mid p_i)}{\int_0^1 \pi(p_i)L(0 \mid p_i)\mathrm{d}p_i}$$

$$= \frac{\int_1^c b(1-p_i)^{s_i+b-1}\mathrm{d}b}{\int_1^c b\left[\int_0^1 (1-p_i)^{s_i+b-1}\mathrm{d}p_i\right]\mathrm{d}b}$$

$$= \frac{\int_1^c b(1-p_i)^{s_i+b-1}\mathrm{d}b}{(c-1)-s_i\ln\left(\frac{s_i+c}{s_i+1}\right)},$$

其中 $0<p_i<1$.

则在平方损失下，$p_i$ 的多层 Bayes 估计为

$$\hat{p}_{iHB}=\int_0^1 p_i h(p_i\,|\,s_i)\mathrm{d}p_i$$

$$=\frac{\int_1^c b\left[\int_0^1 p_i(1-p_i)^{s_i+b-1}\mathrm{d}p_i\right]\mathrm{d}b}{(c-1)-s_i\ln\left(\frac{s_i+c}{s_i+1}\right)}$$

$$=\frac{(s_i+1)\ln\left(\frac{s_i+c+1}{s_i+2}\right)-s_i\ln\left(\frac{s_i+c}{s_i+1}\right)}{(c-1)-s_i\ln\left(\frac{s_i+c}{s_i+1}\right)}.$$

证毕

## 8.1.4　$p_i$ 的 E-Bayes 估计的性质

韩明(2007a)给出了 $\hat{p}_{iEB}(i=1,2,\cdots,m)$ 的"保序性"以及 $\hat{p}_{iEB}$ 与 $\hat{p}_{iHB}$ 的关系.

### 8.1.4.1　$\hat{p}_{iEB}(i=1,2,\cdots,m)$ 的"保序性"

由于 $p_i(i=1,2,\cdots,m)$ 满足 $p_1<p_2<\cdots<p_m$，我们自然希望 $p_i$ 的 E-Bayes 估计 $\hat{p}_{iEB}(i=1,2,\cdots,m)$ 也具有这种序关系.

以下给出 $p_i$ 的 E-Bayes 估计 $\hat{p}_{iEB}$ 的一个性质——"保序性"，即 $\hat{p}_{iEB}(i=1,2,\cdots,m)$ 满足 $\hat{p}_{1EB}<\hat{p}_{2EB}<\cdots<\hat{p}_{mEB}$.

**定理 8.1.3**　在定理 8.1.1 中，$\hat{p}_{iEB}(i=1,2,\cdots,m)$ 满足：$\hat{p}_{1EB}<\hat{p}_{2EB}<\cdots<\hat{p}_{mEB}$.

**证明**　在定理 8.1.1 中，$\hat{p}_{iEB}=\dfrac{1}{(c-1)}\ln\left(\dfrac{s_i+c+1}{s_i+2}\right)$，记 $x=s_i$，则 $\hat{p}_{iEB}(i=1,2,\cdots,m)$ 对 $x$ 的导数为

$$\frac{\mathrm{d}(\hat{p}_{iEB})}{\mathrm{d}x}=\frac{1}{(c-1)}\frac{\mathrm{d}}{\mathrm{d}x}\left[\ln\left(\frac{x+c+1}{x+2}\right)\right]=-\frac{1}{(x+c+1)(x+2)}.$$

由于 $c>1$ 和 $x=s_i=\sum_{j=i}^{m} n_j>0$，所以 $\dfrac{\mathrm{d}(\hat{p}_{iEB})}{\mathrm{d}x}<0$，于是 $\hat{p}_{iEB}$ $(i=1,2,\cdots,$ $m)$ 为 $x=s_i$ 的单调减函数，又由于 $s_1>s_2>\cdots>s_m$，因此 $\hat{p}_{1EB}<\hat{p}_{2EB}<\cdots<\hat{p}_{mEB}$.

证毕

**8.1.4.2　$\hat{p}_{iEB}$ 与 $\hat{p}_{iHB}$ 的关系**

在定理 8.1.1 和理 8.1.2 中，分别给出了 $p_i$ 的 E-Bayes 估计 $\hat{p}_{iEB}$ 和 $p_i$ 的多层 Bayes 估计 $\hat{p}_{iHB}$，那么它们之间有什么关系呢？以下将要给出的定理 8.1.4 回答了这个问题(韩明(2007a)).

**定理 8.1.4**　在定理理 8.1.1 和理 8.1.2 中，$p_i$ 的 E-Bayes 估计 $\hat{p}_{iEB}$ 和 $p_i$ 的多层 Bayes 估计 $\hat{p}_{iHB}$ 满足 $(i=1,2,\cdots,m)$：

(1) $\hat{p}_{iEB}>\hat{p}_{iHB}$；

(2) $\lim\limits_{s_i\to\infty}\hat{p}_{iEB}=\lim\limits_{s_1\to\infty}\hat{p}_{iHB}$.

为了证明理 8.1.4，以下先给出两个引理.

**引理 8.1.1**　设 $c>1$，$s\in N$(这里 $N$ 为自然数集合，下同!)，则有：

(1) $(s+1)\ln\left(\dfrac{s+c+1}{s+2}\right)-s\ln\left(\dfrac{s+c}{s+1}\right)>0$；

(2) $c-1-s\ln\left(\dfrac{s+c}{s+1}\right)>0$；

(3) $\ln\left(\dfrac{s+c}{s+1}\right)-\ln\left(\dfrac{s+c+1}{s+2}\right)>0$.

**证明**　(①)令 $g(s)=s\ln\left(\dfrac{s+c}{s+1}\right)$，则有

$$g'(s)=\ln\left(\frac{s+c}{s+1}\right)+\frac{s}{s+c}-\frac{s}{s+1},$$

$$g''(s)=\frac{(1-c)\left[(c+1)s+2c\right]}{(s+c)^2(s+1)^2}.$$

由于 $c>1$，$s\in\mathbf{N}$，所以 $g''(s)<0$，于是 $g'(s)$ 为 $s$ 的单调减函数.

由于 $0=\lim\limits_{s_i\to\infty}g'(s)=g'(\infty)$，于是 $g'(s)>g'(\infty)=0$，即 $g(s)$ 为 $s$ 的单调增函数，则有 $g(s+1)>g(s)$，因此 $(s+1)\ln\left(\dfrac{s+c+1}{s+2}\right)-s\ln\left(\dfrac{s+c}{s+1}\right)>0$，即(1)得证.

(2)令 $f(c)=c-1-s\ln\left(\dfrac{s+c}{s+1}\right)$，由于 $c>1$，$s\in\mathbf{N}$，则 $f'(c)=\dfrac{c}{s+c}>0$，即

$f(c)$ 为 $c$ 的单调增函数，由于 $c>1$，则有 $f(c)>f(1)=0$，因此 $c-1-s\ln$ $\left(\dfrac{s+c}{s+1}\right)>0$，即 (2) 得证.

(3) 令 $q(s)=\ln\left(\dfrac{s+c}{s+1}\right)$，由于 $c>1$，$s\in\mathbf{N}$，则有 $q'(s)=\dfrac{1-c}{(s+c)(s+1)}<0$，即 $q(s)$ 为 $s$ 的单调减函数，则有 $q(s+1)<q(s)$，因此 $\ln\left(\dfrac{s+c}{s+1}\right)-\ln\left(\dfrac{s+c+1}{s+2}\right)>0$，即 (3) 得证.

证毕

**引理 8.1.2**　设 $x\in\mathbf{R}$，且 $x>0$，$x\neq 1$，则有 $\dfrac{\ln x}{x-1}<\dfrac{1}{\sqrt{x}}$.

**证明**　令 $x=\dfrac{(1+t)^2}{(1-t)t^2}$，其中 $0<|t|<1$. 由于

$$\frac{\ln x}{x-1}-\frac{1}{\sqrt{x}}=\frac{(1-t)^2}{2}\left[\frac{1}{t}\ln\left(\frac{1+t}{1-t}\right)-\frac{2}{1-t^2}\right],$$

所以 $\dfrac{\ln x}{x-1}<\dfrac{1}{\sqrt{x}}$ 等价于

$$\frac{1}{t}\ln\left(\frac{1+t}{1-t}\right)-\frac{2}{1-t^2}<0. \tag{8.1.3}$$

把 $\ln(1+t)$，$\ln(1-t)$，$\dfrac{1}{1-t}$，$\dfrac{1}{1+t}$ 展开成幂级数（其中 $0<|t|<1$），代入式 (8.1.3) 的左边，得

$$\frac{1}{t}\ln\left(\frac{1+t}{1-t}\right)-\frac{2}{1-t^2}$$
$$=\frac{1}{t}[\ln(1+t)-\ln(1-t)]-\frac{1}{t}\left[\frac{1}{1-t}-\frac{1}{1+t}\right]$$
$$=\frac{1}{t}\left[\sum_{n=1}^{\infty}\frac{(-1)^{n-1}t^n}{n}-\frac{(-1)^{n-1}(-t)^n}{n}\right]-\frac{1}{t}\sum_{n=1}^{\infty}[t^{n-1}-(-1)^{n-1}t^{n-1}]$$
$$=2\sum_{n=1}^{\infty}\left(\frac{1}{2n+1}-1\right)t^{2n}$$
$$<0.$$

证毕

现在给出定理 8.1.4 的证明.

（1）根据定理 8.1.1 和定理 8.1.2，$\hat{p}_{iEB} > \hat{p}_{iHB}$ 成立等价于

$$\frac{1}{(c-1)}\ln\left(\frac{s_i+c+1}{s_i+2}\right) > \frac{(s_i+1)\ln\left(\frac{s_i+c+1}{s_i+2}\right) - s_i\ln\left(\frac{s_i+c}{s_i+1}\right)}{(c-1) - s_i\ln\left(\frac{s_i+c}{s_i+1}\right)}. \qquad (8.1.4)$$

根据引理 8.1.1 的（1）和（2），$\hat{p}_{iHB}$ 是两个正数之比，在式（8.1.4）的两边同乘上 $\hat{p}_{iHB}$ 的分母 $(c-1) - s_i\ln\left(\frac{s_i+c}{s_i+1}\right)$，得

$$\ln\left(\frac{s_i+c}{s_i+1}\right)\left[1 - \frac{1}{(c-1)}\ln\left(\frac{s_i+c+1}{s_i+2}\right)\right] > \ln\left(\frac{s_i+c+1}{s_i+2}\right). \qquad (8.1.5)$$

由于 $s_i \in \mathbf{N}$，根据引理 8.1.1 的（2）和（3），有

$$1 > \frac{s_i}{c-1}\ln\left(\frac{s_i+c}{s_i+1}\right) \geqslant \frac{1}{c-1}\ln\left(\frac{s_i+c}{s_i+1}\right) > \frac{1}{c-1}\ln\left(\frac{s_i+c+1}{s_i+2}\right),$$

所以

$$1 - \frac{1}{c-1}\ln\left(\frac{s_i+c+1}{s_i+2}\right) > 0.$$

用 $1 - \frac{1}{c-1}\ln\left(\frac{s_i+c+1}{s_i+2}\right)$ 同时除式（8.1.5）的两边，得

$$\ln\left(\frac{s_i+c}{s_i+1}\right) > \frac{\ln\left(\frac{s_i+c+1}{s_i+2}\right)}{1 - \frac{1}{c-1}\ln\left(\frac{s_i+c+1}{s_i+2}\right)} = \frac{(c-1)\ln\left(\frac{s_i+c+1}{s_i+2}\right)}{c-1 - \ln\left(\frac{s_i+c+1}{s_i+2}\right)}. \qquad (8.1.6)$$

在式（8.1.6）中，令 $s_i+c=y$，$s_i+1=x$，由于 $c>1$，则 $c-1=y-x>0$，$x=s_i+1=(s_i+2)-1>c-1=y-x>0$，因此式（8.1.6）等价于

$$\ln\left(\frac{y}{x}\right) > \frac{(y-x)\ln\left(\frac{y+1}{x+1}\right)}{y-x - \ln\left(\frac{y+1}{x+1}\right)}, \qquad (8.1.7)$$

式（8.1.7）等价于

$$\frac{\ln y - \ln x}{y-x} - \frac{\ln(y+1) - \ln(x+1)}{(y+1) - (x+1)} > \left[\frac{\ln y - \ln x}{y-x}\right]\left[\frac{\ln(y+1) - \ln(x+1)}{(y+1) - (x+1)}\right]. $$
$$\qquad (8.1.8)$$

式（8.1.8）等价于

$$\frac{y-x}{\ln(y+1) - \ln(x+1)} - \frac{y-x}{\ln y - \ln x} > 1, \qquad (8.1.9)$$

式(8.1.9)等价于

$$\frac{1}{\ln\left(\frac{y+1}{x+1}\right)}-\frac{1}{\ln\left(\frac{y}{x}\right)}>\frac{1}{y-x}. \tag{8.1.10}$$

现在证明式(8.1.10).

式(8.1.10)的左边为

$$\frac{1}{\ln\left(\frac{y+1}{x+1}\right)}-\frac{1}{\ln\left(\frac{y}{x}\right)}=\int_{\frac{y+1}{x+1}}^{\frac{y}{x}}\frac{1}{z(\ln z)^2}\mathrm{d}z, \tag{8.1.11}$$

根据引理 8.1.2，当 $x>0$ 且 $x\neq1$ 时，有 $\dfrac{\ln x}{x-1}<\dfrac{1}{\sqrt{x}}$，于是 $\dfrac{1}{x(\ln x)^2}>$

$\dfrac{1}{(x-1)^2}$，则有

$$\int_{\frac{y+1}{x+1}}^{\frac{y}{x}}\frac{1}{z(\ln z)^2}\mathrm{d}z>\int_{\frac{y+1}{x+1}}^{\frac{y}{x}}\frac{1}{(z-1)^2}\mathrm{d}z=\frac{1}{y-x}. \tag{8.1.12}$$

根据式(8.1.11)和式(8.1.12)，则式(8.1.10)成立. 由于式(8.1.10)等价于式(8.1.4)，式(8.1.4)等价于定理 8.1.4 的(1)，因此定理 8.1.4 的(1)得到证明.

(2)根据定理 8.1.1 和定理 8.1.2，有

$$\lim_{s_i\to\infty}\hat{p}_{iEB}=\frac{1}{(c-1)}\lim_{s_i\to\infty}\ln\left(\frac{s_i+c+1}{s_i+2}\right)=0, \tag{8.1.13}$$

$$\lim_{s_i\to\infty}\hat{p}_{iEB}=\lim_{s_i\to\infty}\frac{(s_i+1)\ln\left(\frac{s_i+c+1}{s_i+2}\right)-s_i\ln\left(\frac{s_i+c}{s_i+1}\right)}{(c-1)-s_i\ln\left(\frac{s_i+c}{s_i+1}\right)}. \tag{8.1.14}$$

由于式(8.1.14)的右边是 $\dfrac{0}{0}$ 型，根据洛必达法则和式(8.1.14)，有

$$\lim_{s_i\to\infty}\frac{(s_i+1)\ln\left(\frac{s_i+c+1}{s_i+2}\right)-s_i\ln\left(\frac{s_i+c}{s_i+1}\right)}{(c-1)-s_i\ln\left(\frac{s_i+c}{s_i+1}\right)}=\lim_{s_i\to\infty}\frac{\ln\left(\frac{s_i+c+1}{s_i+2}\right)+\frac{s_i+1}{s_i+c+1}-\frac{s_i+1}{s_i+2}}{-\ln\left(\frac{s_i+c}{s_i+1}\right)-\frac{s_i}{s_i+c}+\frac{s_i}{s_i+1}}.$$

$$\tag{8.1.15}$$

由于式(8.1.15)的右边是 $\dfrac{0}{0}$ 型，根据洛必达法则和式(8.1.15)，有

$$\lim_{s_i \to \infty} \left[ \frac{\ln\left(\frac{s_i+c+1}{s_i+2}\right) + \frac{s_i+1}{s_i+c+1} - \frac{s_i+1}{s_i+2}}{-\ln\left(\frac{s_i+c}{s_i+1}\right) - \frac{s_i}{s_i+c} + \frac{s_i}{s_i+1}} \right]$$

$$= \lim_{s_i \to \infty} \left[ -\frac{\frac{1-c}{(s_i+c+1)(s_i+2)} + \frac{c}{(s_i+c+1)^2} - \frac{1}{(s_i+2)^2}}{\frac{1-c}{(s_i+c)(s_i+1)} + \frac{c}{(s_i+c)^2} - \frac{1}{(s_i+1)^2}} \right] + 1$$

$$= \lim_{s_i \to \infty} \left[ -\frac{(s_i+c)^2(s_i+1)^2\left[(1-c^2)s_i + (1+2c-3c^2)\right]}{(s_i+c+c)^2(s_i+2)^2\left[(1-c^2)s_i + (2-2c^2)\right]} \right] + 1$$

$$= -1 + 1$$

$$= 0. \tag{8.1.16}$$

根据式(8.1.14)、式(8.1.15)和式(8.1.16)，有

$$\lim_{s_i \to \infty} \hat{p}_{iHB} = 0.$$

再根据式(8.1.13)，就得到了定理8.1.4的(2)的证明.

定理8.1.4的(1)说明 $\hat{p}_{iHB}$ 和 $\hat{p}_{iEB}$ 是不同的($\hat{p}_{iEB} > \hat{p}_{iHB}$). 定理8.1.4的(2)说明，$\hat{p}_{iHB}$ 和 $\hat{p}_{iEB}$ 是渐近相等的；或当 $s_i$ 较大时，$\hat{p}_{iHB}$ 和 $\hat{p}_{iEB}$ 比较接近.

## 8.1.5 模拟算例

根据定理8.1.1和定理8.1.2，以下具体通过模拟 $s_i$，计算 $\hat{p}_{iHB}$，$\hat{p}_{iEB}$ 和 $\hat{p}_{iEB} - \hat{p}_{iHB}$，其计算结果如表8-1所示.

表8-1　$\hat{p}_{iHB}$，$\hat{p}_{iEB}$ 和 $\hat{p}_{iEB} - \hat{p}_{iHB}$ 的计算结果

| $s_i$ | $c$ | 2 | 3 | 4 | 5 | 6 | 极差 |
|---|---|---|---|---|---|---|---|
| 5 | $\hat{p}_{iEB}$ | 0.133531 | 0.125657 | 0.118892 | 0.112996 | 0.107799 | 0.025732 |
| 5 | $\hat{p}_{iHB}$ | 0.132761 | 0.123713 | 0.115891 | 0.109126 | 0.103234 | 0.029527 |
| 5 | $\hat{p}_{iEB} - \hat{p}_{iHB}$ | 0.000771 | 0.001944 | 0.003001 | 0.003870 | 0.004566 | 0.003795 |
| 50 | $\hat{p}_{iEB}$ | 0.019048 | 0.018870 | 0.018696 | 0.018527 | 0.018362 | 0.000686 |
| 50 | $\hat{p}_{iHB}$ | 0.019029 | 0.018813 | 0.018596 | 0.018382 | 0.018172 | 0.000857 |
| 50 | $\hat{p}_{iEB} - \hat{p}_{iHB}$ | 1.96E-05 | 5.73E-05 | 0.000100 | 0.000145 | 0.000190 | 0.000170 |

（续表）

| $s_i$ | $c$ | 2 | 3 | 4 | 5 | 6 | 极差 |
|---|---|---|---|---|---|---|---|
| 100 | $\hat{p}_{iEB}$ | 0.009756 | 0.009709 | 0.009663 | 0.009617 | 0.009571 | 0.000185 |
| 100 | $\hat{p}_{iHB}$ | 0.009751 | 0.009694 | 0.009635 | 0.009576 | 0.009518 | 0.000233 |
| 100 | $\hat{p}_{iEB}-\hat{p}_{iHB}$ | 5.21E-06 | 1.54E-05 | 2.74E-05 | 4.01E-05 | 5.30E-05 | 0.000048 |
| 500 | $\hat{p}_{iEB}$ | 0.001990 | 0.001988 | 0.001986 | 0.001984 | 0.001982 | 0.000008 |
| 500 | $\hat{p}_{iHB}$ | 0.001990 | 0.001987 | 0.001985 | 0.001982 | 0.001980 | 0.000010 |
| 500 | $\hat{p}_{iEB}-\hat{p}_{iHB}$ | 2.19E-07 | 6.56E-07 | 1.18E-06 | 1.74E-06 | 2.33E-06 | 0.000002 |
| 1000 | $\hat{p}_{iEB}$ | 0.000998 | 0.000997 | 0.000997 | 0.000996 | 0.000996 | 0.000002 |
| 1000 | $\hat{p}_{iHB}$ | 0.000997 | 0.000997 | 0.000996 | 0.000996 | 0.000995 | 0.000002 |
| 1000 | $\hat{p}_{iEB}-\hat{p}_{iHB}$ | 5.53E-08 | 1.65E-07 | 2.97E-07 | 4.40E-07 | 5.88E-07 | 5.33E-07 |

从表 8-1 中的极差可以看出，对不同的 $c(c=2，3，4，5，6)$，$\hat{p}_{iHB}$ 和 $\hat{p}_{iEB}$ 都是稳健的，并且 $\hat{p}_{iHB}$ 和 $\hat{p}_{iEB}$ 满足定理 8.1.4，$\hat{p}_{iEB}$ 满足定理 8.1.3. 在应用中作者建议，$c$ 在 2，3，4，5，6 中居中取值，即取 $c=4$.

在表 8-1 中，取 $c=4$，$\hat{p}_{iEB}$ 和 $\hat{p}_{iHB}$ 的计算结果，如图 8-1 所示.

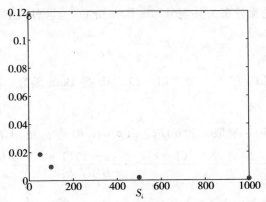

图 8-1 $\hat{p}_{iEB}$ 和 $\hat{p}_{iHB}(i=1，2，\cdots，5)$的计算结果

说明：* 表示 $\hat{p}_{iEB}(i=1，2，\cdots，5)$的计算结果，。表示 $\hat{p}_{iHB}(i=1，2，\cdots，5)$的计算结果$(s_i=5，50，100，500，1000)$.

作者认为，提出一种新的参数估计方法，必须回答两个问题：

第一个问题，新的估计方法与已有估计方法（计算）结果的差异有多大；

第二个问题，新的估计方法与已有估计方法相比，有哪些优点.

定理 8.1.4 已经从理论上回答了第一个问题. 另外, 又从模拟算例中看到了 $\hat{p}_{iEB}$ 和 $\hat{p}_{iHB}$ 计算结果的差异——虽不同但十分接近.

至于第二个问题——E-Bayes 估计法的优点, 从定理 8.1.1 和定理 8.1.2 的表达式上看, 显然 $p_i$ 的 E-Bayes 估计比多层 Bayes 估计简单(另外从模拟算例中也能体会到). 关于 E-Bayes 估计法的其他优点, 还有待进一步研究.

# 8.2　一个超参数情形 II

Han(2011c)提出了参数的一种估计方法——E-Bayes 估计法. 在一个超参数情形给出了失效概率的 E-Bayes 估计的定义, 在此基础上给出了失效概率的 E-Bayes估计, 并给出了失效概率的 E-Bayes 估计的性质——E-Bayes 估计和多层 Bayes 估计的关系. 最后, 给出了应用实例.

## 8.2.1　$p_i$ 的 E-Bayes 估计的定义

如果取 $p_i$ 的先验分布为共轭分布—Beta 分布, 其密度函数为

$$\pi(p_i \mid a,\ b) = \frac{p_i^{a-1}(1-p_i)^{b-1}}{B(a,\ b)}, \tag{8.2.1}$$

其中 $0 < p_i < 1$, $B(a,\ b) = \int_0^1 t^{a-1}(1-t)^{b-1}\mathrm{d}t$ 是 Beta 函数, $a > 0$ 和 $b > 0$ 为超参数.

根据韩明(1997), 选取 $a$ 和 $b$ 应使 $\pi(p_i \mid a,\ b)$ 是 $p_i$ 的单调减函数.

$$\frac{\mathrm{d}[\pi(p_i \mid a,\ b)]}{\mathrm{d}p_i} = \frac{p_i^{a-2}(1-p_i)^{b-2}[(a-1)(1-p_i)-(b-1)p_i]}{B(a,\ b)}.$$

注意到 $a > 0$, $b > 0$, 且 $0 < p_i < 1$, 当 $0 < a < 1$, $b > 1$ 时, 有 $\frac{\mathrm{d}[\pi(p_i \mid a,\ b)]}{\mathrm{d}p_i} < 0$, $\pi(p_i \mid a,\ b)$ 是 $p_i$ 的单调减函数.

在式(8.2.1)中, 当 $0 < a < 1$ 和 $b = 1$ 时, $\pi(p_i \mid a,\ b)$ 仍然是 $p_i$ 是的单调减函数, 此时 $p_i$ 的密度函数为

$$\pi(p_i \mid a) = a p_i^{a-1}, \tag{8.2.2}$$

其中 $0 < p_i < 1$.

**定义 8.2.1** 对 $a \in D$，若 $\hat{p}_{iB}(a)$ 是连续的，称

$$\hat{p}_{iEB} = \int_D \hat{p}_{iB}(a)\pi(a)\mathrm{d}a$$

是 $p_i$ 的 E-Bayes 估计，$i=1,2,\cdots,m$. 其中 $\int_D \hat{p}_{iB}(a)\pi(a)\mathrm{d}a$ 是存在的，$D = \{a: 0 < a < 1, a \in \mathbf{R}\}$，$\pi(a)$ 为 $a$ 在区间 $D$ 上的密度函数，$\hat{p}_{iB}(a)$ 为 $p_i$ 的 Bayes 估计(用超参数 $a$ 表示)，$i=1,2,\cdots,m$.

从定义 8.1.1 可以看出，$p_i$ 的 E-Bayes 估计

$$\hat{p}_{iEB} = \int_D \hat{p}_{iB}(a)\pi(a)\mathrm{d}a = E[\hat{p}_{iB}(a)]$$

是 $\hat{p}_{iB}(a)$ 对超参数 $a$ 的数学期望，即 $p_i$ 的 E-Bayes 估计是 $p_i$ 的 Bayes 估计对超参数的数学期望.

## 8.2.2 $p_i$ 的 E-Bayes 估计

Han(2011c)给出了 $p_i$ 的 E-Bayes 估计，见定理 8.2.1.

**定理 8.2.1** 对某产品进行 $m$ 次定时截尾试验，获得的试验数据为 $\{(n_i, r_i, t_i), i=1,2,\cdots,m\}$，记 $s_i = \sum_{j=i}^{m} n_j$，$e_i = \sum_{j=1}^{i}$，$i=1,2,\cdots,m$. 若 $p_i$ 的先验密度函数 $\pi(p_i|a)$ 由式(8.2.2)给出，则有如下两个结论：

(1)在平方损失下，$p_i$ 的 Bayes 估计为 $\hat{p}_i(a) = \dfrac{a+e_i}{s_i+a+1}$；

(2)若 $a$ 的先验分布为区间 $(0,1)$ 上的均匀分布，其密度函数为 $\pi(a)=1$，$0 < a < 1$，则 $p_i$ 的 E-Bayes 估计为

$$\hat{p}_{iEB} = 1 - (s_i - e_i + 1)\ln\left(\frac{s_i+2}{s_i+1}\right).$$

**证明** (1)对某产品进行 $m$ 次定时截尾试验，获得的试验数据为 $\{(n_i, r_i, t_i), i=1,2,\cdots,m\}$，根据 Han(2007a)，则样本的似然函数为

$$L(r_i|p_i) = C_{s_i}^{e_i} p_i^{e_i}(1-p_i)^{s_i-e_i}, \quad 0 < p_i < 1,$$

其中 $s_i = \sum_{j=i}^{m} n_j$，$e_i = \sum_{j=1}^{i} r_j$，$i=1,2,\cdots,m$.

若 $p_i$ 的先验密度函数 $\pi(p_i)$ 由式(8.2.2)给出,根据 Bayes 定理,则 $p_i$ 的后验密度函数为

$$
\begin{aligned}
h(p_i \mid s_i) &= \frac{\pi(p_i \mid a) L(r_i \mid p_i)}{\int_0^1 \pi(p_i \mid a) L(r_i \mid p_i) \mathrm{d}p_i} \\
&= \frac{p_i^{e_i + a - 1}(1 - p_i)^{s_i - e_i}}{\int_0^1 p_i^{e_i + a - 1}(1 - p_i)^{s_i - e_i} \mathrm{d}p_i} \\
&= \frac{p_i^{e_i + a - 1}(1 - p_i)^{s_i - e_i}}{B(e_i + a, \ s_i - e_i + 1)},
\end{aligned}
$$

其中 $0 < p_i < 1$, $B(a, \ b) = \int_0^1 x^{a-1}(1-x)^{b-1} \mathrm{d}x$ 是 Beta 函数.

则在平方损失下, $p_i$ 的 Bayes 估计为

$$
\begin{aligned}
\hat{p}_{iB}(a) &= \int_0^1 p_i h(p_i \mid s_i) \mathrm{d}p_i \\
&= \frac{\int_0^1 p_i^{(e_i + a + 1) - 1}(1 - p_i)^{s_i - e_i} \mathrm{d}p_i}{B(e_i + a, \ s_i - e_i + 1)} \\
&= \frac{B(e_i + a + 1, \ s_i - e_i + 1)}{B(e_i + a, \ s_i - e_i + 1)} \\
&= \frac{a + e_i}{s_i + a + 1}.
\end{aligned}
$$

(2)若 $a$ 的先验分布为区间 $(0,1)$ 上的均匀分布,根据定义 8.2.1,则 $p_i$ 的 E-Bayes 估计为

$$
\begin{aligned}
\hat{p}_{iEB} &= \int_D \hat{p}_{iB}(a) \pi(a) \mathrm{d}a \\
&= \int_0^1 \frac{a + e_i}{s_i + a + 1} \mathrm{d}a \\
&= 1 - (s_i - e_i + 1) \ln\left(\frac{s_i + 2}{s_i + 1}\right).
\end{aligned}
$$

证毕

## 8.2.3 $p_i$ 的多层 Bayes 估计

若 $p_i$ 的先验密度函数由式(8.2.2)给出,超参数 $a$ 的先验分布取区间 $(0,1)$

上的均匀分布，则 $p_i$ 的多层先验密度函数为

$$\pi(p_i) = \int_0^1 \pi(p_i|a)\pi(a)\mathrm{d}a = \int_0^1 ap_i^{a-1}\mathrm{d}a, \qquad (8.2.3)$$

其中 $0 < p_i < 1$.

Han(2011c) 给出了 $p_i$ 的多层 Bayes 估计，见定理 8.2.2.

**定理 8.2.2** 对某产品进行 $m$ 次定时截尾试验，获得的试验数据为 $\{(n_i, r_i, t_i), i=1, 2, \cdots, m\}$，记 $s_i = \sum\limits_{j=i}^{m} n_j$，$e_i = \sum\limits_{j=1}^{i} r_j$，$i=1, 2, \cdots, m$. 若 $p_i$ 的多层先验密度函数 $\pi(p_i)$ 由式(8.2.3)给出，则在平方损失下，$p_i$ 的多层 Bayes 估计为

$$\hat{p}_{iHB} = \frac{\int_0^1 aB(e_i+a+1, s_i-e_i+1)\mathrm{d}a}{\int_0^1 aB(e_i+a, s_i-e_i+1)\mathrm{d}a}.$$

其中 $B(a, b) = \int_0^1 x^{a-1}(1-x)^{b-1}\mathrm{d}x$ 是 Beta 函数.

**证明** 对某产品进行 $m$ 次定时截尾试验，获得的试验数据为 $\{(n_i, r_i, t_i), i=1, 2, \cdots, m\}$，根据定理 8.2.1 的证明过程，样本的似然函数为

$$L(r_i|p_i) = C_{s_i}^{e_i} p_i^{e_i}(1-p_i)^{s_i-e_i}, \quad 0 < p_i < 1,$$

其中 $s_i = \sum\limits_{j=i}^{m} n_j$，$e_i = \sum\limits_{j=1}^{i} r_j$，$i=1, 2, \cdots, m$.

若 $p_i$ 的多层先验密度函数 $\pi(p_i)$ 由式(8.2.3)给出，根据 Bayes 定理，则 $p_i$ 的多层后验密度函数为

$$h(p_i|s_i) = \frac{\pi(p_i)L(r_i|p_i)}{\int_0^1 \pi(p_i)L(r_i|p_i)\mathrm{d}p_i}$$

$$= \frac{\int_0^1 ap_i^{e_i+a-1}(1-p_i)^{s_i-e_i}\mathrm{d}a}{\int_0^1 a\left[\int_0^1 p_i^{e_i+a-1}(1-p_i)^{s_i-e_i}\mathrm{d}p_i\right]\mathrm{d}a}$$

$$= \frac{\int_0^1 ap_i^{e_i+a-1}(1-p_i)^{s_i-e_i}\mathrm{d}a}{\int_0^1 aB(e_i+a, s_i-e_i+1)\mathrm{d}a},$$

其中 $0 < p_i < 1$，$B(a, b) = \int_0^1 x^{a-1}(1-x)^{b-1}\mathrm{d}x$ 是 Beta 函数.

则在平方损失下，$p_i$ 的多层 Bayes 估计为

$$\hat{p}_{iHB} = \int_0^1 p_i h(p_i \mid s_i)\mathrm{d}p_i$$

$$= \frac{\int_0^1 a\left[\int_0^1 p_i^{(e_i+a+1)-1}(1-p_i)^{s_i-e_i}\mathrm{d}p_i\right]\mathrm{d}a}{\int_0^1 aB(e_i+a, \ s_i-e_i+1)\mathrm{d}a}$$

$$= \frac{\int_0^1 aB(e_i+a+1, \ s_i-e_i+1)\mathrm{d}a}{\int_0^1 aB(e_i+a, \ s_i-e_i+1)\mathrm{d}a}.$$

证毕

## 8.2.4　$p_i$ 的 E-Bayes 估计的性质

在定理 8.2.1 和定理 8.2.2 中分别给出了 $p_i$ 的 E-Bayes 估计 $\hat{p}_{iEB}$ 和多层 Bayes 估计 $\hat{p}_{iHB}$，那么它们之间有什么关系呢?

Han(2011c)给出了定理 8.2.3 回答了这个问题.

**定理 8.2.3**　在定理 8.2.1 和定理 8.2.2 中，$\hat{p}_{iEB}$ 和 $\hat{p}_{iHB}$ 满足:

$$\lim_{s_i \to \infty} = \hat{p}_{iEB} = \lim_{n \to \infty} \hat{p}_{iHB}$$

**证明**　根据定理 8.2.1，有

$$\hat{p}_{iEB} = 1 - (s_i-e_i+1)\ln\left(\frac{s_i+2}{s_i+1}\right) = 1 - (s_i+1)\ln\left(1+\frac{1}{s_i+1}\right) + e_i\ln\left(1+\frac{1}{s_i+1}\right).$$

当 $-1 < x < 1$ 时，有 $\ln(1+x) = x - \dfrac{x^2}{2} + \dfrac{x^3}{3} - \dfrac{x^4}{4} + \cdots = \displaystyle\sum_{i=1}^{\infty}(-1)^{i-1}\frac{x^i}{i}$.

因此

$$1 - (s_i+1)\ln\left(1+\frac{1}{s_i+1}\right)$$

$$= 1 - (s_i+1)\left[\frac{1}{s_i+1} - \frac{1}{2(s_i+1)^2} + \frac{1}{3(s_i+1)^3} - \frac{1}{4(s_i+1)^4} + \cdots\right]$$

$$= \frac{1}{2(s_i+1)} - \frac{1}{3(s_i+1)^2} + \frac{1}{4(s_i+1)^3} - \frac{1}{5(s_i+1)^4} + \cdots,$$

且

$$\lim_{n \to \infty} \hat{p}_{iEB} = \lim_{n \to \infty} \left[ 1 - (s_i + 1) \ln \left( 1 + \frac{1}{s_i + 1} \right) \right] + e_i \lim_{n \to \infty} \ln \left( 1 + \frac{1}{s_i + 1} \right)$$

$$= \lim_{n \to \infty} \left[ \frac{1}{2(s_i + 1)} - \frac{1}{3(s_i + 1)^2} + \frac{1}{4(s_i + 1)^3} - \frac{1}{5(s_i + 1)^4} + \cdots \right] + 0$$

$$= 0.$$

对于 $a \in (0, 1)$，$B(e_i + a + 1, s_i - e_i + 1)$ 是连续的，根据积分中值定理的推广，至少存在一个 $a_1 \in (0, 1)$，使

$$\int_0^1 a B(e_i + a + 1, s_i - e_i + 1) \mathrm{d}a = B(e_i + a_1 + 1, s_i - e_i + 1) \int_0^1 a \mathrm{d}a.$$

同理，至少存在一个 $a_2 \in (0, 1)$，使

$$\int_0^1 a B(e_i + a, s_i - e_i + 1) \mathrm{d}a = B(e_i + a_2, s_i - e_i + 1) \int_0^1 a \mathrm{d}a.$$

所以

$$\hat{p}_{iHB} = \frac{\displaystyle\int_0^1 a B(e_i + a + 1, s_i - e_i + 1) \mathrm{d}a}{\displaystyle\int_0^1 a B(e_i + a, s_i - e_i + 1) \mathrm{d}a}$$

$$= \frac{B(e_i + a_1 + 1, s_i - e_i + 1) \displaystyle\int_0^1 a \mathrm{d}a}{B(e_i + a_2, s_i - e_i + 1) \displaystyle\int_0^1 a \mathrm{d}a}$$

$$= \frac{B(e_i + a_1 + 1, s_i - e_i + 1)}{B(e_i + a_2, s_i - e_i + 1)}$$

$$= \frac{\Gamma(e_i + a_1 + 1) \Gamma(s_i - e_i + 1)}{\Gamma(s_i + a_1 + 2)} \cdot \frac{\Gamma(s_i + a_2 + 1)}{\Gamma(e_i + a_2) \Gamma(s_i - e_i + 1)}$$

$$= \frac{\Gamma(e_i + a_1 + 1)}{\Gamma(e_i + a_2)} \cdot \frac{\Gamma(s_i + a_2 + 1)}{\Gamma(s_i + a_1 + 2)}$$

$$= \frac{\Gamma(e_i + a_1 + 1)}{\Gamma(e_i + a_2)} \cdot \frac{1}{(s_i + a_1 + 1)} \cdot \frac{(a_2 + s_i)(a_2 + s_i - 1) \cdots (a_2 + 1) \Gamma(a_2)}{(a_1 + s_i)(a_1 + s_i - 1) \cdots (a_1 + 1) \Gamma(a_1)},$$

这里 $\Gamma(a) = \displaystyle\int_0^\infty x^{a-1} e^{-x} \mathrm{d}x$ 是 Gamma 函数.

因此

$$\lim_{s_i \to \infty} \hat{p}_{iHB}$$

$$= \frac{\Gamma(e_i+a_1+1)}{\Gamma(e_i+a_2)} \lim_{s_i \to \infty} \left[ \frac{1}{(s_i+a_1+1)} \cdot \frac{(a_2+s_i)(a_2+s_i-1)\cdots(a_2+1)\Gamma(a_2)}{(a_1+s_i)(a_1+s_i-1)\cdots(a_1+1)\Gamma(a_1)} \right]$$

$$= 0.$$

所以 $\lim\limits_{s_i \to \infty} \hat{p}_{iEB} = \lim\limits_{s_i \to \infty} \hat{p}_{iHB}$.

证毕

定理 8.2.3 说明，$\hat{p}_{iHB}$ 和 $\hat{p}_{iEB}$ 是渐进相等的；或当 $s_i$ 较大时，$\hat{p}_{iHB}$ 和 $\hat{p}_{iEB}$ 比较接近.

## 8.2.5　应用实例

对某型发动机进行定时截尾寿命试验，获得的试验数据如表 8-2（单位时间：小时）所示.

表 8-2　某型发动机的试验数据

| $i$ | 1 | 2 | 3 | 4 | 5 | 6 |
|-----|-----|-----|-----|-----|-----|-----|
| $t_i$ | 800 | 1200 | 1600 | 2000 | 2400 | 2800 |
| $n_i$ | 4 | 5 | 6 | 7 | 7 | 7 |
| $r_i$ | 1 | 0 | 1 | 0 | 1 | 1 |
| $e_i$ | 1 | 1 | 2 | 2 | 3 | 4 |
| $s_i$ | 36 | 32 | 27 | 21 | 14 | 7 |

根据定理 8.2.1，定理 8.2.2 和表 8-2，可以得到 $\hat{p}_{iEB}$，$\hat{p}_{iHB}$ 和 $\hat{p}_{i-B} = |\hat{p}_{iEB} - \hat{p}_{iHB}|$，其计算结果如表 8-3 和图 8-2 所示.

表 8-3　$\hat{p}_{iEB}$ 和 $\hat{p}_{iHB}$ 的计算结果

| $i$ | 1 | 2 | 3 | 4 | 5 | 6 |
|-----|-----|-----|-----|-----|-----|-----|
| $\hat{p}_{iEB}$ | 0.039943 | 0.044705 | 0.087626 | 0.110965 | 0.225538 | 0.528868 |
| $\hat{p}_{iHB}$ | 0.038493 | 0.043296 | 0.087775 | 0.111776 | 0.229103 | 0.535967 |
| $\hat{p}_{i-B}$ | 0.001450 | 0.001409 | 0.000149 | 0.000109 | 0.003565 | 0.007099 |

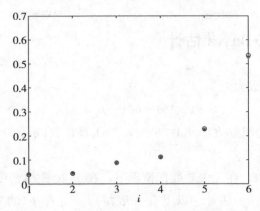

图 8-2   $\hat{p}_{iEB}$ 和 $\hat{p}_{iEB}$ ($i$=1, 2, …, 6)的计算结果

说明：＊表示 $\hat{p}_{iEB}$ ($i$=1, 2, …, 6)的计算结果，。表示 $\hat{p}_{iHB}$ ($i$=1, 2, …, 6)的计算结果.

从表 8-3 和图 8-2 可以看出，$\hat{p}_{iEB}$ 和 $\hat{p}_{iHB}$ 满足定理 8.2.3.

作者认为，提出一种新的参数估计方法，必须回答两个问题：

第一个问题，新的估计方法与已有估计方法(计算)结果的差异有多大；

第二个问题，新的估计方法与已有估计方法相比，有哪些优点.

定理 8.2.3 已经从理论上回答了第一个问题. 另外，又从应用实例中看到了 $\hat{p}_{iEB}$ 和 $\hat{p}_{iHB}$ 计算结果的差异——虽不同但十分接近.

至于第二个问题——E-Bayes 估计法的优点，从定理 8.2.1 和定理 8.2.2 的表达式上看，显然 $p_i$ 的 E-Bayes 估计比多层 Bayes 估计简单(另外从应用实例中也能体会到). 关于 E-Bayes 估计法的其他优点，还有待进一步研究.

# 8.3   一个超参数情形 Ⅲ

Han(2011b)提出了参数的一种估计方法——E-Bayes 估计法. 在一个超参数情形给出了失效概率的 E-Bayes 估计的定义，在此基础上给出了失效概率的 E-Bayes估计，并给出了失效概率的 E-Bayes 估计的性质——E-Bayes 估计和多层 Bayes 估计的关系. 最后，给出了模拟算例和应用实例.

## 8.3.1 $p_i$ 的 E-Bayes 估计

若 $p_i$ 的密度函数为

$$\pi(p_i|b)=b(1-p_i)^{b-1},\qquad(8.3.1)$$

其中 $0<p_i<1$，$b$ 为超参数，且 $1<b<c$，$c>1$ 是常数(常数 c 的确定见后面的模拟算例).

在本章第一节中，在无失效数据情形下，在 $p_i$ 的先验密度函数由式(8.3.1)时给出了 $p_i$ 的 E-Bayes 估计. 以下在一般情形下，在 $p_i$ 的先验密度函数由式(8.3.1)给出且超参数 $b$ 取不同的先验分布时给出 $p_i$ 的 E-Bayes 估计.

Han(2011b)给出了 $p_i$ 的 E-Bayes 估计，见定理 8.3.1.

**定理 8.3.1** 对某产品进行 $m$ 次定时截尾试验，获得的试验数据为$\{(n_i, r_i, t_i)$，$i=1, 2, \cdots, m\}$，记 $s_i=\sum_{j=i}^{m} n_j$，$e_i=\sum_{j=1}^{i} r_j$，$i=1, 2, \cdots, m$. 若 $p_i$ 的先验密度函数 $\pi(p_i|b)$ 由式(8.3.1)给出，则有如下两个结论：

(1)在平方损失下，$p_i$ 的 Bayes 估计为 $p_{iB}(b)=\dfrac{e_i+1}{s_i+b+1}$；

(2)若 $b$ 的先验密度函数如下

$$\pi_1(b)=\frac{2(c-b)}{(c-1)^2},\ 1<b<c,\qquad(8.3.2)$$

$$\pi_2(b)=\frac{1}{c-1},\ 1<b<c\qquad(8.3.3)$$

$$\pi_3(b)=\frac{2b}{c^2-1},\ 1<b<c,\qquad(8.3.4)$$

则 $p_i$ 的 E-Bayes 分别为

$$\hat{p}_{iEB1}=\frac{2(e_i+1)}{(c-1)^2}\Big[(s_i+c+1)\ln\Big(\frac{s_i+c+1}{s_i+2}\Big)-(c-1)\Big],$$

$$\hat{p}_{iEB2}=\frac{(e_i+1)}{(c-1)}\ln\Big(\frac{s_i+c+1}{s_i+2}\Big),$$

$$\hat{p}_{iEB3}=\frac{2(e_i+1)}{c^2-1}\Big[(c-1)-(s_i+1)\ln\Big(\frac{s_i+c+1}{s_i+2}\Big)\Big].$$

**证明** (1)对某产品进行 $m$ 次定时截尾试验，获得的试验数据为$\{(n_i, r_i,$

$t_i$），$i=1$，$2$，$\cdots$，$m\}$，根据 Han(2007a)，则样本的似然函数为

$$L(r_i \mid p_i) = C_{s_i}^{e_i} p_i^{e_i} (1-p_i)^{s_i-e_i}, \quad 0 < p_i < 1,$$

其中 $s_i = \sum_{j=i}^{m} n_j$，$e_i = \sum_{j=1}^{i} r_j$，$i=1$，$2$，$\cdots$，$m.$

若 $p_i$ 的先验密度函数 $\pi(p_i)$ 由式(8.3.1)给出，根据 Bayes 定理，则 $p_i$ 的后验密度函数为

$$\begin{aligned}
h_1(p_i \mid r_i) &= \frac{\pi(p_i \mid b) L(r_i \mid p_i)}{\int_0^1 \pi(p_i \mid b) L(r_i \mid p_i) \mathrm{d}p_i} \\
&= \frac{p_i^{e_i}(1-p_i)^{b+s_i-e_i-1}}{\int_0^1 p_i^{e_i}(1-p_i)^{b+s_i-e_i-1} \mathrm{d}p_i} \\
&= \frac{p_i^{e_i}(1-p_i)^{b+s_i-e_i-1}}{B(e_i+1, \ b+s_i-e_i)},
\end{aligned}$$

其中 $0 < p_i < 1$.

则在平方损失下，$p_i$ 的 Bayes 估计为

$$\begin{aligned}
\hat{p}_{iB}(b) &= \int_0^1 p_i h(p_i \mid r_i) \mathrm{d}p_i \\
&= \frac{\int_0^1 p_i^{e_i+1}(1-p_i)^{b+s_i-e_i-1} \mathrm{d}p_i}{B(e_i+1, \ b+s_i-e_i)} \\
&= \frac{B(e_i+2, \ b+s_i-e_i)}{B(e_i+1, \ b+s_i-e_i)} \\
&= \frac{e_i+1}{s_i+b+1}.
\end{aligned}$$

(2)若 $b$ 的先验密度函数 $\pi_1(b)$ 由式(8.3.2)给出，根据定义 8.1.1，则 $p_i$ 的 E-Bayes 估计为

$$\begin{aligned}
\hat{p}_{iEB1} &= \int_D p_i B(b) \pi_1(b) \mathrm{d}b \\
&= \frac{2(e_i+1)}{(c-1)^2} \int_1^c \frac{c-b}{s_i+b+1} \mathrm{d}b \\
&= \frac{2(e_i+1)}{(c-1)^2} \left[ (s_i+c+1) \ln\left(\frac{s_i+c+1}{s_i+2}\right) - (c-1) \right].
\end{aligned}$$

同理，若 $b$ 的先验密度函数 $\pi_2(b)$ 和 $\pi_3(b)$ 由式(8.3.3)和式(8.3.4)给出，根

215

据定义 8.1.1，则 $p_i$ 的 E-Bayes 估计分别为

$$
\begin{aligned}
\hat{p}_{iEB2} &= \int_D p_i B(b) \pi_2(b) \mathrm{d}b \\
&= \frac{e_i+1)}{(c-1)} \int_1^c \frac{1}{s_i+b+1} \mathrm{d}b \\
&= \frac{(e_i+1)}{(c-1)} \ln\left(\frac{s_i+c+1}{s_i+2}\right).
\end{aligned}
$$

$$
\begin{aligned}
\hat{p}_{iEB3} &= \int_D p_i B(b) \pi_3(a,\,b) \mathrm{d}b \\
&= \frac{2(e_i+1)}{c^2-1} \int_1^c \frac{b}{s_i+b+1} \mathrm{d}b \\
&= \frac{2(e_i+1)}{c^2-1}\left[(c-1)-(s_i+1)\ln\left(\frac{s_i+c+1}{s_i+2}\right)\right].
\end{aligned}
$$

证毕

应该说明，当 $e_i=0$ 时，定理 8.3.1 中的 $\hat{p}_{iEB2}$ 与定理 8.1.1 中的 $\hat{p}_{iEB}$ 是相同的.

## 8.3.2　$p_i$ 的多层 Bayes 估计

若 $p_i$ 的先验的先验密度函数由式(8.3.1)给出，超参数 $b$ 的先验密度函数分别由式(8.3.2)、式(8.3.3)和式(8.3.4)给出，则 $p_i$ 的多层先验密度函数分别为

$$
\pi_4(p_i)=\int_1^c \pi(p_i|b)\pi_1(b)\mathrm{d}b=\frac{2}{(c-1)^2}\int_1^c b(c-b)(1-p_i)^{b-1}\mathrm{d}b, \quad (8.3.5)
$$

$$
\pi_5(p_i)=\int_1^c \pi(p_i|b)\pi_2(b)\mathrm{d}b=\frac{1}{(c-1)}\int_1^c b(1-p_i)^{b-1}\mathrm{d}b, \quad (8.3.6)
$$

$$
\pi_6(p_i)=\int_1^c \pi(p_i|b)\pi_3(b)\mathrm{d}b=\frac{2}{(c^2-1)}\int_1^c b^2(1-p_i)^{b-1}\mathrm{d}b, \quad (8.3.7)
$$

其中 $0<p_i<1$.

**定理 8.3.2**　对某产品进行 $m$ 次定时截尾试验，获得的试验数据为 $\{(n_i,\,r_i,\,t_i),\,i=1,\,2,\,\cdots,\,m\}$，记 $s_i=\sum_{j=i}^m nj$，$e_i=\sum_{j=1}^i rj$，$i=1,\,2,\,\cdots,\,m$. 若 $p_i$ 的多层先验密度函数 $\pi(p_i)$ 由式(8.3.5)、式(8.3.6)和式(8.3.7)给出，则在平方损

失下，$p_i$ 的多层 Bayes 估计分别为

$$\hat{p}_{iHB1}=\frac{\int_1^c b(c-b)B(e_i+2,\ s_i-e_i+b)\mathrm{d}b}{\int_1^c b(c-b)B(e_i+1,\ s_i-e_i+b)\mathrm{d}b},$$

$$\hat{p}_{iHB2}=\frac{\int_1^c bB(e_i+2,\ s_i-e_i+b)\mathrm{d}b}{\int_1^c bB(e_i+1,\ s_i-e_i+b)\mathrm{d}b},$$

$$\hat{p}_{iHB3}=\frac{\int_1^c b^2B(e_i+2,\ s_i-e_i+b)\mathrm{d}b}{\int_1^c b^2B(e_i+1,\ s_i-e_i+b)\mathrm{d}b}.$$

**证明** 对某产品进行 $m$ 次定时截尾试验，获得的试验数据为 $\{(n_i,\ r_i,\ t_i),\ i=1,\ 2,\ \cdots,\ m\}$. 在定理 8.2.1 的证明过程中，样本的似然函数为

$$L(r_i\,|\,p_i)=C_{s_i}^{e_i}p_i^{e_i}(1-p_i)^{s_i-e_i},\ 0<p_i<1.$$

其中 $s_i=\sum_{j=i}^m n_j,\ e_i=\sum_{j=1}^i r_j,\ i=1,\ 2,\ \cdots,\ m.$

如果 $p_i$ 的多层先验密度函数 $\pi_4(p_i)$ 由式(8.3.5)给出，根据 Bayes 定理，$p_i$ 的多层后验密度函数为

$$h_2(p_i\,|\,r_i)=\frac{\pi_4(p_i)L(r_i\,|\,p_i)}{\int_0^1 \pi_4(p_i)L(r_i\,|\,p_i)\mathrm{d}p_i}$$

$$=\frac{\int_1^c b(c-b)p_i^{e_i}(1-p_i)^{b+s_i-e_i-1}\mathrm{d}b}{\int_1^c b(c-b)\left[\int_0^1 p_i^{e_i}(1-p_i)^{b+s_i-e_i-1}dp_i\right]\mathrm{d}b}$$

$$=\frac{\int_1^c b(c-b)p_i^{e_i}(1-p_i)^{b+s_i-e_i-1}\mathrm{d}b}{\int_1^c b(c-b)B(e_i+1,\ b+s_i-e_i)\mathrm{d}b},$$

其中 $0<p_i<1.$

则在平方损失下，$p_i$ 的多层 Bayes 估计为

$$\hat{p}_{iHB1}=\int_0^1 p_ih_2(p_i\,|\,r_i)\mathrm{d}p_i$$

$$=\frac{\int_1^c b(c-b)\left[\int_0^1 p_i^{e_i+1}(1-p_i)^{b+s_i-e_i-1}dp_i\right]db}{\int_1^c b(c-b)B(e_i+1,\ s_i-e_i+b)db}$$

$$=\frac{\int_1^c b(c-b)B(e_i+2,\ s_i-e_i+b)db}{\int_1^c b(c-b)B(e_i+1,\ s_i-e_i+b)db}.$$

同理，如果 $p_i$ 的多层先验密度函数 $\pi_5(p_i)$ 和 $\pi_6(p_i)$ 分别由式（8.3.6）和式（8.3.7）给出，则 $p_i$ 的多层 Bayes 估计分别为

$$\hat{p}_{iHB2}=\frac{\int_1^c bB(e_i+2,\ s_i-e_i+b)db}{\int_1^c bB(e_i+1,\ s_i-e_i+b)db},$$

$$\hat{p}_{iHB3}=\frac{\int_1^c b^2B(e_i+2,\ s_i-e_i+b)db}{\int_1^c b^2B(e_i+1,\ s_i-e_i+b)db}.$$

证毕

应该说明，当 $e_i=0$ 时，定理 8.3.2 中的 $\hat{p}_{iHB2}$ 与定理 8.1.2 中的 $\hat{p}_{iHB}$ 是相同的.

## 8.3.3  $p_i$ 的 E-Bayes 估计的性质

首先讨论在定理 8.3.1 中，$\hat{p}_{iEB1}$，$\hat{p}_{iEB2}$ 和 $\hat{p}_{iEB3}$ 的关系；然后讨论在定理 8.3.1 和定理 8.3.2 中，$\hat{p}_{iEBj}(j=1,\ 2,\ 3)$ 和 $\hat{p}_{iHBj}(j=1,\ 2,\ 3)$ 的关系.

### 8.3.3.1  $\hat{p}_{iHEB1}$，$\hat{p}_{iEB2}$ 和 $\hat{p}_{iEB3}$ 的关系

**定理 8.3.3**  在定理 8.3.1 中，当 $1<c<s_i+3$ 时，有如下两个结论：

(1) $\hat{p}_{iHB1}>\hat{p}_{iEB3}>\hat{p}_{iEB3}$；

(2) $\lim\limits_{s_i\to\infty}\hat{p}_{iEB1}=\lim\limits_{s_i\to\infty}\hat{p}_{iEB2}=\lim\limits_{s_i\to\infty}\hat{p}_{iEB3}$.

**证明**  (1) 根据定理 8.3.1，有

$$\hat{p}_{iEB2}-\hat{p}_{iEB3}=\frac{(e_i+1)}{c^2-1}\left[2s_i+c+3)\ln\left(\frac{s_i+c+1}{s_i+2}\right)-2(c-1)\right],\quad (8.3.8)$$

$$\hat{p}_{iEB1}-\hat{p}_{iEB2}=\frac{(e_i+1)}{(c-1)^2}\left[2s_i+c+3)\ln\left(\frac{s_i+c+1}{s_i+2}\right)-2(c-1)\right]. \tag{8.3.9}$$

当$-1<x<1$时，有$\ln(1+x)=x-\dfrac{x^2}{2}+\dfrac{x^3}{3}-\dfrac{x^4}{4}+\cdots=\displaystyle\sum_{i=1}^{\infty}(-1)^{i-1}\dfrac{x^i}{i}.$

当$1<c<s_i+3$时，有$0<\dfrac{c-1}{s_i+2}<1$，则

$$(2s_i+c+3)\ln\left(\frac{s_i+c+1}{s_i+2}\right)-2(c-1)$$

$$=[2(s_i+2)+(c-1)]\ln\left(1+\frac{c-1}{s_i+2}\right)-2(c-1)$$

$$=[(s_i+2)+(c-1)]\left[\frac{c-1}{s_i+2}-\frac{1}{2}\left(\frac{c-1}{s_i+2}\right)^2+\frac{1}{3}\left(\frac{c-1}{s_i+2}\right)^3-\frac{1}{4}\left(\frac{c-1}{s_i+2}\right)^4+\cdots\right]-$$

$$\quad 2(c-1)$$

$$=\left[2(c-1)-\frac{(c-1)^2}{(s_i+2)}+\frac{2(c-1)^3}{3(s_i+2)^2}-\frac{2(c-1)^4}{4(s_i+2)^3}+\frac{2(c-1)^5}{5(s_i+2)^4}-\frac{2(c-1)^6}{6(s_i+2)^5}+\cdots\right]+$$

$$\left[\frac{(c-1)^2}{(s_i+2)}-\frac{(c-1)^3}{2(s_i+2)^2}+\frac{(c-1)^4}{3(s_i+2)^3}-\frac{(c-1)^5}{4(s_i+2)^4}+\frac{(c-1)^6}{5(s_i+2)^5}-\cdots\right]-2(c-1)$$

$$=\left[\frac{(c-1)^3}{6(s_i+2)^2}-\frac{(c-1)^4}{6(s_i+2)^3}\right]+\left[\frac{3(c-1)^5}{20(s_i+2)^4}-\frac{2(c-1)^6}{15(s_i+2)^5}\right]+\cdots \tag{8.3.10}$$

当$1<c<s_i+3$时，有$0<\dfrac{c-1}{s_i+2}<1$，则

$$\frac{(c-1)^3}{6(s_i+2)^2}-\frac{(c-1)^4}{6(s_i+2)^3}=\frac{(c-1)^3}{6(s_i+2)^2}\left[1-\frac{(c-1)}{(s_i+2)}\right]>0, \tag{8.3.11}$$

$$\frac{3(c-1)^5}{20(s_i+2)^4}-\frac{2(c-1)^6}{15(s_i+2)^5}=\frac{(c-1)^5}{60(s_i+2)^4}\left[9-8\frac{(c-1)}{(s_i+2)}\right]>0, \cdots. \tag{8.3.12}$$

根据式(8.3.10)、式(8.3.11)和式(8.3.12)，有

$$(2s_i+c+3)\ln\left(\frac{s_i+c+1}{s_i+2}\right)-2(c-1)>0. \tag{8.3.13}$$

根据式(8.3.8)、式(8.3.9)和式(8.3.13)，有$\hat{p}_{iEB1}>\hat{p}_{iEB2}>\hat{p}_{iEB3}$.

(2)当$1<c<s_i+3$时，有$0<\dfrac{c-1}{s_i+2}<1$，则

$$\lim_{s_i\to\infty}\left[\frac{(c-1)^3}{6(s_i+2)^2}-\frac{(c-1)^4}{6(s_i+2)^3}\right]=(c-1)\lim_{s_i\to\infty}\left[\frac{1}{6}\left(\frac{c-1}{s_i+2}\right)^2\left(1-\frac{c-1}{s_i+2}\right)\right]=0,$$

$$\tag{8.3.14}$$

$$\lim_{s_i\to\infty}\left[\frac{3(c-1)^5}{20(s_i+2)^4}-\frac{2(c-1)^6}{15(s_i+2)^5}\right]=(c-1)\lim_{s_i\to\infty}\left\{\frac{1}{60}\left(\frac{c-1}{s_i+2}\right)^4\left[9-8\frac{(c-1)}{(s_i+2)}\right]\right\}=0,$$

$$(8.3.15)$$

根据式(8.3.8)、式(8.3.9)、式(8.3.10)、式(8.3.14)和式(8.3.15)，有

$$\lim_{s_i\to\infty}\hat{p}_{iEB1}=\lim_{s_i\to\infty}\hat{p}_{iEB2}=\lim_{s_i\to\infty}\hat{p}_{iEB3}.$$

证毕

定理8.3.3(1)的说明，对超参数 $b$ 的不同先验分布，相应的 E-Bayes 估计 $\hat{p}_{iEBj}(j=1,2,3)$ 也是不同的. 定理8.3.3(2)的说明，$\hat{p}_{iEB1}$，$\hat{p}_{iEB2}$ 和 $\hat{p}_{iEB1}$ 是渐进相等的，或当 $s_i$ 比较大时，$\hat{p}_{iEB1}$，$\hat{p}_{iEB2}$ 和 $\hat{p}_{iEB3}$ 比较接近.

### 8.3.3.2  $\hat{p}_{iEBj}$ 和 $\hat{p}_{iEBj}(j=1,2,3)$ 的关系

**定理8.3.4**  在定理8.3.1和定理8.3.2中，当 $1<c<s_i+3$ 时，$\hat{p}_{iEBj}(j=1,2,3)$ 和 $\hat{p}_{iEBj}(j=1,2,3)$ 满足：$\lim_{s_i\to\infty}\hat{p}_{iEBj}=\lim_{s_i\to\infty}\hat{p}_{iEBj}(j=1,2,3)$.

**证明**  对 $b\in(1,c)$，$B(e_i+2,s_i-e_i+b)$ 是连续的，且 $b(c-b)>0$，根据积分中值定理的推广，至少存在一个 $b_1\in(1,c)$，使

$$\int_1^c b(c-b)B(e_i+2,s_i-e_i+b)db=B(e_i+2,s_i-e_i+b_1)\int_1^c b(c-b)db.$$

$$(8.3.16)$$

同理，至少存在一个 $b_2\in(1,c)$，使

$$\int_1^c b(c-b)B(e_i+1,s_i-e_i+b)db=B(e_i+1,s_i-e_i+b_2)\int_1^c b(c-b)db.$$

$$(8.3.17)$$

根据式(8.3.16)，式(8.3.17)和定理8.3.2，有

$$\hat{p}_{iHB1}=\frac{\int_1^c b(c-b)B(e_i+2,s_i-e_i+b)db}{\int_1^c b(c-b)B(e_i+1,s_i-e_i+b)db}$$

$$=\frac{B(e_i+2,s_i-e_i+b_1)}{B(e_i+1,s_i-e_i+b_2)}$$

$$=\frac{\Gamma(s_i-e_i+b_1)\Gamma(e_i+2)}{\Gamma(s_i+b_1+2)}\cdot\frac{\Gamma(s_i+b_2+1)}{\Gamma(s_i-e_i+b_2)\Gamma(e_i+1)}$$

$$=(e_i+1)\frac{\Gamma(s_i-e_i+b_1)}{\Gamma(s_i+b_1+2)}\cdot\frac{\Gamma(s_i+b_2+1)}{\Gamma(s_i-e_i+b_2)}$$

$$= (e_i+1) \frac{\Gamma(s_i+b_1-e_i)}{\Gamma(s_i+b_1+2)} \cdot \frac{\Gamma(s_i+b_2+1)}{\Gamma(s_i+b_2-e_i)}$$

$$= (e_i+1) \frac{\Gamma(s_i+b_i-e_i)\overbrace{(s_i+b_2)(s_i+b_2+1)\cdots(s_i+b_2-e_i)}^{e_i\nmid 1}\Gamma(s_i+b_2-e_i)}{\underbrace{(s_i+b_1+1)(s_i+b_1)\cdots(s_i+b_1-e_i)}_{e_i+1}\Gamma(s_i+b_1-e_i)\Gamma(s_i+b_2-e_i)}$$

$$= (e_1+1) \frac{\overbrace{(s_i+b_2)(s_i+b_2-1)\cdots(s_i+b_2-e_i)}^{e_i\nmid 1}}{\underbrace{(s_i+b_1+1)(s_i+b_1)\cdots(s_i+b_1-e_I)}_{e_i+1}} \tag{8.3.18}$$

和

$$\lim_{s_i\to\infty} \frac{\overbrace{(s_i+b_2)(s_i+b_2-1)\cdots(s_i+b_2-e_i)}^{e_i\nmid 1}}{\underbrace{(s_i+b_1+1)(s_i+b_1)\cdots(s_i+b_1-e_i)}_{e_i+1}} = 0. \tag{8.3.19}$$

根据式(8.3.18)和式(8.3.19)，有 $\lim\limits_{s_i\to\infty} \hat{p}_{iHB1} = 0$.

当 $-1<x<1$ 时，有 $\ln(1+x) = x - \dfrac{x^2}{2} + \dfrac{x^3}{3} - \dfrac{x^4}{4} + \cdots = \sum\limits_{i=1}^{\infty}(-1)^{i-1}\dfrac{x^i}{i}$.

当 $1<c<s_i+3$ 时，有 $0<\dfrac{c-1}{s_i+2}<1$，则

$$(s_i+c+1)\ln\left(\frac{s_i+c+1}{s_i+2}\right) - (c-1)$$

$$= [(s_i+2)+(c-1)]\ln\left(1+\frac{c-1}{s_i+2}\right) - (c-1)$$

$$= [(s_i+2)+(c-1)]\left\{\frac{c-1}{s_i+2} - \frac{1}{2}\left(\frac{c-1}{s_i+2}\right)^2 + \frac{1}{3}\left(\frac{c-1}{s_i+2}\right)^3 - \frac{1}{4}\left(\frac{c-1}{s_i+2}\right)^4 + \cdots\right\} -$$

$$(c-1)$$

$$= \left[(c-1) - \frac{(c-1)^2}{2(s_i+2)} + \frac{(c-1)^3}{3(s_i+2)^2} - \frac{(c-1)^4}{4(s_i+2)^3} + \frac{(c-1)^5}{5(s_i+2)4} - \cdots\right] +$$

$$\left\{\frac{(c-1)^2}{(s_i+2)} - \frac{(c-1)^3}{2(s_i+2)^2} + \frac{(c-1)^4}{3(s_i+2)^3} - \frac{(c-1)^5}{4(s_i+2)^4} + \cdots\right\} - (c-1)$$

$$= \left[\frac{(c-1)^2}{2(s_i+2)} - \frac{(c-1)^3}{6(s_i+2)^2}\right] + \left[\frac{(c-1)^4}{12(s_i+2)^3} - \frac{(c-1)^5}{20(s_i+2)^4}\right] + \cdots$$

$$= (c-1)\left[\frac{(c-1)}{6(s_i+2)}\left(3 - \frac{c-1}{s_i+2}\right) + \frac{(c-1)^3}{60(s_i+2)^3}\left(5 - 3\frac{c-1}{s_i+2}\right) + \cdots\right]. \tag{8.3.20}$$

根据式(8.3.20)和定理8.3.1，有

$$\lim_{s_i \to \infty} \hat{p}_{iEB1}$$

$$= \frac{2(e_i+1)}{(c-1)} \lim_{s_i \to \infty} \left[ \frac{(c-1)}{6(s_i+2)} \left(3 - \frac{c-1}{s_i+2}\right) + \frac{(c-1)^3}{60(s_i+2)^3} \left(5 - 3\frac{c-1}{s_i+2}\right) + \cdots \right]$$

$$= 0.$$

因此，有 $\lim_{s_i \to \infty} \hat{p}_{iEB1} = \lim_{s_i \to \infty} \hat{p}_{iHB1}$

同理，有 $\lim_{s_i \to \infty} \hat{p}_{iEB1} = \lim_{s_i \to \infty} \hat{p}_{iHBj}$ ($j = 2$，3).

证毕

定理8.3.4说明，$\hat{p}_{iHBj}$ 和 $\hat{p}_{iHBj}$ ($j = 1$，2，3)是渐进相等的；或当 $s_i$ 比较大时，$\hat{p}_{iEBj}$ 和 $\hat{p}_{iHBj}$ ($j = 1$，2，3)比较接近.

## 8.3.4 模拟算例

根据定理8.3.1和定理8.3.2，通过模拟 $s_i$ 和 $e_i$，可以得到 $\hat{p}_{iHBj}$ ($j = 1$，2，3)，$\hat{p}_{iEB-} = \hat{p}_{iEB1} - \hat{p}_{iEB3}$，$\hat{p}_{iHBj}$ ($j = 1$，2，3)，$\hat{p}_{iHB-} = |\hat{p}_{iHB1} - \hat{p}_{iHB3}|$，其计算结果如表8-4～8-15所示.

表8-4 $\hat{p}_{iEBj}$ 的计算结果($j = 1$，2，3，$s_i = 10$，$e_i = 0$)

| c | 2 | 3 | 4 | 5 | 6 | 极差 |
|---|---|---|---|---|---|---|
| $\hat{p}_{iEB1}$ | 0.081110 | 0.079055 | 0.077145 | 0.075364 | 0.073697 | 0.007413 |
| $\hat{p}_{iEB2}$ | 0.080043 | 0.077075 | 0.074381 | 0.071921 | 0.069661 | 0.010382 |
| $\hat{p}_{iEB3}$ | 0.079687 | 0.076086 | 0.072723 | 0.069625 | 0.066779 | 0.012908 |
| $\hat{p}_{iEB-}$ | 0.001423 | 0.002969 | 0.004422 | 0.005739 | 0.006918 | 0.005495 |

表8-5 $\hat{p}_{iHBj}$ 的计算结果($j = 1$，2，3，$s_i = 10$，$e_i = 0$)

| c | 2 | 3 | 4 | 5 | 6 | 极差 |
|---|---|---|---|---|---|---|
| $\hat{p}_{iEB1}$ | 0.080871 | 0.078359 | 0.075948 | 0.073678 | 0.071556 | 0.009315 |
| $\hat{p}_{iEB2}$ | 0.079730 | 0.076234 | 0.073010 | 0.070068 | 0.067386 | 0.012344 |
| $\hat{p}_{iEB3}$ | 0.079397 | 0.075383 | 0.071671 | 0.068301 | 0.065247 | 0.014150 |
| $\hat{p}_{iEB-}$ | 0.001474 | 0.002976 | 0.004277 | 0.005377 | 0.006309 | 0.004835 |

**表 8-6** $\hat{p}_{iEBj}$ ++的计算结果（$j=1$，2，3，$s_i=20$，$e_i=0$）

| $c$ | 2 | 3 | 4 | 5 | 6 | 极差 |
|---|---|---|---|---|---|---|
| $\hat{p}_{iEB1}$ | 0.044782 | 0.044137 | 0.043519 | 0.042926 | 0.042356 | 0.002426 |
| $\hat{p}_{iEB2}$ | 0.044452 | 0.043506 | 0.042611 | 0.041764 | 0.040959 | 0.003493 |
| $\hat{p}_{iEB3}$ | 0.044342 | 0.043190 | 0.042067 | 0.040989 | 0.039961 | 0.004381 |
| $\hat{p}_{iEB-}$ | 0.000440 | 0.000947 | 0.001452 | 0.001937 | 0.002395 | 0.001955 |

**表 8-7** $\hat{p}_{iHBj}$ 的计算结果（$j=1$，2，3，$s_i=20$，$e_i=0$）

| $c$ | 2 | 3 | 4 | 5 | 6 | 极差 |
|---|---|---|---|---|---|---|
| $\hat{p}_{iEB1}$ | 0.044742 | 0.043905 | 0.043099 | 0.042314 | 0.041554 | 0.003188 |
| $\hat{p}_{iEB2}$ | 0.044349 | 0.043217 | 0.042120 | 0.041074 | 0.040083 | 0.004266 |
| $\hat{p}_{iEB3}$ | 0.044247 | 0.042947 | 0.041685 | 0.040488 | 0.039358 | 0.004889 |
| $\hat{p}_{iEB-}$ | 0.000495 | 0.000958 | 0.001414 | 0.001826 | 0.002196 | 0.001701 |

**表 8-8** $\hat{p}_{iEBj}$ 的计算结果（$j=1$，2，3，$s_i=50$，$e_i=0$）

| $c$ | 2 | 3 | 4 | 5 | 6 | 极差 |
|---|---|---|---|---|---|---|
| $\hat{p}_{iEB1}$ | 0.019109 | 0.018989 | 0.018871 | 0.018756 | 0.018642 | 0.000467 |
| $\hat{p}_{iEB2}$ | 0.019048 | 0.018870 | 0.018696 | 0.018527 | 0.018362 | 0.000686 |
| $\hat{p}_{iEB3}$ | 0.019028 | 0.018811 | 0.018592 | 0.018374 | 0.018161 | 0.000867 |
| $\hat{p}_{iEB-}$ | 8.06E-05 | 0.000178 | 0.000279 | 0.000382 | 0.000482 | 0.000400 |

**表 8-9** $\hat{p}_{iHBj}$ 的计算结果（$j=1$，2，3，$s_i=50$，$e_i=0$）

| $c$ | 2 | 3 | 4 | 5 | 6 | 极差 |
|---|---|---|---|---|---|---|
| $\hat{p}_{iHB1}$ | 0.019087 | 0.018941 | 0.018786 | 0.018630 | 0.018474 | 0.000613 |
| $\hat{p}_{iHB2}$ | 0.019028 | 0.018812 | 0.018595 | 0.018381 | 0.018171 | 0.000857 |
| $\hat{p}_{iHB3}$ | 0.019009 | 0.018763 | 0.018514 | 0.018268 | 0.018029 | 0.000980 |
| $\hat{p}_{iHB-}$ | 0.000078 | 0.000178 | 0.000272 | 0.000362 | 0.000445 | 0.000367 |

表 8－10　$\hat{p}_{iEBj}$ 的计算结果（$j=1，2，3，s_i=10，e_i=1$）

| $c$ | 2 | 3 | 4 | 5 | 6 | 极差 |
|---|---|---|---|---|---|---|
| $\hat{p}_{iEB1}$ | 0.162221 | 0.158109 | 0.154290 | 0.150728 | 0.147394 | 0.014827 |
| $\hat{p}_{iEB2}$ | 0.160085 | 0.154151 | 0.148762 | 0.143841 | 0.139323 | 0.020762 |
| $\hat{p}_{iEB3}$ | 0.159373 | 0.152171 | 0.145446 | 0.139250 | 0.133557 | 0.025816 |
| $\hat{p}_{iHB-}$ | 0.002848 | 0.005938 | 0.008844 | 0.011478 | 0.013837 | 0.010989 |

表 8－11　$\hat{p}_{iHBj}$ 的计算结果（$j=1，2，3，s_i=10，e_i=1$）

| $c$ | 2 | 3 | 4 | 5 | 6 | 极差 |
|---|---|---|---|---|---|---|
| $\hat{p}_{iHB1}$ | 0.161676 | 0.156859 | 0.152356 | 0.148135 | 0.144294 | 0.017382 |
| $\hat{p}_{iHB2}$ | 0.159448 | 0.152630 | 0.146546 | 0.141075 | 0.136123 | 0.023325 |
| $\hat{p}_{iHB3}$ | 0.158884 | 0.150972 | 0.143811 | 0.137321 | 0.131482 | 0.027402 |
| $\hat{p}_{iHB-}$ | 0.002792 | 0.005887 | 0.008545 | 0.010814 | 0.012812 | 0.010020 |

表 8－12　$\hat{p}_{iEBj}$ 的计算结果（$j=1，2，3，s_i=20，e_i=1$）

| $c$ | 2 | 3 | 4 | 5 | 6 | 极差 |
|---|---|---|---|---|---|---|
| $\hat{p}_{iEB1}$ | 0.089562 | 0.088273 | 0.087037 | 0.085852 | 0.084712 | 0.004850 |
| $\hat{p}_{iEB2}$ | 0.088904 | 0.087011 | 0.085222 | 0.083527 | 0.081918 | 0.006986 |
| $\hat{p}_{iEB3}$ | 0.088684 | 0.086381 | 0.084133 | 0.081977 | 0.079922 | 0.008762 |
| $\hat{p}_{iEB-}$ | 0.000878 | 0.001892 | 0.002904 | 0.003875 | 0.004790 | 0.003912 |

表 8－13　$\hat{p}_{iHBj}$ 的计算结果（$j=1，2，3，s_i=20，e_i=1$）

| $c$ | 2 | 3 | 4 | 5 | 6 | 极差 |
|---|---|---|---|---|---|---|
| $\hat{p}_{iHB1}$ | 0.092763 | 0.091376 | 0.087849 | 0.085407 | 0.083799 | 0.008964 |
| $\hat{p}_{iHB2}$ | 0.092160 | 0.088938 | 0.085910 | 0.083117 | 0.081205 | 0.010955 |
| $\hat{p}_{iHB3}$ | 0.091975 | 0.087040 | 0.083841 | 0.079726 | 0.079125 | 0.012850 |
| $\hat{p}_{iHB-}$ | 0.000788 | 0.004336 | 0.004008 | 0.006681 | 0.004674 | 0.005893 |

表 8-14　$\hat{p}_{iHBj}$ 的计算结果（$j=1$，2，3，$s_i=50$，$e_i=1$）

| $c$ | 2 | 3 | 4 | 5 | 6 | 极差 hline |
|---|---|---|---|---|---|---|
| $\hat{p}_{iEB1}$ | 0.038217 | 0.037978 | 0.037743 | 0.037512 | 0.037285 | 0.000932 |
| $\hat{p}_{iEB2}$ | 0.038096 | 0.037740 | 0.037393 | 0.037054 | 0.036723 | 0.001373 |
| $\hat{p}_{iEB3}$ | 0.038056 | 0.037622 | 0.037183 | 0.036749 | 0.036322 | 0.001734 |
| $\hat{p}_{iEB-}$ | 0.000161 | 0.000356 | 0.000559 | 0.000763 | 0.000963 | 0.000802 |

表 8-15　$\hat{p}_{iHBj}$ 的计算结果（$j=1$，2，3，$s_i=50$，$e_i=1$）

| $c$ | 2 | 3 | 4 | 5 | 6 | 极差 |
|---|---|---|---|---|---|---|
| $\hat{p}_{iHB1}$ | 0.039725 | 0.039647 | 0.039740 | 0.039515 | 0.037855 | 0.000063 |
| $\hat{p}_{iHB2}$ | 0.039613 | 0.039686 | 0.039398 | 0.039029 | 0.038661 | 0.000952 |
| $\hat{p}_{iHB3}$ | 0.040090 | 0.039148 | 0.037787 | 0.037152 | 0.036367 | 0.003642 |
| $\hat{p}_{iHB-}$ | 0.000365 | 0.000499 | 0.001953 | 0.002363 | 0.001488 | 0.001998 |

从表 8-4～表 8-15 可以发现，对相同的 $c(c=2$，3，4，5，6），$\hat{p}_{iEBj}$（$j=1$，2，3）是很接近的，并且满足定理 8.3.3；对不同的 $c(c=2$，3，4，5，6），$\hat{p}_{iEBj}$（$j=1$，2，3）和 $\hat{p}_{iHBj}$（$j=1$，2，3）都是稳健的，并且满足定理 8.3.4. 因此在应用中作者建议，$c$ 取区间 $[2，6]$ 的中点，即 $c=4$.

根据表 8-4～表 8-15，当 $c=4$ 时，$\hat{p}_{iEB2}$ 和 $\hat{p}_{iHB2}$ 的计算结果如图 8-3 所示.

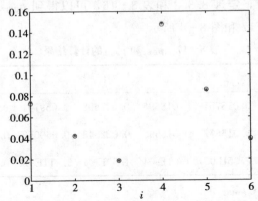

图 8-3　$\hat{p}_{iEB2}$ 和 $\hat{p}_{iHB2}$（$i=1$，2，…，6）的计算结果

说明：* 表示 $\hat{p}_{iEB2}$（$i=1$，2，…，6）的结算结果，。表示 $\hat{p}_{iHB2}$（$i=1$，2，…，6）的结算结果.

对超参数 $b$ 取不同的先验分布，其密度函数分别由式(8.3.2)、式(8.3.3)和式(8.3.4)给出，相应的 $\hat{p}_{iEBj}(j=1，2，3)$ 和 $\hat{p}_{iHBj}(j=1，2，3)$ 都是稳健的，并且满足定理 8.3.4，$\hat{p}_{iEBj}(j=1，2，3)$ 满足定理 8.3.3. 因此作者建议，超参数 $b$ 的先分布取均匀分布.

## 8.3.5 应用实例

某型发动机在定时截尾寿命试验中获得的试验数据如表 8-16(单位时间：小时)所示.

表 8-16    某型发动机的试验数据

| $i$ | 1 | 2 | 3 | 4 | 5 | 6 | 7 |
|---|---|---|---|---|---|---|---|
| $t_i$ | 450 | 650 | 850 | 1050 | 1250 | 1450 | 1650 |
| $n_i$ | 10 | 10 | 10 | 10 | 10 | 10 | 10 |
| $r_i$ | 0 | 0 | 0 | 0 | 1 | 1 | 2 |
| $e_i$ | 0 | 0 | 0 | 0 | 1 | 2 | 4 |
| $s_i$ | 70 | 60 | 50 | 40 | 30 | 20 | 10 |

根据定理 8.3.1，定理 8.3.2 和表 8-16，可以得到 $\hat{p}_{iEB2}$ 和 $\hat{p}_{iHB2}$(取 $c=4$)，其计算结果如表 8-17 和图 8-4 所示.

表 8-17    $\hat{p}_{iEB2}$ 和 $\hat{p}_{iHB2}$ 的计算结果

| $i$ | 1 | 2 | 3 | 4 | 5 | 6 | 7 |
|---|---|---|---|---|---|---|---|
| $\hat{p}_{iEB2}$ | 0.013607 | 0.015751 | 0.018696 | 0.022998 | 0.059741 | 0.127833 | 0.371906 |
| $\hat{p}_{iHB2}$ | 0.013551 | 0.015677 | 0.018595 | 0.022848 | 0.060052 | 0.122966 | 0.372908 |
| $\hat{p}_{i-}$ | 5.64E-05 | 7.35E-05 | 1.01E-04 | 1.50E-04 | 3.11E-04 | 0.004867 | 0.001002 |

说明：$\hat{p}_{i-}=|\hat{p}_{iEB2}-\hat{p}_{iHB2}|$.

从表 8-17 可以看出，$\hat{p}_{iEB2}$ 和 $\hat{p}_{iHB2}$ 满足定理 8.3.4.

226

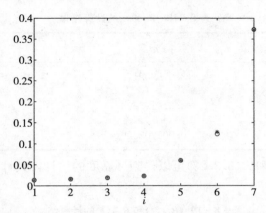

图 8-4　$\hat{p}_{iEB2}$ 和 $\hat{p}_{iHB2}$（$i=1$，2，…，7）的计算结果

说明：＊表示 $\hat{p}_{iEB2}$（$i=1$，2，…，7）的结算结果，。表示 $\hat{p}_{iHB2}$（$i=1$，2，…，7）的结算结果.

若该型发动机的寿命服从 Weibull 分布，其分布函数为

$$F(t)=1-\exp\left[-\left(\frac{t}{\eta}\right)^{m}\right],\ \eta>0,\ m>0,\ t>0. \tag{8.3.21}$$

根据茆诗松与罗朝斌（1989），Weibull 分布（8.3.21）中分布参数 $\eta$ 和 $m$ 的最小二乘估计为

$$\hat{\eta}=\exp(\hat{\mu}),\ \hat{m}=\frac{1}{\hat{\sigma}}, \tag{8.3.22}$$

其中 $\hat{\mu}=(BC-AD)/(mB-A^2)$，$\hat{\sigma}=(mD-AC)/(mB-A^2)$，$A=\sum\limits_{i=1}^{m}x_i$，$B=\sum\limits_{i=1}^{m}x_i{}^2$，$C=\sum\limits_{i=1}^{m}y_i$，$D=\sum\limits_{i=1}^{m}x_iy_i$，$x_i=\mathrm{lnln}[(1-\hat{p}_i*B)^{-1})]$，$\hat{p}_i$ 是 $p_i$ 的估计（E-Bayes 估计，多层 Bayes 估计等），$y_i=\mathrm{ln}t_i$，$i=1$，2，…，$m$.

根据式（8.3.22）可以得到时刻 $t$ 处该型发动机可靠度的估计为

$$\hat{R}(t)=\exp\left[-\left(\frac{t}{\hat{\eta}}\right)^{\hat{m}}\right] \tag{8.3.23}$$

其中 $\hat{\eta}$，$\hat{m}$ 由式（8.3.22）给出.

根据式（8.2.22）和表 8-17，可以得到 $\hat{\eta}$ 和 $\hat{m}$，其计算结果如表 8-18 所示.

**表 8 - 18  $\hat{m}$ 和 $\hat{n}$ 的计算结果**

| 参数估计方法 | $\hat{m}$ | $\hat{n}$ |
|---|---|---|
| E-Bayes 估计 | 3.315902122 | 2459.081203 |
| 多层 Bayes 估计 | 3.314199293 | 2465.966662 |
| 两者的差值 | 0.001702829 | 6.885459 |

根据表 8 - 18 和式(8.3.23)可以得到可靠度的估计，其计算结果如表 8 - 19 和图 8 - 5 所示.

**表 8 - 19  $\hat{R}_{EB}(t)$ 和 $\hat{R}_{HB}(t)$ 的计算结果**

| $t$ | 100 | 200 | 500 | 800 | 1000 | 1300 | 1600 |
|---|---|---|---|---|---|---|---|
| $\hat{R}_{EB}(t)$ | 0.999976 | 0.999757 | 0.994931 | 0.976141 | 0.950649 | 0.886213 | 0.786251 |
| $\hat{R}_{HB}(t)$ | 0.999976 | 0.999758 | 0.994964 | 0.976313 | 0.951020 | 0.887085 | 0.787860 |
| $\hat{R}_{-}(t)$ | 3.41E-07 | 1.36E-06 | 3.31E-05 | 1.72E-04 | 3.71E-04 | 8.72E-04 | 0.001609 |

说明： $\hat{R}_{-}(t) = \hat{R}_{HB}(t) - \hat{R}_{EB}(t)$.

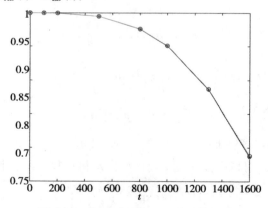

图 8 - 5  $\hat{R}_{EB}(t)$ 和 $\hat{R}_{HB}(t)$ 的计算结果

说明：＊表示 $\hat{R}_{EB}(t)$ 的结算结果，。表示 $\hat{R}_{HB}(t)$ 的结算结果. 应该指出，在本节中，如果取 $e_i = 0$，即可得到本章第一节中的一些相关结果.

# 8.4　两个超参数情形

Han(2007a)提出了参数的一种估计方法——E-Bayes 估计法. 在先验分布中有两个超参数情形, 给出了失效概率的 E-Bayes 估计的定义, 在此基础上给出了失效概率的 E-Bayes 估计, 并给出了失效概率的 E-Bayes 估计的性质. 最后, 给出了模拟算例和应用实例.

Han(2017)在先验分布中有两个超参数情形, 给出了失效概率的多层 Bayes 估计, 在此基础上给出了多层 Bayes 估计的性质——多层 Bayes 估计与 E-Bayes 估计的关系, 并给出了模拟算例.

## 8.4.1　$p_i$ 的 E-Bayes 估计的定义

如果取 $p_i$ 的先验分布为其共轭分布—Beta 分布, 其密度函数为

$$\pi(p_i|a, b) = \frac{p_i^{a-1}(1-p_i)^{b-1}}{B(a, b)}, \tag{8.4.1}$$

其中 $0<p_i<1$, $B(a, b) = \int_0^1 t^{a-1}(1-t)^{b-1} \mathrm{d}t$ 是 Beta 函数, $a>0$ 和 $b>0$ 为超参数.

根据韩明(1997), 选取 $a$ 和 $b$ 应使 $\pi(p_i|a, b)$ 是 $p_i$ 的减函数.

$$\frac{\mathrm{d}[\pi(p_i|a, b)]}{\mathrm{d}p_i} = \frac{p_i^{a-2}(1-p_i)^{b-2}[(a-1)(1-p_i)-(b-1)p_i]}{B(a, b)}.$$

注意到 $a>0$, $b>0$, 且 $0<p_i<1$, 当 $0<a<1$, $b>1$ 时, 有 $\dfrac{\mathrm{d}[\pi(p_i|a, b)]}{\mathrm{d}p_i}$ $<0$, $\pi(p_i|a, b)$ 是 $p_i$ 的减函数.

当 $0<a<1$ 和 $b>1$ 时, 根据 Bayes 估计的稳健性(Berger(1985)), 尾部越细的先验分布会造成 Bayes 估计的稳健性越差, 因此 $b$ 不宜过大, 应该有一个界限. 设 $c$ 是 $b$ 一个上界, 其中 $c>1$ 为常数. 这样可以确定超参数 $a$ 和 $b$ 的范围为 $0<a<1$ 和 $1<b<c$.

**定义 8.4.1**　对 $(a, b) \in D$, 若 $\hat{p}_i(a, b)$ 是连续的,

$$\hat{p}_{iEB} = \iint\limits_{D} p_{iB}(a, b)\pi(a, b)\mathrm{d}a\mathrm{d}b$$

称为 $p_i$ 的 E-Bayes 估计. 其中 $\iint\limits_{D} p_{iB}(a, b)\pi(a, b)\mathrm{d}a\mathrm{d}b$ 是存在的，$D = \{(a, b): 0 < a < 1, 1 < b < c, a, b \in \mathbf{R}\}$，$c > 1$ 为常数，$\pi(a, b)$ 为 $a$ 和 $b$ 在区域 $D$ 上的密度函数，$\hat{p}_{iB}(a, b)$ 为 $p_i$ 的 Bayes 估计（用超参数 $a$ 和 $b$ 表示），$i = 1, 2, \cdots, m$.

从定义 9.4.1 可以看出，$p_i$ 的 E-Bayes 估计

$$\hat{p}_{iEB} = \iint\limits_{D} p_i B(a, b)\pi(a, b)\mathrm{d}a\mathrm{d}b = E[\hat{p}_{iB}(a, b)]$$

是 $\hat{p}_{iB}(a, b)$ 对超参数 $a$ 和 $b$ 的数学期望，即 $p_i$ 的 E-Bayes 估计是 $p_i$ 的 Bayes 估计对超参数的数学期望.

## 8.4.2  $p_i$ 的 E-Bayes 估计

Han(2007a)给出了 $p_i$ 的 E-Bayes 估计.

**定理 8.4.1**  对某产品进行 $m$ 次定时截尾试验，获得的试验数据为 $\{(n_i, r_i, t_i), i = 1, 2, \cdots, m\}$，记 $s_i = \sum\limits_{j=i}^{m} n_j$，$e_i = \sum\limits_{j=1}^{i} r_j$，$i = 1, 2, \cdots, m$. 若 $p_i$ 的先验密度函数 $\pi(p_i|a, b)$ 由(8.4.1)给出，则有如下是两个结论：

(1)在平方损失下，$p_i$ 的 Bayes 估计为 $\hat{p}_{iB}(a, b) = \dfrac{a + e_i}{a + b + s_i}$；

(2)若 $a$ 和 $b$ 的先验密度函数如下：

$$\pi_1(a, b) = \frac{2(c-b)}{(c-1)^2}, \quad 0 < a < 1, 1 < b < c, \tag{8.4.2}$$

$$\pi_2(a, b) = \frac{1}{c-1}, \quad 0 < a < 1, 1 < b < c \tag{8.4.3}$$

$$\pi_3(a, b) = \frac{2b}{c^2-1}, \quad 0 < a < 1, 1 < b < c, \tag{8.4.4}$$

则 $p_i$ 的 E-Bayes 估计分别为

$$\hat{p}_{iEB1} = \frac{2}{(c-1)^2} \int_1^c \int_0^1 \frac{(c-b)(a+e_i)}{a+b+s_i} \mathrm{d}a\mathrm{d}b,$$

$$\hat{p}_{iEB2}=\frac{1}{(c-1)}\int_1^c\int_0^1\frac{a+e_i}{a+b+s_i}\mathrm{d}a\mathrm{d}b,$$

$$\hat{p}_{iEB3}=\frac{2}{c^2-1}\int_1^c\int_0^1\frac{b(a+e_i)}{a+b+s_i}\mathrm{d}a\mathrm{d}b.$$

**证明**　(1)对某产品进行 $m$ 次定时截尾试验，获得的试验数据为$\{(n_i,\ r_i,\ t_i),\ i=1,\ 2,\ \cdots,\ m\}$，则样本的似然函数为

$$L(r_i\,|\,p_i)=\mathrm{C}_{s_i}^{e_i}p_i{}^{e_i}(1-p_i)^{s_i-e_i},\ 0<p_i<1,$$

其中 $s_i=\displaystyle\sum_{j=i}^m n_j,\ e_i=\sum_{j=1}^i r_j,\ i=1,\ 2,\ \cdots,\ m.$

若 $p_i$ 的先验密度函数 $\pi(p_i\,|\,a,\ b)$ 由式(8.4.1)给出，根据 Bayes 定理，则 $p_i$ 的后验密度函数为

$$
\begin{aligned}
h(p_i\,|\,r_i)&=\frac{\pi(p_i\,|\,a,\ b)L(r_i\,|\,p_i)}{\displaystyle\int_0^1\pi(p_i\,|\,a,\ b)L(r_i\,|\,p_i)\mathrm{d}p_i}\\[2mm]
&=\frac{p_i{}^{a+e_i-1}(1-p_i)^{b+s_i-e_i-1}}{\displaystyle\int_0^1 p_i{}^{a+e_i-1}(1-p_i)^{b+s_i-e_i-1}\mathrm{d}p_i}\\[2mm]
&=\frac{p_i{}^{a+e_i-1}(1-p_i)^{b+s_i-e_i-1}}{B(a+e_i,\ b+s_i-e_i)}.
\end{aligned}
$$

在平方损失下，$p_i$ 的 Bayes 估计为

$$
\begin{aligned}
\hat{p}_{iB}(a,\ b)&=\int_0^1 p_i h(p_i\,|\,r_i)\mathrm{d}p_i\\[2mm]
&=\frac{\displaystyle\int_0^1 p_i{}^{(a+e_i+1)-1}(1-p_i)^{b+s_i-e_i-1}\mathrm{d}p_i}{B(a+e_i,\ b+s_i-e_i)}\\[2mm]
&=\frac{B(a+e_i+1,\ b+s_i-e_i)}{B(a+e_i,\ b+s_i-e_i)}\\[2mm]
&=\frac{a+e_i}{a+b+s_i}.
\end{aligned}
$$

(2)如果 $a$ 和 $b$ 的先验密度函数由式(8.4.2)给出，根据定义 8.4.1，则 E-Bayes 估计为

$$\hat{p}_{iEB1}=\iint_D p_i B(a,\ b)\pi_1(a,\ b)\mathrm{d}a\mathrm{d}b=\frac{2}{(c-1)^2}\int_1^c\int_0^1\frac{(c-b)(a+e_i)}{a+b+s_i}\mathrm{d}a\mathrm{d}b.$$

同样，如果 $a$ 和 $b$ 的先验密度函数由式(8.4.3)给出，根据定义 8.4.1，则

231

E-Bayes估计为

$$\hat{p}_{iEB2}=\iint\limits_{D}\hat{p}_i B(a,\ b)\pi_2(a,\ b)\mathrm{d}a\mathrm{d}b=\frac{2}{(c-1)}\int_1^c\int_0^1\frac{a+e_i}{a+b+s_i}\mathrm{d}a\mathrm{d}b.$$

类似地，如果 $a$ 和 $b$ 的先验密度函数由式(8.4.4)给出，根据定义 8.4.1，则 E-Bayes 估计为

$$\hat{p}_{iEB3}=\iint\limits_{D}\hat{p}_i B(a,\ b)\pi_3(a,\ b)\mathrm{d}a\mathrm{d}b=\frac{2}{(c^2-1)}\int_1^c\int_0^1\frac{b(a+e_i)}{a+b+s_i}\mathrm{d}a\mathrm{d}b.$$

证毕

### 8.4.3　$p_i$ 的 E-Bayes 估计的性质

在定理 8.4.1 中，给出的三个 $p_i$ 的 E-Bayes 估计 $\hat{p}_{iEB1}$，$\hat{p}_{iEB2}$ 和 $\hat{p}_{iEB3}$，那么它们之间有什么关系呢？

以下将要给出的定理 8.4.2 回答了这个问题(Han(2007a))。

**定理 8.4.2**　在定理 8.4.1 中，如果 $1<c<s_i+3$，则有如下两个结论：

(1) $\hat{p}_{iEB1}>\hat{p}_{iEB2}>\hat{p}_{iEB3}$；

(2) $\lim\limits_{s_i\to\infty}\hat{p}_{iEB1}=\lim\limits_{s_i\to\infty}\hat{p}_{iEB2}=\lim\limits_{s_i\to\infty}\hat{p}_{iEB3}$.

**证明**　(1)根据定理 8.4.1，有

$$\hat{p}_{iEB2}-\hat{p}_{iEB3}=\frac{1}{c^2-1}\int_1^c\int_0^1\frac{a+e_i}{a+b+s_i}(c+1-2b)\mathrm{d}a\mathrm{d}b,\qquad(8.4.5)$$

$$\hat{p}_{iEB1}-\hat{p}_{iEB2}=\frac{1}{(c-1)^2}\int_1^c\int_0^1\frac{a+e_i}{a+b+s_i}(c+1-2b)\mathrm{d}a\mathrm{d}b,\qquad(8.4.6)$$

和

$$\int_1^c\int_0^1\frac{a+e_i}{a+b+s_i}(c+1-2b)\mathrm{d}a\mathrm{d}b$$

$$=\int_0^1\Big[(a+e_i)\int_1^c\frac{c+1-2b}{a+b+s_i}\mathrm{d}b\Big]\mathrm{d}a$$

$$=\int_0^1(a+e_i)\Big\{[2(a+s_i+(c+1)]\ln\Big(\frac{a+s_i+c}{a+s_i+1}\Big)-2(c-1)\Big\}\mathrm{d}a.\qquad(8.4.7)$$

对 $a\in(0,\ 1)$，$[2(a+s_i+(c+1)]\ln\Big(\frac{a+s_i+c}{a+s_i+1}\Big)-2(c-1)$ 是连续的．当

$0<a<1$，$e_i \geqslant 0$ 时，有 $a+e_i>0$，根据积分中值定理的推广，至少存在一个 $a_1 \in (0，1)$，使

$$\int_0^1 (a+e_i)\left\{[2(a+s_i)+(c+1)]\ln\left(\frac{a+s_i+c}{a+s_i+1}\right)-2(c-1)\right\}\mathrm{d}a$$

$$=\left\{[2(a_1+s_i)+(c+1)]\ln\left(\frac{a_1+s_i+c}{a_1+s_i+1}\right)-2(c-1)\right\}\int_0^1 (a+e_i)\mathrm{d}a$$

$$=\left\{[2(a_1+s_i)+(c+1)]\ln\left(\frac{a_1+s_i+c}{a_1+s_i+1}\right)-2(c-1)\right\}\left(\frac{1}{2}+e_i\right). \qquad (8.4.8)$$

当 $-1<x<1$ 时，有 $\ln(1+x)=x-\dfrac{x^2}{2}+\dfrac{x^3}{3}-\dfrac{x^4}{4}+\cdots=\displaystyle\sum_{i=1}^{\infty}(-1)^{i-1}\dfrac{x^i}{i}$.

令 $x=\dfrac{c-1}{a_1+s_i+1}$，当 $1<c<a_1+s_i+2<s_i+3$，$0<\dfrac{c-1}{a_1+s_i+1}<1$，有

$$[2(a_1+s_i)+(c+1)]\ln\left(\frac{a_1+s_i+c}{a_1+s_i+1}\right)-2(c-1)$$

$$=[2(a_1+s_i+1)+(c-1)]\ln\left(1+\frac{c-1}{a_1+s_i+1}\right)-2(c-1). \qquad (8.4.9)$$

令 $a_1+s_i+1=M$，有

$$[2(a_1+s_i+1)+(c-1)]\ln\left(1+\frac{c-1}{a_1+s_i+1}\right)-2(c-1)$$

$$=[2M+(c-1)]\ln\left(1+\frac{c-1}{M}\right)-2(c-1)$$

$$=2(c-1)-\frac{(c-1)^2}{M}+\frac{2}{3}\frac{(c-1)^3}{M^2}-\frac{2}{4}\frac{(c-1)^4}{M^3}+\frac{2}{5}\frac{(c-1)^5}{M^4}-\frac{2}{6}\frac{(c-1)^6}{M^5}+\cdots+$$

$$\frac{(c-1)^2}{M}-\frac{1}{2}\frac{(c-1)^3}{M^2}+\frac{1}{3}\frac{(c-1)^4}{M^3}-\frac{1}{4}\frac{(c-1)^5}{M^4}+\frac{1}{5}\frac{(c-1)^6}{M^5}-\cdots-2(c-1)]$$

$$=\left[\frac{1}{6}\frac{(c-1)^3}{M^2}-\frac{1}{6}\frac{(c-1)^4}{M^3}\right]+\left[\frac{3}{20}\frac{(c-1)^5}{M^4}-\frac{2}{15}\frac{(c-1)^6}{M^5}\right]+\cdots \qquad (8.4.10)$$

当 $0<\dfrac{c-1}{M}<1$，有

$$\frac{1}{6}\frac{(c-1)^3}{M^2}-\frac{1}{6}\frac{(c-1)^4}{M^3}=\frac{1}{6}\frac{(c-1)^3}{M^2}\left(1-\frac{c-1}{M}\right)>0, \qquad (8.4.11)$$

$$\frac{3}{20}\frac{(c-1)^5}{M^4}-\frac{2}{15}\frac{(c-1)^6}{M^5}=\frac{1}{60}\frac{(c-1)^5}{M^4}\left[9-\frac{8(c-1)}{M}\right]>0,\cdots, \qquad (8.4.12)$$

根据式(8.4.9)、式(8.4.10)、式(8.4.11)和式(8.4.12)，有

$$\left[2(a_1+s_i)+(c+1)\right]\ln\left(\frac{a_1+s_i+c}{a_1+s_i+1}\right)-2(c-1)>0. \tag{8.4.13}$$

根据式(8.4.7)、式(8.4.8)和式(8.4.13)，有

$$\int_1^c\int_0^1\frac{a+e_i}{a+b+s_i}(c+1-2b)\,\mathrm{d}a\,\mathrm{d}b>0. \tag{8.4.14}$$

根式据(8.4.14)、式(9.4.5)和式(9.4.6)，有 $\hat{p}_{iEB2}>\hat{p}_{iEB3}$ 和 $\hat{p}_{iEB1}>\hat{p}_{iEB2}$，即 $\hat{p}_{iEB1}>\hat{p}_{iEB2}>\hat{p}_{iEB3}$.

(2)由于 $0<\dfrac{c-1}{M}<1$，所以

$$\lim_{s_i\to\infty}\left[\frac{1}{6}\frac{(c-1)^3}{M^2}-\frac{1}{6}\frac{(c-1)^4}{M^3}\right]=(c-1)\lim_{s_i\to\infty}\left[\frac{1}{6}\left(\frac{c-1}{M}\right)^2\left(1-\frac{c-1}{M}\right)\right]=0,$$

$$\tag{8.4.15}$$

$$\lim_{s_i\to\infty}\left[\frac{3}{20}\frac{(c-1)^5}{M^4}-\frac{2}{15}\frac{(c-1)^6}{M^5}\right]=(c-1)\lim_{s_i\to\infty}\left\{\frac{1}{60}\left(\frac{c-1}{M}\right)^4\left[9-8\left(\frac{c-1}{M}\right)\right]\right\}=0.$$

$$\tag{8.4.16}$$

根据式(8.4.5)、式(8.4.7)～式(8.4.10)、式(8.4.12)，式(8.4.15)和式(8.4.16)，有

$$\lim_{s_i\to\infty}(\hat{p}_{iEB2}-\hat{p}_{iEB3})$$

$$=\frac{\left(\frac{1}{2}+e_i\right)}{c^2-1}\left\{\lim_{s_i\to\infty}\left[\frac{1}{6}\frac{(c-1)^3}{M^2}-\frac{1}{6}\frac{(c-1)^4}{M^3}\right]+\lim_{s_i\to\infty}\left[\frac{3}{20}\frac{(c-1)^5}{M^4}-\frac{2}{15}\frac{(c-1)^6}{M^5}\right]+\cdots\right\}$$

$$=0.$$

根据式(8.4.6)～式(8.4.10)，式(8.4.12)，式(8.4.15)和式(8.4.16)，有

$$\lim_{s_i\to\infty}(\hat{p}_{iEB1}-\hat{p}_{iEB2})$$

$$=\frac{\left(\frac{1}{2}+e_i\right)}{(c-1)^2}\left\{\lim_{s_i\to\infty}\left[\frac{1}{6}\frac{(c-1)^3}{M^2}-\frac{1}{6}\frac{(c-1)^4}{M^3}\right]+\lim_{s_i\to\infty}\left[\frac{3}{20}\frac{(c-1)^5}{M^4}-\frac{2}{15}\frac{(c-1)^6}{M^5}\right]+\cdots\right\}$$

$$=0.$$

因此，$\lim\limits_{s_i\to\infty}\hat{p}_{iEB1}=\lim\limits_{s_i\to\infty}\hat{p}_{iEB2}=\lim\limits_{s_i\to\infty}\hat{p}_{iEB3}$.

证毕

定理8.4.2的(1)说明，超参数 $a$ 和 $b$ 的先验分布不同，相应的 E-Bayes 估计

$\hat{p}_{iEB1}$，$\hat{p}_{iEB2}$和$\hat{p}_{iEB3}$也是不同的.

定理 8.4.2 的(2)说明，$\hat{p}_{iEB1}$，$\hat{p}_{iEB2}$和$\hat{p}_{iEB3}$是渐进相等的，或当 $s_i$ 较大时，$\hat{p}_{iEB1}$，$\hat{p}_{iEB2}$和$\hat{p}_{iEB3}$是比较接近的.

## 8.4.4　模拟算例

根据定理 8.4.1，通过模拟 $s_i$ 和 $e_i$，可以得到 $\hat{p}_{iEBj}$（$j=1$，2，3），其计算结果如表 8-20 和表 8-21（$p_{i-}=p_{iEB1}-p_{iEB3}$）所示.

表 8-20　$\hat{p}_{iEBj}$（$j=1$，2，3）和 $\hat{p}_{i-}$ 的计算结果（$e_i=1$）

| $s_i$ | $c$ | 2 | 3 | 4 | 5 | 6 | 极差 |
|---|---|---|---|---|---|---|---|
| 10 | $\hat{p}_{iEB1}$ | 0.126290 | 0.122973 | 0.119901 | 0.117042 | 0.114371 | 0.011919 |
| 10 | $\hat{p}_{iEB2}$ | 0.124565 | 0.119785 | 0.115459 | 0.111520 | 0.107913 | 0.016652 |
| 10 | $\hat{p}_{iEB3}$ | 0.123990 | 0.118190 | 0.112794 | 0.107839 | 0.103300 | 0.020690 |
| 10 | $\hat{p}_{i-}$ | 0.002300 | 0.004783 | 0.007107 | 0.009203 | 0.011071 | 0.008771 |
| 50 | $\hat{p}_{iEB1}$ | 0.028909 | 0.028727 | 0.028547 | 0.028371 | 0.028198 | 0.000711 |
| 50 | $\hat{p}_{iEB2}$ | 0.028817 | 0.028545 | 0.028281 | 0.028022 | 0.027770 | 0.001047 |
| 50 | $\hat{p}_{iEB3}$ | 0.028786 | 0.028455 | 0.028120 | 0.027789 | 0.027464 | 0.001322 |
| 50 | $\hat{p}_{i-}$ | 0.000123 | 0.000272 | 0.000426 | 0.000581 | 0.000734 | 0.000611 |
| 100 | $\hat{p}_{iEB1}$ | 0.014722 | 0.014674 | 0.014627 | 0.014580 | 0.014534 | 0.000188 |
| 100 | $\hat{p}_{iEB2}$ | 0.014698 | 0.014627 | 0.014556 | 0.014487 | 0.014418 | 0.000280 |
| 100 | $\hat{p}_{iEB3}$ | 0.014690 | 0.014603 | 0.014514 | 0.014425 | 0.014336 | 0.000354 |
| 100 | $\hat{p}_{i-}$ | 3.20E-05 | 7.13E-05 | 1.13E-04 | 1.55E-04 | 1.98E-04 | 1.66E-04 |
| 1000 | $\hat{p}_{iEB1}$ | 0.001497 | 0.001497 | 0.001496 | 0.001496 | 0.001495 | 1.99E-06 |
| 1000 | $\hat{p}_{iEB2}$ | 0.001497 | 0.001497 | 0.001495 | 0.001495 | 0.001494 | 2.98E-06 |
| 1000 | $\hat{p}_{iEB3}$ | 0.001497 | 0.001496 | 0.001495 | 0.001494 | 0.001493 | 3.78E-06 |
| 1000 | $\hat{p}_{i-}$ | 3.32E-07 | 7.46E-07 | 1.19E-06 | 1.65E-06 | 2.13E-06 | 1.79E-06 |

表 8-21　$\hat{p}_{iEBj}$（$j=1$，2，3）和 $\hat{p}_{i-}$ 的计算结果（$e_i=2$）

| $s_i$ | $c$ | 2 | 3 | 4 | 5 | 6 | 极差 |
|---|---|---|---|---|---|---|---|
| 10 | $\hat{p}_{iEB1}$ | 0.210880 | 0.205333 | 0.200194 | 0.195413 | 0.190947 | 0.019933 |
| 10 | $\hat{p}_{iEB2}$ | 0.207995 | 0.199999 | 0.192765 | 0.186179 | 0.180148 | 0.027847 |
| 10 | $\hat{p}_{iEB3}$ | 0.207033 | 0.197332 | 0.188308 | 0.180023 | 0.172434 | 0.034598 |
| 10 | $\hat{p}_{i-}$ | 0.003847 | 0.008001 | 0.011886 | 0.015390 | 0.018513 | 0.014667 |
| 50 | $\hat{p}_{iEB1}$ | 0.048203 | 0.047898 | 0.047599 | 0.047305 | 0.047017 | 0.001186 |

(续表)

| $s_i$ | $c$ | 2 | 3 | 4 | 5 | 6 | 极差 |
|---|---|---|---|---|---|---|---|
| 50 | $\hat{p}_{iEB2}$ | 0.048049 | 0.047596 | 0.047154 | 0.046723 | 0.046302 | 0.001747 |
| 50 | $\hat{p}_{iEB3}$ | 0.047998 | 0.047445 | 0.046887 | 0.046335 | 0.045792 | 0.002206 |
| 50 | $\hat{p}_{i-}$ | 2.05E-04 | 4.53E-04 | 7.11E-04 | 9.70E-04 | 0.001225 | 0.001020 |
| 100 | $\hat{p}_{iEB1}$ | 0.024542 | 0.024462 | 0.024384 | 0.024306 | 0.024228 | 0.000314 |
| 100 | $\hat{p}_{iEB2}$ | 0.024502 | 0.024350 | 0.024266 | 0.024150 | 0.024036 | 0.000467 |
| 100 | $\hat{p}_{iEB3}$ | 0.024489 | 0.024344 | 0.024195 | 0.024046 | 0.023898 | 0.000591 |
| 100 | $\hat{p}_{i-}$ | 5.34E-05 | 1.19E-04 | 1.88E-04 | 2.59E-04 | 3.30E-04 | 2.77E-04 |
| 1000 | $\hat{p}_{iEB1}$ | 0.002495 | 0.002494 | 0.002493 | 0.002493 | 0.002492 | 3.31E-06 |
| 1000 | $\hat{p}_{iEB2}$ | 0.002495 | 0.002494 | 0.002492 | 0.002491 | 0.002490 | 4.96E-06 |
| 1000 | $\hat{p}_{iEB3}$ | 0.002495 | 0.002493 | 0.002492 | 0.002490 | 0.002488 | 6.30E-06 |
| 1000 | $\hat{p}_{i-}$ | 5.53E-07 | 1.24E-06 | 1.99E-06 | 2.76E-06 | 3.54E-06 | 2.99E-06 |

从表8-20和表8-21可以发现,对相同的 $c(c=2,3,4,5,6)$,$\hat{p}_{iEBj}(j=1,2,3)$是比较接近的,并且对不同的 $c(c=2,3,4,5,6)$,$\hat{p}_{iEBj}(j=1,2,3)$都是稳健的.在应用中作者建议,$c$ 取区间 $[2,6]$ 的中点,即 $c=4$.

对超参数 $a$ 和 $b$ 取不同的先验分布,其密度函数分别由式(8.4.2),式(8.4.3)和式(8.4.4)给出,相应的 $\hat{p}_{iEBj}(j=1,2,3)$ 都是稳健的,并且满足定理8.4.2.因此作者建议,超参数 $a$ 和 $b$ 的先分布取均匀分布.

## 8.4.5　应用实例

某型发动机在定时截尾的寿命试验中获得的试验数据如表8-22(单位时间:小时)所示.

**表8-22　发动机的试验数据**

| $i$ | 1 | 2 | 3 | 4 | 5 | 6 | 7 | 8 | 9 |
|---|---|---|---|---|---|---|---|---|---|
| $t_i$ | 250 | 450 | 650 | 850 | 1050 | 1250 | 1450 | 1650 | 1850 |
| $n_i$ | 3 | 3 | 3 | 3 | 4 | 4 | 4 | 4 | 4 |
| $r_i$ | 0 | 0 | 0 | 0 | 0 | 1 | 0 | 1 | 1 |
| $e_i$ | 0 | 0 | 0 | 0 | 0 | 1 | 1 | 2 | 3 |
| $s_i$ | 32 | 29 | 26 | 23 | 20 | 16 | 12 | 8 | 4 |

根据定理8.4.1和表8-22,可以得到 $\hat{p}_{iEB2}$(取 $c=4$),其计算结果如表8-23所示.

**表 8-23** $\hat{p}_{iEB2}$ 的计算结果

| $i$ | 1 | 2 | 3 | 4 | 5 | 6 | 7 | 8 | 9 |
|---|---|---|---|---|---|---|---|---|---|
| $\hat{p}_{iEB2}$ | 0.014227 | 0.015556 | 0.017159 | 0.019131 | 0.021615 | 0.078898 | 0.099998 | 0.228157 | 0.507020 |

根据 Han(2007a)，该发动机的寿命服从 Weibull 分布，其分布函数为

$$F(t)=1-\exp\left[-\left(\frac{t}{\eta}\right)^m\right], \quad \eta>0, \quad m>0, \quad t>0.$$

Weibull 分布中分布参数 $\eta$ 和 $m$ 的最小二乘估计由式(8.3.22)给出，在时刻 $t$ 处产品可靠度的估计由式(8.3.23)给出.

根据式(8.3.22)和表 8-23 可以得到 $\hat{\eta}$ 和 $\hat{m}$，其计算结果如表 8-24 所示.

**表 8-24** $\hat{\eta}$ 和 $\hat{m}$ 的计算结果

| $\hat{\eta}$ | $\hat{m}$ |
|---|---|
| 2. 644292622 | 2739.153494 |

根据式(8.3.23)和表 8-24 可以得到 $\hat{R}(t)$，其计算结果如表 8-25 和图 8-6 所示.

**表 8-25** $\hat{R}(t)$ 的计算结果

| $t$ | 200 | 400 | 600 | 800 | 1000 |
|---|---|---|---|---|---|
| $\hat{R}(t)$ | 0.999013 | 0.993845 | 0.982124 | 0.962138 | 0.932736 |
| $t$ | 1200 | 1400 | 1600 | 1800 | 2000 |
| $\hat{R}(t)$ | 0.893356 | 0.844070 | 0.785602 | 0.719297 | 0.647047 |

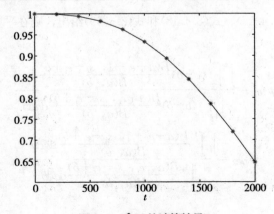

图 8-6 $\hat{R}(t)$ 的计算结果

## 8.4.6  $p_i$ 的多层 Bayes 估计

Han(2017)在 $p_i$ 的先验分布中有两个超参数时，给出了 $p_i$ 的多层 Bayes 估计，并给出了 $p_i$ 的多层 Bayes 估计的性质——$p_i$ 的多层 Bayes 估计和 $p_i$ 的 E-Bayes 估计的关系. 最后，给出了模拟算例.

若 $p_i$ 的先验密度函数 $\pi(p_i|a, b)$ 由式(8.4.1)给出，超参数 $a$ 和 $b$ 的先验密度函数分别由式(8.4.2)，式(8.4.3)和式(8.4.4)给出，则 $p_i$ 的多层先验密度函数分别为

$$\pi_4(p_i)=\int_1^c\int_0^1 \pi(p_i|a, b)\pi_1(a, b)\mathrm{d}a\mathrm{d}b=\frac{2}{(c-1)^2}\int_1^c\int_0^1 \frac{(c-b)}{B(a, b)}p_i^{a-1}(1-p_i)^{b-1}\mathrm{d}a\mathrm{d}b,$$

$$(8.4.17)$$

$$\pi_5(p_i)=\int_1^c\int_0^1 \pi(p_i|a, b)\pi_2(a, b)\mathrm{d}a\mathrm{d}b=\frac{1}{(c-1)}\int_1^c\int_0^1 \frac{1}{B(a, b)}p_i^{a-1}(1-p_i)^{b-1}\mathrm{d}a\mathrm{d}b,$$

$$(8.4.18)$$

$$\pi_6(p_i)=\int_1^c\int_0^1 \pi(p_i|a, b)\pi_3(a, b)\mathrm{d}a\mathrm{d}b=\frac{2}{(c^2-1)}\int_1^c\int_0^1 \frac{b}{B(a, b)}p_i^{a-1}(1-p_i)^{b-1}\mathrm{d}a\mathrm{d}b,$$

$$(8.4.19)$$

这里 $0<p_i<1$.

**定理 8.4.3**  对某产品进行 $m$ 次定时截尾试验，获得的试验数据为 $\{(n_i, r_i, t_i), i=1, 2, \cdots, m\}$，记 $s_i=\sum_{j=i}^m n_j$，$e_i=\sum_{j=1}^i r_j$，$i=1, 2, \cdots, m$. 若 $p_i$ 的多层先验密度函数 $\pi(p_i)$ 由式(8.4.17)、式(8.4.18)和式(8.4.19)给出，则在平方损失下，$p_i$ 的多层 Bayes 估计分别为

$$\hat{p}_{iHB1}=\frac{\int_1^c\int_0^1 (c-b)\dfrac{B(a+e_i+1, s_i-e_i+b)}{B(a, b)}\mathrm{d}a\mathrm{d}b}{\int_1^c\int_0^1 (c-b)\dfrac{B(a+e_i, s_i-e_i+b)}{B(a, b)}\mathrm{d}a\mathrm{d}b},$$

$$\hat{p}_{iHB2}=\frac{\int_1^c\int_0^1 \dfrac{B(a+e_i+1, s_i-e_i+b)}{B(a, b)}\mathrm{d}a\mathrm{d}b}{\int_1^c\int_0^1 \dfrac{B(a+e_i, s_i-e_i+b)}{B(a, b)}\mathrm{d}a\mathrm{d}b},$$

$$\hat{p}_{iHB3}=\frac{\displaystyle\int_1^1\int_0^1 b\,\frac{B(a+e_i+1,\ s_i-e_i+b)}{B(a,\ b)}\mathrm{d}a\mathrm{d}b}{\displaystyle\int_1^c\int_0^1 b\,\frac{B(a+e_i,\ s_i-e_i+b)}{B(a,\ b)}\mathrm{d}a\mathrm{d}b},$$

**证明**　对某产品进行 $m$ 次定时截尾试验，获得的试验数据为 $\{(n_i,\ r_i,\ t_i),\ i=1,$ $2,\ \cdots,\ m\}$，根据定理 8.4.1 的证明过程，样本的似然函数为

$$L(r_i\,|\,p_i)=\mathrm{C}_{s_i}^{e_i}p_i^{e_i}(1-p_i)^{s_i-e_i},$$

其中 $s_i=\displaystyle\sum_{j=i}^{m}n_j$，$e_i=\displaystyle\sum_{j=1}^{i}r_j$，$i=1,\ 2,\ \cdots,\ m,\ 0<p_i<1.$

如果 $p_i$ 的多层先验密度函数由式(8.4.17)给出，根据 Bayes 定理，则 $p_i$ 的多层后验密度函数为

$$
\begin{aligned}
h(p_i\,|\,r_i)&=\frac{\pi_4(p_i)L(r_i\,|\,p_i)}{\displaystyle\int_0^1\pi_4(p_i)L(r_i\,|\,p_i)\mathrm{d}p_i}\\[2mm]
&=\frac{\displaystyle\int_1^c\int_0^1\frac{(c-b)}{B(a,\ b)}p_i^{a+e_i-1}(1-p_i)^{b+s_i-e_i-1}\mathrm{d}a\mathrm{d}b}{\displaystyle\int_1^c\int_0^1\frac{(c-b)}{B(a,\ b)}\Big[\int_0^1 p_i^{a+e_i-1}(1-p_i)^{b+s_i-e_i-1}\mathrm{d}p_i\Big]\mathrm{d}a\mathrm{d}b}\\[2mm]
&=\frac{\displaystyle\int_1^c\int_0^1\frac{(c-b)}{B(a,\ b)}p_i^{a+e_i-1}(1-p_i)^{b+s_i-e_i-1}\mathrm{d}a\mathrm{d}b}{\displaystyle\int_1^c\int_0^1(c-b)\frac{B(a+e_i,\ s_i-e_i+b)}{B(a,\ b)}\mathrm{d}a\mathrm{d}b},
\end{aligned}
$$

其中 $0<p_i<1.$

则在平方损失下，$p_i$ 的多层 Bayes 估计为

$$
\begin{aligned}
\hat{p}_{iHB1}&=\int_0^1 p_ih(p_i\,|\,r_i)\mathrm{d}p_i\\[2mm]
&=\frac{\displaystyle\int_1^c\int_0^1\frac{(c-b)}{B(a,\ b)}\Big[\int_0^1 p_i^{(a+e_i+1)-1}(1-p_i)^{b+s_i-e_i-1}\mathrm{d}p_i\Big]\mathrm{d}a\mathrm{d}b}{\displaystyle\int_1^c\int_0^1(c-b)\frac{B(a+e_i,\ s_i-e_i+b)}{B(a,\ b)}\mathrm{d}a\mathrm{d}b}\\[2mm]
&=\frac{\displaystyle\int_1^c\int_0^1(c-b)\frac{B(a+e_i+1,\ s_i-e_i+b)}{B(a,\ b)}\mathrm{d}a\mathrm{d}b}{\displaystyle\int_1^c\int_0^1(c-b)\frac{B(a+e_i,\ s_i-e_i+b)}{B(a,\ b)}\mathrm{d}a\mathrm{d}b}.
\end{aligned}
$$

同理，如果 $p_i$ 的多层先验密度函数由式(8.4.18)和式(8.4.19)给出，则 $p_i$ 的多

层 Bayes 估计分别为

$$\hat{p}_{iHB2}=\frac{\displaystyle\int_1^c\int_0^1 \frac{B(a+e_i+1,\ s_i-e_i+b)}{B(a,\ b)}\mathrm{d}a\mathrm{d}b}{\displaystyle\int_1^c\int_0^1 \frac{B(a+e_i,\ s_i-e_i+b)}{B(a,\ b)}\mathrm{d}a\mathrm{d}b}.$$

$$\hat{p}_{iHB3}=\frac{\displaystyle\int_1^c\int_0^1 b\frac{B(a+e_i+1,\ s_i-e_i+b)}{B(a,\ b)}\mathrm{d}a\mathrm{d}b}{\displaystyle\int_1^c\int_0^1 b\frac{B(a+e_i,\ s_i-e_i+b)}{B(a,\ b)}\mathrm{d}a\mathrm{d}b}.$$

证毕

应该说明，当 $e_i=0$ 时，$\hat{p}_{iHB2}$ 的结果与茆诗松，夏剑锋与管文琪(1993)给出的结果相同.

## 8.4.7 $p_i$ 的多层 Bayes 估计的性质

以下首先讨论在定理 8.4.3 中，$\hat{p}_{iHB1}$，$\hat{p}_{iHB2}$ 和 $\hat{p}_{iHB3}$ 的关系，然后讨论在定理 8.4.1 和定理 8.4.3 中 $\hat{p}_{iHBj}$ 和 $\hat{p}_{iEBj}(j=1,\ 2,\ 3)$ 的关系(Han(2017)).

### 8.4.7.1 $\hat{p}_{iHB1}$，$\hat{p}_{iHB2}$ 和 $\hat{p}_{iHB3}$ 的关系

**定理 8.4.4** 在定理 8.4.3 中，$\hat{p}_{iHBj}$ $(j=1,\ 2,\ 3)$ 满足：$\displaystyle\lim_{s_i\to\infty}\hat{p}_{iHB1}=\lim_{s_i\to\infty}\hat{p}_{iHB2}=\lim_{s_i\to\infty}\hat{p}_{iHB3}$.

**证明** 根据定理 8.4.3，有

$$\hat{p}_{iHB1}=\frac{\displaystyle\int_1^c\int_0^1 (c-b)\frac{B(a+e_i+1,\ s_i-e_i+b)}{B(a,\ b)}\mathrm{d}a\mathrm{d}b}{\displaystyle\int_1^c\int_0^1 (c-b)\frac{B(a+e_i,\ s_i-e_i+b)}{B(a,\ b)}\mathrm{d}a\mathrm{d}b}.$$

对 $b\in(1,\ c)$，$\dfrac{B(a+e_i+1,\ s_i-e_i+b)}{B(a,\ b)}$ 是连续的，且 $c-b>0$，根据积分中值定理的推广，至少存在一个 $b_1\in(1,\ c)$，使

$$\int_1^c\int_0^1 (c-b)\frac{B(a+e_i,\ s_i-e_i+b)}{B(a,\ b)}\mathrm{d}a\mathrm{d}b=\int_0^1 \frac{B(a+e_i,\ s_i-e_i+b_1)}{B(a,\ b_1)}\left[\int_1^c (c-b)\mathrm{d}b\right]\mathrm{d}a.$$

同理，对 $a\in(0,\ 1)$，$\dfrac{B(a+e_i+1,\ s_i-e_i+b_1)}{B(a,\ b_1)}$ 是连续的，根据积分中值定理，至少存在一个 $a_1\in(0,\ 1)$，使

$$\int_0^1 \frac{B(a+e_i+1,\ s_i-e_i+b_1)}{B(a,\ b_1)}\mathrm{d}a=\frac{B(a_1+e_i+1,\ s_i-e_i+b_1)}{B(a_1,\ b_1)},$$

又

$$\frac{B(a_1+e_i+1,\ s_i-e_i+b_1)}{B(a_1,\ b_1)}$$

$$=\frac{\Gamma(a_1+b_1)\Gamma(a_1+e_i+1)}{\Gamma(a_1)\Gamma(b_1)}\cdot\frac{\Gamma(s_i-e_i+b_1)}{\Gamma(s_i+a_1+b_1+1)}$$

$$=\frac{\Gamma(a_1+b_1)\Gamma(a_1+e_i+1)}{\Gamma(a_1)\Gamma(b_1)}$$

$$=\frac{\Gamma(s_i-e_i+b_1)}{(s_i+a_1+b_1)(s_i+a_1+b_1-1)\cdots(s_i-e_i+b_1)\Gamma(s_i-e_i+b_1)}$$

$$=\frac{\Gamma(a_1+b_1)\Gamma(a_1+e_i+1)}{\Gamma(a_1)\Gamma(b_1)}\cdot\frac{1}{(s_i+a_1+b_1)(s_i+a_1+b_1-1)\cdots(s_i-e_i+b_1)}.$$

所以

$$\int_1^c\int_0^1 (c-b)\frac{B(a+e_i+1,\ s_i-e_i+b)}{B(a,\ b)}\mathrm{d}a\mathrm{d}b$$

$$=\left[\int_1^c (c-b)\mathrm{d}b\right]\frac{\Gamma(a_1+b_1)\Gamma(a_1+e_i+1)}{\Gamma(a_1)\Gamma(b_1)}\cdot\frac{1}{(s_i+a_1+b_1)(s_i+a_1+b_1-1)\cdots(s_i-e_i+b_1)}.$$

同理，至少存在一个 $a_2\in(0,\ 1)$ 和 $b_2\in(1,\ c)$，使

$$\int_1^c\int_0^1 (c-b)\frac{B(a+e_i,\ s_i-e_i+b)}{B(a,\ b)}\mathrm{d}a\mathrm{d}b$$

$$=\left[\int_1^c (c-b)\mathrm{d}b\right]\frac{\Gamma(a_2+b_2)\Gamma(a_2+e_i)}{\Gamma(a_2)\Gamma(b_2)}\cdot\frac{1}{(s_i+a_2+b_2-1)(s_i+a_2+b_2-2)\cdots(s_i-e_i+b_2)}.$$

因此

$$\hat{p}_{iHB1}=\frac{\Gamma(a_1+b_1)\Gamma(a_1+e_i+1)\Gamma(a_2)}{\Gamma(b_2)\Gamma(a_1)\Gamma(b_1)\Gamma(a_2+e_i)\Gamma(a_2+b_2)}\cdot$$

$$\frac{(s_i+a_2+b_2-1)(s_i+a_2+b_2-2)\cdots(s_i-e_i+b_2)}{(s_i+a_1+b_1)(s_i+a_1+b_1-1)(s_i+a_1+b_1-2)\cdots(s_i-e_i+b_1)}.$$

$$\lim_{s_i\to\infty}\hat{p}_{iHB1}$$

$$=\lim_{s_i\to\infty}\frac{\Gamma(a_1+b_1)\Gamma(a_1+e_i+1)\Gamma(a_2)\Gamma(b_2)}{\Gamma(a_1)\Gamma(b_1)\Gamma(a_2+e_i)\Gamma(a_2+b_2)}\cdot$$

$$\frac{(s_i+a_2+b_2-1)(s_i+a_2+b_2-2)\cdots(s_i-e_i+b_2)}{(s_i+a_1+b_1)(s_i+a_1+b_1-1)(s_i+a_1+b_1-2)\cdots(s_i-e_i+b_1)}$$

$$= \frac{\Gamma(a_1+b_1)\Gamma(a_1+e_i+1)\Gamma(a_2)\Gamma(b_2)}{\Gamma(a_1)\Gamma(b_1)\Gamma(a_2+e_i)\Gamma(a_2+b_2)} \cdot$$

$$\lim_{s_i \to \infty} \left[ \frac{1}{(s_i+a_1+b_1)} \cdot \frac{(s_i+a_2+b_2-1)(s_i+a_2+b_2-2)\cdots(s_i-e_i+b_2)}{(s_i+a_1+b_1-1)(s_i+a_1+b_1-2)\cdots(s_i-e_i+b_1)} \right]$$

$$= 0.$$

同理，我们可以证明 $\lim\limits_{s_i \to \infty} \hat{p}_{iHB2} = \lim\limits_{s_i \to \infty} \hat{p}_{iHB3} = 0.$

所以 $\lim\limits_{s_i \to \infty} \hat{p}_{iHB1} = \lim\limits_{s_i \to \infty} \hat{p}_{iHB2} = \lim\limits_{s_i \to \infty} \hat{p}_{iHB3}.$

证毕

定理 8.4.4 说明 $\hat{p}_{iHBj}(j=1，2，3)$是渐进相等的，或当 $s_i$ 较大时，$\hat{p}_{iHBj}(j=1，2，3)$是比较接近的.

### 8.4.7.2 $\hat{p}_{iHBj}$ 和 $\hat{p}_{iEBj}(j=1，2，3)$的关系

**定理 8.4.5** 在定理 8.4.1 和中 8.4.3 中，$\hat{p}_{iHBj}$ 和 $\hat{p}_{iEBj}(j=1，2，3)$满足：

$$\lim_{s_i \to \infty} \hat{p}_{iHBj} = \lim_{s_i \to \infty} \hat{p}_{iEBj}.$$

**证明** 根据定理 8.4.4，有 $\lim\limits_{s_i \to \infty} \hat{p}_{iHBj} = 0$，$j=1，2，3.$

根据定理 8.4.1，有

$$\hat{p}_{iEB1} = \frac{2}{(c-1)^2} \int_1^c \int_0^1 \frac{(c-b)(a+e_i)}{a+b+s_i} \mathrm{d}a \mathrm{d}b.$$

对 $b \in (1，c)$，$\frac{a+e_i}{a+b+s_i}$是连续的，且 $c-b>0$，根据积分中值定理的推广，至少存在一个 $b_3 \in (1，c)$，使

$$\int_1^c \int_0^1 \frac{(c-b)(a+e_i)}{a+b+s_i} \mathrm{d}a \mathrm{d}b = \int_0^1 \frac{a+e_i}{a+b_3+s_i} \left[ \int_1^c (c-b) \mathrm{d}b \right] \mathrm{d}a$$

$$= \frac{(c-1)^2}{2} \int_0^1 \frac{a+e_i}{a+b_3+s_i} \mathrm{d}a.$$

对 $a \in (0，1)$，$\frac{1}{a+b_3+s_i}$是连续的，且 $a+e_i>0$，根据积分中值定理的推广，至少存在一个 $a_3 \in (0，1)$，使

$$\int_0^1 \frac{a+e_i}{a+b_3+s_i} \mathrm{d}a = \frac{1}{a_3+b_3+s_i} \int_0^1 (a+e_i) \mathrm{d}a.$$

因此，有

$$\hat{p}_{iEB1} = \frac{1}{a_3 + b_3 + s_i} \int_0^1 (a + e_i) \mathrm{d}a,$$

所以 $\lim\limits_{s_i \to \infty} \hat{p}_{iEB1} = \left[ \int_0^1 (a + e_i) \mathrm{d}a \right] \lim\limits_{s_i \to \infty} \frac{1}{a_3 + b_3 + s_i} = 0.$

同理，可以证明 $\lim\limits_{s_i \to \infty} \hat{p}_{iEB2} = \lim\limits_{s_i \to \infty} \hat{p}_{iEB3} = 0.$

因此 $\lim\limits_{s_i \to \infty} \hat{p}_{iHBj} = \lim\limits_{s_i \to \infty} \hat{p}_{iEBj} (j = 1, 2, 3).$

证毕

定理 8.4.5 说明，$\hat{p}_{iHBj}$ 和 $\hat{p}_{iEBj} (j = 1, 2, 3)$ 是渐进相等的，或当 $s_i$ 较大时，$\hat{p}_{iHBj}$ 和 $\hat{p}_{iEBj} (j = 1, 2, 3)$ 是比较接近的.

### 8.4.7.3 模拟算例

根据定理 8.4.3，通过模拟 $s_i$ 和 $e_i$，可以得到 $\hat{p}_{iHBj} (j = 1, 2, 3)$ 和 $\hat{p}_{iH-}$（其中 $\hat{p}_{iH-} = \max\limits_j \{\hat{p}_{iHBj}\} - \min\limits_k \{\hat{p}_{iHB}\}$，$j, k = 1, 2, 3$），其计算结果如表 8-26 和表 8-27 所示.

表 8-26 $\hat{p}_{iHBj} (j = 1, 2, 3)$ 和 $\hat{p}_{iH-}$ 的计算结果($e_i = 1$)

| $s_i$ | $c$ | 2 | 3 | 4 | 5 | 6 | 极差 |
|---|---|---|---|---|---|---|---|
| 10 | $\hat{p}_{iHB1}$ | 0.124329 | 0.121501 | 0.118031 | 0.114566 | 0.111269 | 0.011639 |
| 10 | $\hat{p}_{iHB2}$ | 0.127572 | 0.123328 | 0.119261 | 0.115471 | 0.111973 | 0.015599 |
| 10 | $\hat{p}_{iHB3}$ | 0.127146 | 0.122087 | 0.117131 | 0.112474 | 0.108158 | 0.013302 |
| 10 | $\hat{p}_{iH-}$ | 0.003243 | 0.001827 | 0.002130 | 0.002997 | 0.003815 | 0.001988 |
| 50 | $\hat{p}_{iHB1}$ | 0.027072 | 0.027382 | 0.027460 | 0.027437 | 0.027360 | 0.000388 |
| 50 | $\hat{p}_{iHB2}$ | 0.027817 | 0.027841 | 0.027789 | 0.027692 | 0.027567 | 0.000274 |
| 50 | $\hat{p}_{iHB3}$ | 0.027829 | 0.027847 | 0.027773 | 0.027642 | 0.027475 | 0.000372 |
| 50 | $\hat{p}_{iH-}$ | 0.000757 | 0.000465 | 0.000329 | 0.000255 | 0.000207 | 0.000550 |
| 100 | $\hat{p}_{iHB1}$ | 0.013441 | 0.013653 | 0.013761 | 0.013821 | 0.013852 | 0.000411 |
| 100 | $\hat{p}_{iHB2}$ | 0.013791 | 0.013875 | 0.013923 | 0.013948 | 0.013958 | 0.000207 |
| 100 | $\hat{p}_{iHB3}$ | 0.013803 | 0.013899 | 0.013951 | 0.013974 | 0.013979 | 0.000176 |
| 100 | $\hat{p}_{iH-}$ | 0.000362 | 0.000246 | 0.000190 | 0.000153 | 0.000127 | 0.000235 |

表 8-27　$\hat{p}_{iHBj}$（$j=1$，2，3）和 $\hat{p}_{iH-}$ 的计算结果（$e_i=2$）

| $s_i$ | $c$ | 2 | 3 | 4 | 5 | 6 | 极差 |
|---|---|---|---|---|---|---|---|
| 10 | $\hat{p}_{iHB1}$ | 0.210880 | 0.204244 | 0.197900 | 0.186202 | 0.186700 | 0.024180 |
| 10 | $\hat{p}_{iHB2}$ | 0.213429 | 0.205833 | 0.198952 | 0.187198 | 0.187286 | 0.026143 |
| 10 | $\hat{p}_{iHB3}$ | 0.212596 | 0.203482 | 0.194965 | 0.180023 | 0.180156 | 0.032440 |
| 10 | $\hat{p}_{iH-}$ | 0.002549 | 0.002351 | 0.003987 | 0.006179 | 0.007130 | 0.004779 |
| 50 | $\hat{p}_{iHB1}$ | 0.047069 | 0.047189 | 0.047064 | 0.046839 | 0.046564 | 0.000625 |
| 50 | $\hat{p}_{iHB2}$ | 0.047842 | 0.047653 | 0.047392 | 0.047090 | 0.046765 | 0.001077 |
| 50 | $\hat{p}_{iHB3}$ | 0.047833 | 0.047601 | 0.047273 | 0.046894 | 0.046486 | 0.001347 |
| 50 | $\hat{p}_{iH-}$ | 0.000764 | 0.000464 | 0.000328 | 0.000251 | 0.000279 | 0.000513 |
| 100 | $\hat{p}_{iHB1}$ | 0.023617 | 0.023794 | 0.023854 | 0.023863 | 0.023843 | 0.000246 |
| 100 | $\hat{p}_{iHB2}$ | 0.023993 | 0.024027 | 0.024023 | 0.023994 | 0.023950 | 0.000077 |
| 100 | $\hat{p}_{iHB3}$ | 0.024001 | 0.024037 | 0.024025 | 0.023983 | 0.023922 | 0.000115 |
| 100 | $\hat{p}_{iH-}$ | 0.000384 | 0.000243 | 0.000171 | 0.000131 | 0.000107 | 0.000277 |

　　从表 8-26 和表 8-27 可以发现，对相同的 $c(c=2$，3，4，5，6），$\hat{p}_{iHBj}$（$j=1$，2，3）是比较接近的，对不同的 $c(c=2$，3，4，5，6），$\hat{p}_{iHBj}$（$j=1$，2，3）都是稳健的，并且满足定理 8.4.4.

　　从表 8-20，表 8-21，表 8-26 和表 8-27 可以发现，对不同的 $c(c=2$，3，4，5，6），$\hat{p}_{iHBj}$ 和 $\hat{p}_{iEBj}$（$j=1$，2，3）都是稳健的，并且满足定理 9.4.5. 因此，在应用中作者建议，$c$ 取区间 $[2,6]$ 的中点，即 $c=4$.

　　对超参数 $a$ 和 $b$ 取不同的先验分布，其密度函数分别由式（8.4.2），式（8.4.3）和式（8.4.4）给出，相应的 $\hat{p}_{iHBj}$（$j=1$，2，3）都是稳健的，并且满足定理 8.4.4. 因此作者建议，超参数 $a$ 和 $b$ 的先分布取均匀分布.

　　在表 8-20 和表 8-27 中，取 $c=4$，$\hat{p}_{iEB2}$ 和 $\hat{p}_{iHB2}$（$e_i=1$；$s_i=10$，50，100）的计算结果，如图 8-7 所示.

在表 8-21 和表 8-27 中，取 $c=4$，$\hat{p}_{iEB2}$ 和 $\hat{p}_{iHB2}$（$e_i=2$；$s_i=10$，50，100）的计算结果，如图 8-8 所示.

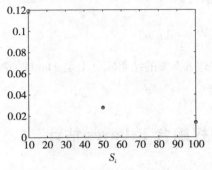

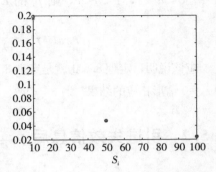

图 8-7　$e_i=1$；$s_i=10$，50，100 情形　　图 8-8　$e_i=2$；$s_i=10$，50，100 情形

说明：在图 8-7 和图 8-8 中，＊表示 $\hat{p}_{iEB2}$ 的结算结果，。表示 $\hat{p}_{iHB2}$ 的结算结果.

从图 8-7 和图 8-8 可以看出，随着 $s_i$ 的增加（$s_i=10$，50，100），$\hat{p}_{iEB2}$ 和 $\hat{p}_{iHB2}$ 越来越接近.

# 8.5　加权综合 E-Bayes 估计

Han & Ding(2004)提出了分布参数的加权综合估计法. 给出了无失效数据情形 $p_i$ 的 E-Bayes 估计，在引进失效信息后给出了 $p_{m+1}$ 的加权综合估计和分布参数的加权综合估计，并给出了应用实例.

## 8.5.1　$p_i$ 的 E-Bayes 估计

在无失效数据情形，Han & Ding(2004)给出了 $p_i$ 的 E-Bayes 估计，叙述在如下的定理 8.5.1 中.

**定理 8.5.1**　对某产品进行 $m$ 次定时截尾试验，结果所有样品无一失效，获得的无失效数据为 $\{(n_i, t_i), i=1, 2, \cdots, m\}$. 记 $s_i=\sum\limits_{j=i}^{m} n_j$，$i=1$，2，$\cdots$，$m$. 若 $p_i$ 的先验密度函数 $\pi(p_i|a, b)$ 由式(8.4.1)给出，则有如下两个结论：

(1)在平方损失下，$p_i$ 的 Bayes 估计为 $\hat{p}_{iB}(a, b)=\dfrac{a}{a+b+s_i}$；

(2)若 $a$ 和 $b$ 的先验分布为区域 $D$ 上的均匀分布，其密度函数为 $\pi(a, b) = \frac{1}{c-1}$，$0 < a < 1$，$1 < b < c$，则 $p_i$ 的 E-Bayes 估计为

$$\hat{p}_{iEB} = \frac{1}{(c-1)} \int_1^c \int_0^1 \frac{a}{a+b+s_i} \mathrm{d}a \mathrm{d}b.$$

应该说明，定理 8.5.1 就是定理 8.4.1. 定理 8.5.1 的结果实际上是 Han(2007a) 中 $e_i = 0$ 情形相应的结果.

## 8.5.2    引进失效信息后 $p_{m+1}$ 的加权综合 E-Bayes 估计

以下首先引进失效信息，然后给出 $p_m + 1$ 的加权综合估计. 现在已知 $m$ 次定时截尾试验的结果是所有样品无一失效，获得的无失效数据为 $\{(n_i, t_i), i = 1, 2, \cdots, m\}$. 若在第 $m+1$ 次定时截尾试验中，截尾时间为 $t_{m+1}$，相应的试验样品数为 $n_{m+1}$，结果有 $r$ 个样品失效($r = 0, 1, 2, \cdots, n_{m+1}$). 记第 $m+1$ 次定时截尾试验中，$n_{m+1}$ 个样品中有 $r$ 个失效时的失效概率 $p_{m+1}(r) = P\{T \leqslant t_{m+1}\}$，$r = 0, 1, 2, \cdots, n_{m+1}$. 记 $p_{m+1}(r) = p_{m+1}$.

在引进失效信息后，Han & Ding(2004) 给出了 $p_{m+1}$ 的 E-Bayes 估计，叙述在如下的定理 8.5.2 中.

**定理 8.5.2**    对某产品进行 $m$ 次定时截尾试验，结果所有样品无一失效，获得的无失效数据为 $\{(n_i, t_i), i = 1, 2, \cdots, m\}$. 若在第 $m+1$ 次定时截尾试验中，截尾时间为 $t_{m+1}$，相应的试验样品数为 $n_{m+1}$，结果有 $r$ 个样品失效($r = 0, 1, 2, \cdots, n_{m+1}$). 若 $p_{m+1}$ 的先验密度函数 $\pi(p_{m+1}|a, b)$ 由式(8.4.1)给出，则有如下两个结论：

(1)在平方损失下，$p_{m+1}$ 的 Bayes 估计为 $\hat{p}_{(m+1)}B(a, b) = \frac{a+r}{a+b+n_{m+1}}$；

(2)若 $a$ 和 $b$ 的先验分布为区域 $D$ 上的均匀分布，其密度函数为 $\pi(a, b) = \frac{1}{c-1}$，$0 < a < 1$，$1 < b < c$，则 $p_{m+1}$ 的 E-Bayes 估计为

$$\hat{p}_{(m+1)EB}(r) = \frac{1}{(c-1)} \int_1^c \int_0^1 \frac{a+r}{a+b+n_{m+1}} \mathrm{d}a \mathrm{d}b.$$

定理 8.5.2 的证明从略，其证明详见 Han & Ding(2004).

### 8.5.3 $p_{m+1}$ 的加权综合 E-Bayes 估计

**定义 8.5.1** 称

$$\hat{p}_{m+1}^* = \sum_{r=0}^{n_{m+1}} \omega r \hat{p}_{m+1}(r)$$

为在无失效数据为 $\{(n_i, t_i), i=1, 2, \cdots, m\}$ 时，$p_{m+1}$ 的加权综合估计. 其中 $\omega_i(i=1, 2, \cdots, m+1)$ 是不等权，$\hat{p}_{m+1}(r) = \hat{p}_{(m+1)EB}(r)$ 由定理 8.5.2 给出.

从定义 8.5.1 可以看出，$\hat{p}_{m+1}^*$ 是 $\hat{p}_{m+1}(0)$，$\hat{p}_{m+1}(1)$，$\cdots$，$\hat{p}_{m+1}(n_{m+1})$ 的加权平均.

## 8.5.4 引进失效信息后分布参数的加权综合 E-Bayes 估计

以下以 Weibull 分布为例，给出引进失效信息后分布参数的加权综合估计.

根据定理 8.2.4(Weibull 分布中分布参数 $\eta$ 和 $m$ 的加权最小二乘估计)和定义 8.5.1，可以给出 Weibull 分布中分布参数 $\eta$ 和 $m$ 的加权综合估计.

**定义 8.5.2** 对寿命服从 Weibull 分布(8.2.5)的某产品进行 $m$ 次定时截尾试验，结果所有样品无一失效，获得的无失效数据为 $\{(t_i, n_i), i=1, 2, \cdots, m\}$，称

$$\hat{\eta}^* = \exp(\hat{\mu}^*), \quad \hat{m}^* = \frac{1}{\hat{\sigma}^*}$$

为 $\eta$ 和 $m$ 的加权综合估计. 其中

$$\hat{\mu}^* = \frac{B'C' - A'C'}{B' - A'^2}, \quad \hat{\sigma}^* = \frac{D' - A'C'}{B' - A'^2},$$

$A' = \sum_{i=1}^{m+1} \omega_i x_i$，$B' = \sum_{i=1}^{m+1} \omega_i x_i^2$，$C' = \sum_{i=1}^{m+1} \omega_i y_i$，$D' = \sum_{i=1}^{m+1} \omega_i x_i y_i$，$x_i = \ln\ln[(1-\hat{p}_i)^{-1})]$，$y_i = \ln t_i(i=1, 2, \cdots, m, m+1)$，$\hat{p}_i$ 是 $p_i$ 的估计$(i=1, 2, \cdots, m)$，$\hat{p}_{m+1} = \hat{p}_{m+1}^*$ 由定义 8.5.1 给出，$\omega_i$ 为不等权$(i=1, 2, \cdots, m, m+1)$.

**定义 8.5.3** 对寿命服从 Weibull 分布(8.2.5)的某产品进行 $m$ 次定时截尾试验，结果所有样品无一失效，获得的无失效数据为 $\{(t_i, n_i), i=1, 2, \cdots,$

$m$}，在 $t$ 时刻处的可靠度的加权综合估计为

$$\hat{R}^*(t) = \exp\left[-\left(\frac{t}{\hat{\eta}^*}\right)^{\hat{m}^*}\right],$$

其中 $\hat{\eta}^*$ 和 $\hat{m}^*$ 由定义 8.5.2 给出.

## 8.5.5 应用实例

茆诗松，夏剑锋与管文琪（1993）给出了轴承寿命试验中无失效数据，如表 8-28（其中试验时间单位：小时）所示.

表 8-28 轴承的无失效数据

| $i$ | 1 | 2 | 3 | 4 | 5 | 6 |
|-----|-----|-----|-----|-----|-----|-----|
| $t_i$ | 422 | 539 | 602 | 770 | 847 | 924 |
| $n_i$ | 2 | 4 | 2 | 4 | 4 | 4 |
| $s_i$ | 20 | 18 | 14 | 12 | 8 | 4 |

根据定理 8.5.1 和表 8-28，可以得到 $p_i$ 的 E-Bayes 估计 $\hat{p}_{iEB}$，其计算结果如表 8-29 所示.

表 8-29 $\hat{p}_{iEB}(i=1, 2, \cdots, 6)$ 的计算结果

| $c$ | $\hat{p}_{1EB}$ | $\hat{p}_{2EB}$ | $\hat{p}_{3EB}$ | $\hat{p}_{4EB}$ | $\hat{p}_{5EB}$ | $\hat{p}_{6EB}$ |
|-----|-----|-----|-----|-----|-----|-----|
| 2 | 0.022563 | 0.024802 | 0.030944 | 0.035319 | 0.049247 | 0.081383 |
| 3 | 0.022076 | 0.024216 | 0.030042 | 0.034153 | 0.047037 | 0.075671 |
| 4 | 0.021615 | 0.023665 | 0.028429 | 0.033083 | 0.045069 | 0.070898 |
| 5 | 0.021179 | 0.023146 | 0.028429 | 0.032098 | 0.043303 | 0.066833 |
| 6 | 0.020766 | 0.0222655 | 0.027704 | 0.031185 | 0.041706 | 0.063316 |
| 7 | 0.020373 | 0.022191 | 0.027025 | 0.030337 | 0.040253 | 0.060234 |
| 8 | 0.019999 | 0.021752 | 0.026387 | 0.029546 | 0.038923 | 0.057506 |
| 极差 | 0.002564 | 0.003050 | 0.004557 | 0.005773 | 0.010547 | 0.033877 |

根据茆诗松，夏剑锋与管文琪（1993），该型轴承的寿命服从 Weibull 分布. 根据表 8-28，表 8-29 和定理 8.2.4，可以得到 Weibull 分布中分布参数 $\eta$ 和 $m$

的最小二乘估计，其计算结果如表8-30所示.

**表8-30　$\eta$和$m$的最小二乘估计的计算结果**

| $c$ | 2 | 3 | 4 | 5 | 6 | 7 | 8 | 极差 |
|---|---|---|---|---|---|---|---|---|
| $\hat{m}$ | 2.185564 | 2.085780 | 2.000840 | 1.927300 | 1.862780 | 1.805540 | 1.754280 | 0.431280 |
| $\hat{\eta}$ | 3078.202 | 3367.980 | 3667.684 | 3978.101 | 4299.865 | 4633.516 | 4979.525 | 1901.323 |

根据式(8.4.3)和表8-28，有 $t_7 = t_6 + \dfrac{1}{(6-1)} \sum\limits_{i=2}^{6} (t_i - t_i - 1) = 1024.4$. 取 $n_7 = 2$，$r=1$，$\omega_r = \dfrac{n_{m+1} - r + 1}{\sum\limits_{r=0}^{n_{m+1}} n_{m+1} - r + 1}$. 根据定义8.5.2和表8-29，可以得到$\eta$和$m$的加权综合估计，其计算结果如表8-31所示.

**表8-31　$\eta$和$m$的加权综合估计的计算结果**

| $c$ | 2 | 3 | 4 | 5 | 6 | 7 | 8 | 极差 |
|---|---|---|---|---|---|---|---|---|
| $\hat{m}^*$ | 2.162380 | 2.034510 | 1.950140 | 1.902110 | 1.836200 | 1.763820 | 1.724190 | 0.438190 |
| $\hat{\eta}^*$ | 3031.481 | 3262.740 | 3552.985 | 3832.835 | 4225.826 | 4583.396 | 4859.702 | 1828.221 |

根据定义8.5.2和表8-31，可以得到该型轴承可靠度的加权综合估计，其计算结果如表8-32所示.

**表8-32　轴承可靠度的加权综合估计的计算结果**

| $c$ | 2 | 3 | 4 | 5 | 6 | 7 | 8 | 极差 |
|---|---|---|---|---|---|---|---|---|
| $\hat{R}^*(77)$ | 0.99964 | 0.99950 | 0.99943 | 0.99941 | 0.99936 | 0.99926 | 0.99921 | 0.00043 |
| $\hat{R}^*(177)$ | 0.99785 | 0.99727 | 0.99712 | 0.99711 | 0.99705 | 0.99679 | 0.99670 | 0.00185 |
| $\hat{R}^*(277)$ | 0.99435 | 0.99324 | 0.99312 | 0.99327 | 0.99331 | 0.99294 | 0.99287 | 0.00148 |
| $\hat{R}^*(377)$ | 0.98904 | 0.98373 | 0.98749 | 0.98793 | 0.98825 | 0.98787 | 0.98789 | 0.00115 |
| $\hat{R}^*(477)$ | 0.98183 | 0.97970 | 0.98028 | 0.98119 | 0.98195 | 0.98169 | 0.98189 | 0.00213 |
| $\hat{R}^*(577)$ | 0.97271 | 0.97324 | 0.97154 | 0.97309 | 0.97450 | 0.97448 | 0.97495 | 0.00224 |
| $\hat{R}^*(677)$ | 0.96166 | 0.95905 | 0.96133 | 0.96371 | 0.96595 | 0.96631 | 0.96713 | 0.00605 |
| $\hat{R}^*(777)$ | 0.94870 | 0.94616 | 0.94972 | 0.95309 | 0.95636 | 0.95724 | 0.95850 | 0.00980 |
| $\hat{R}^*(877)$ | 0.93386 | 0.93165 | 0.93676 | 0.94131 | 0.94580 | 0.94734 | 0.94912 | 0.01526 |

从表8-31和表8-32可以看出，对不同的$c(c=2, 3, 4, 5, 6, 7, 8)$，虽然$\eta$和$m$的加权综合估计有些波动，但可靠度的加权综合估计是比较稳健的.

因此在应用中建议 $c$ 可以在 $2$，$3$，$4$，$5$，$6$，$7$，$8$ 中居中取值，即取 $c=5$.

现在把"引进失效信息后与没有引进失效信息"情形的参数估计进行比较.

在取 $c=5$ 时，根据表 $8-30$，$\hat{m}=1.927300$，$\hat{\eta}=3978.101$；根据表 $8-31$，$\hat{m}^*=1.902110$，$\hat{\eta}^*=3832.835$.

根据 $\hat{m}$，$\hat{\eta}$ 和式(8.2.6)，$\hat{m}^*$，$\hat{\eta}^*$ 和定义 8.5.3 计算的可靠度的估计 $\hat{R}_{EB}(t)$ 和可靠度的加权综合估计 $\hat{R}^*(t)$ 的计算结果，如图 $8-9$ 所示.

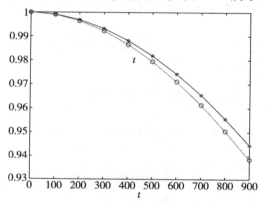

图 $8-9$　$\hat{R}_{EB}(t)$ 和 $\hat{R}^*(t)$ 的计算结果

说明：$*$ 表示 $\hat{R}_{EB}(t)$ 的计算结果，$\circ$ 表示 $\hat{R}^*(t)$ 的计算结果.

## 8.6　位置—尺度参数模型的估计及其应用

韩明(2006a)对位置—尺度参数模型(location-scaleparametersmodel)，借助失效概率的估计，给出了位置参数、尺度参数的最小二乘估计和加权最小二乘估计，从而可以得位置—尺度参数模型可靠度的估计. 最后，结合某型发动机的实际问题进行了计算.

### 8.6.1　位置—尺度参数模型

位置—尺度参数模型是可靠性工程中经常遇到的一类重要的寿命分布模型，对它的研究具有理论和实际应用价值. 关于位置—尺度参数模型的研究情况，见 Lawless(1982)，张尧庭与陈汉峰(1991)，张志华(2002)，陈家鼎(2005).

**定义 8.6.1**　设 $f(x)$ 是一个不含任何参数的分布密度函数，对任意给定的实数 $\mu$ 和正数 $\sigma$，形为 $\frac{1}{\sigma} f(\frac{x-\mu}{\sigma})$ 的全体密度函数构成由 $f(x)$ 导出的位置—尺度参数族，其中 $f(x)$ 称为此分布族的标准分布，$\mu$ 称为位置参数（location parameter），$\sigma$ 称为尺度参数（scale parameter）.

以下是位置—尺度参数族中几个常见的分布.

设

$$f(x) = \frac{1}{\sqrt{2\pi}} e^{-\frac{x^2}{2}}, \quad -\infty < x < \infty,$$

是标准正态分布的密度函数，则

$$\frac{1}{\sigma} f\left(\frac{x-\mu}{\sigma}\right) = \frac{1}{\sqrt{2\pi}\sigma} e^{-\frac{(x-\mu)^2}{2\sigma^2}}$$

就是正态分布 $N(\mu, \sigma^2)$ 的密度函数.

设 $f(x) = e^{-x}$，$x \geqslant 0$，或 $f(x) = e^{-x} I_{[0,\infty)}$，

其中

$$I_A = \begin{cases} 1, & x \in A, \\ 0, & x \overline{\in} A. \end{cases}$$

则

$$\frac{1}{\sigma} f\left(\frac{x-\mu}{\sigma}\right) = \frac{1}{\sigma} e^{-\frac{(x-\mu)}{\sigma}} I_{[0,\infty)}(x)$$

就是双参数指数分布的密度函数.

设 $f(x) = \frac{1}{2} e^{-|x|}$，$-\infty < x < \infty$，则

$$\frac{1}{\sigma} f\left(\frac{x-\mu}{\sigma}\right) = \frac{1}{2\sigma} e^{-|\frac{x-\mu}{\sigma}|}$$

就是拉普拉斯分布的密度函数.

实际上，若随机变量 $Y$ 的密度函数是 $f(x)$，经过线性变换 $Z = a + bY$，其中 $b > 0$，$a \in (-\infty, \infty)$，则 $Z$ 的分布函数为

$$F(z) = P\{Z \leqslant z\} = \int_{a+by<z} f(y) \mathrm{d}y,$$

求导数就得到 $Z$ 的密度函数是 $\frac{1}{b} f(\frac{x-a}{b})$.

可见，位置—尺度参数族是由线性变换导出的. 从以上讨论可以看出，正态分布，双参数指数分布，拉普拉斯分布等都属于位置—尺度参数族. 另外，还有一些常见的分布，经过适当变换就可以成为位置—尺度参数族. 例如，如果寿命 $X$ 服从 Weibull 分布，则 $\ln X$ 服从极值分布；如果寿命 $X$ 服从对数正态分布，则 $\ln X$ 服从正态分布. 由此可见，位置—尺度参数模型是一类重要的可靠性模型，它可以对许多重要的寿命分布（如 Weibull 分布，对数正态分布等）的统计推断问题进行统一处理.

对于 $\frac{1}{\sigma}f(\frac{x-\mu}{\sigma})$，参数 $\mu$ 影响密度函数图形的位置，所以 $\mu$ 称为位置参数；参数 $\sigma$ 影响密度函数图形的度量大小，所以 $\sigma$ 称为尺度参数.

## 8.6.2  $\mu$ 和 $\sigma$ 的最小二乘估计

设某产品的寿命服从位置—尺度参数模型，其分布函数为

$$F\left(\frac{t-\mu}{\sigma}\right). \tag{8.6.1}$$

其中 $t>0$，$\sigma>0$，$-\infty<\mu<\infty$.

韩明（2006a）给出了位置——尺度参数模型中 $\mu$ 和 $\sigma$ 的最小二乘估计.

**定理 8.6.1**  对寿命服从位置—尺度参数模型(8.6.1)的某产品进行 $m$ 次定时截尾试验，获得的试验数据为 $\{(t_i,\ n_i,\ r_i),\ i=1,\ 2,\ \cdots,\ m\}$，则有如下两个结论：

（1）$\mu$ 和 $\sigma$ 的最小二乘估计

$$\hat{\mu}=\frac{AD-BC}{mD-AC},\ \hat{\sigma}=\frac{mB-A^2}{mD-AC},$$

其中 $A=\sum_{i=1}^{m}\hat{x}_i$，$B=\sum_{i=1}^{m}\hat{x}_i^2$，$C=\sum_{i=1}^{m}y_i$，$D=\sum_{i=1}^{m}\hat{x}_iy_i$，$y_i=t_i$，$\hat{x}_i=F^{-1}(\hat{p}_i)$，$F^{-1}(\cdot)$ 是 $F(\cdot)$ 的反函数（$F(\cdot)$ 是寿命 $T$ 的分布函数），$\hat{p}_i$ 是 $p_i$ 的估计（$i=1$，$2$，$\cdots$，$m$）.

（2）$\mu$ 和 $\sigma$ 的加权最小二乘估计

$$\hat{\mu}'=\frac{A'D'-B'C'}{'D-A'C'},\ \hat{\sigma}'=\frac{B'-A'^2}{D'-A'C'},$$

其中 $A'=\sum\limits_{i=1}^{m}\omega_i\hat{x}_i$，$B'=\sum\limits_{i=1}^{m}\omega_i\hat{x}_i^2$，$C'=\sum\limits_{i=1}^{m}\omega_iy_i$，$D'=\sum\limits_{i=1}^{m}\omega_i\hat{x}_iy_i$，$y_i=t_i$，$\hat{x}_i=F^{-1}(\hat{p}_i)$，$F^{-1}(\cdot)$ 是 $F(\cdot)$ 的反函数（$F(\cdot)$ 是寿命 $T$ 的分布函数），$\hat{p}_i$ 是 $p_i$ 的估计 $\omega_i$ 为不等权（$i=1,2,\cdots,m$）.

**证明**　对寿命服从位置—尺度参数模型(8.6.1)的某产品进行 $m$ 次定时截尾试验，获得的试验数据为 $\{(t_i,n_i,r_i),i=1,2,\cdots,m\}$.

在 $t=t_i$ 处的失效概率为

$$p_i=P\{T\leqslant t_i\}=F\Big(\frac{t_i-\mu}{\sigma}\Big),\ i=1,2,\cdots,m. \tag{8.6.2}$$

设 $F^{-1}(\cdot)$ 是 $F(\cdot)$ 的反函数（$F(\cdot)$ 是寿命 $T$ 的分布函数），根据式(8.6.2)，有

$$F^{-1}(p_i)=\frac{t_i-\mu}{\sigma}. \tag{8.6.3}$$

设 $y_i=t_i$，$x_i=F^{-1}(p_i)$，根据式(8.6.3)，有

$$y_i=\sigma x_i+\mu,\ i=1,2,\cdots,m. \tag{8.6.4}$$

若用 $p_i$ 的估计 $\hat{p}_i$ 代替 $p_i$（$i=1,2,\cdots,m$），那么会产生误差，记这个误差为 $\varepsilon_i$，根据式(8.6.4)，有

$$y_i=\sigma\hat{x}_i+\mu+\varepsilon_i,\ i=1,2,\cdots,m. \tag{8.6.5}$$

其中 $\hat{x}_i=F^{-1}(\hat{p}_{ii})$.

(1)由式(8.6.5)确定的参数 $\mu$ 和 $\sigma$，应使

$$Q(\mu,\sigma)=\sum_{i=1}^{m}\varepsilon_i^2=\sum_{i=1}^{m}(y_i-\sigma\hat{x}_i-\mu)^2$$

最小，为此令

$$\begin{cases}0=\dfrac{\partial Q(\mu,\sigma)}{\partial\mu}=-2\sum\limits_{i=1}^{m}(y_i-\sigma\hat{x}_i-\mu),\\[3mm]0=\dfrac{\partial Q(\mu,\sigma)}{\partial\sigma}=-2\sum\limits_{i=1}^{m}(y_i-\sigma\hat{x}_i-\mu)\hat{x}_i,\end{cases}$$

由此解得 $\mu$ 和 $\sigma$ 的最小二乘估计为

$$\hat{\mu}'=\frac{AD-BC}{mD-AC},\ \hat{\sigma}'=\frac{mB-A^2}{mD-AC},$$

其中 $A=\sum\limits_{i=1}^{m}\omega_i\hat{x}_i$，$B=\sum\limits_{i=1}^{m}\omega_i\hat{x}_i{}^2$，$C=\sum\limits_{i=1}^{m}\omega_iy_i$，$D=\sum\limits_{i=1}^{m}\omega_i\hat{x}_iy_i$，$y_i=t_i$，$\hat{x}_i=F^{-1}(\hat{p}_i)$，$F^{-1}(\cdot)$ 是 $F(\cdot)$ 的反函数（$F(\cdot)$ 是寿命 $T$ 的分布函数），$\hat{p}_i$ 是 $p_i$ 的估计 $(i=1,2,\cdots,m)$.

（2）考虑加不等权 $\omega_i(i=1,2,\cdots,m)$，由式(8.6.5)确定的参数 $\mu$ 和 $\sigma$，应使

$$Q_{\omega}(\mu,\sigma)=\sum\limits_{i=1}^{m}\omega_i\varepsilon_i^2=\sum\limits_{i=1}^{m}\omega_i(y_i-\sigma\hat{x}_i-\mu)^2$$

最小，为此令

$$\begin{cases} 0=\dfrac{\partial Q_{\omega}(\mu\sigma)}{\partial\mu}=-2\sum\limits_{i=1}^{m}\omega_t(y_i-\sigma\hat{x}_i-\mu),\\[3mm] 0=\dfrac{\partial Q_{\omega}(\mu\sigma)}{\partial\sigma}=-2\sum\limits_{i=1}^{m}\omega_t(y_i-\sigma\hat{x}_i-\mu)\hat{x}_i, \end{cases}$$

由此解得 $\mu$ 和 $\sigma$ 的最小二乘估计为

$$\hat{\mu}'=\frac{A'D'-B'C'}{D-A'C'},\quad \hat{\sigma}=\frac{B'-A'^2}{D'-A'C'},$$

其中 $A'=\sum\limits_{i=1}^{m}\omega_i\hat{x}_i$，$B'=\sum\limits_{i=1}^{m}\omega_i\hat{x}_i{}^2$，$C'=\sum\limits_{i=1}^{m}\omega_iy_i$，$D'=\sum\limits_{i=1}^{m}\omega_i\hat{x}_iy_i$，$y_i=t_i$，$\hat{x}_i=F^{-1}(\hat{p}_i)$，$F^{-1}(\cdot)$ 是 $F(\cdot)$ 的反函数（$F(\cdot)$ 是寿命 $T$ 的分布函数），$\hat{p}_i$ 是 $p_i$ 的估计 $\omega_i$ 为不等权 $(i=1,2,\cdots,m)$.

证毕

## 8.6.3 应用实例

韩明(2003b)给出了某型发动机在定时截尾寿命试验中获得的试验数据，如表 8-33（单位时间：小时）所示.

表 8-33 某型发动机的试验数据

| $i$ | 1 | 2 | 3 | 4 | 5 | 6 | 7 | 8 |
|---|---|---|---|---|---|---|---|---|
| $t_i$ | 56 | 124 | 337 | 478 | 609 | 815 | 1156 | 1480 |
| $n_i$ | 2 | 3 | 3 | 5 | 4 | 5 | 6 | 5 |
| $r_i$ | 0 | 0 | 0 | 1 | 0 | 1 | 2 | 1 |
| $e_i$ | 0 | 0 | 0 | 1 | 1 | 2 | 4 | 5 |
| $s_i$ | 2 | 5 | 8 | 13 | 17 | 22 | 28 | 33 |

根据定理 8.6.1，定理 8.4.1($i=2$ 的情形)和表 8-33，可以得到 $\hat{p}_{iEB}$($2\leqslant c\leqslant 8$)，其计算结果如表 8-34 所示.

表 8-34 $\hat{p}_{iEB}$($i=1$，$2$，$\cdots$，$8$)的计算结果

| $c$ | $i$ | 1 | 2 | 3 | 4 | 5 | 6 | 7 | 8 |
|---|---|---|---|---|---|---|---|---|---|
| 2 | $\hat{p}_{iEB}$ | 0.120993 | 0.069959 | 0.049247 | 0.099703 | 0.078753 | 0.104052 | 0.149935 | 0.148606 |
| 3 | $\hat{p}_{iEB}$ | 0.109141 | 0.065656 | 0.047037 | 0.096594 | 0.076788 | 0.101973 | 0.147517 | 0.146651 |
| 4 | $\hat{p}_{iEB}$ | 0.099888 | 0.061983 | 0.045069 | 0.093729 | 0.074947 | 0.100000 | 0.145200 | 0.144763 |
| 5 | $\hat{p}_{iEB}$ | 0.092406 | 0.058799 | 0.043303 | 0.091076 | 0.073219 | 0.098125 | 0.142977 | 0.142938 |
| 6 | $\hat{p}_{iEB}$ | 0.086195 | 0.056004 | 0.041706 | 0.088611 | 0.071591 | 0.096339 | 0.140842 | 0.141172 |
| 7 | $\hat{p}_{iEB}$ | 0.080936 | 0.053526 | 0.040253 | 0.086313 | 0.070055 | 0.094637 | 0.138788 | 0.139463 |
| 8 | $\hat{p}_{iEB}$ | 0.076409 | 0.051309 | 0.038923 | 0.084164 | 0.068602 | 0.093011 | 0.136812 | 0.137807 |
| 极差 | | 0.044584 | 0.018650 | 0.010324 | 0.015539 | 0.010151 | 0.011041 | 0.013123 | 0.010799 |

从表 8-34 可以看出，对不同的 $c$($2\leqslant c\leqslant 8$)，$\hat{p}_{iEB}$($i=1$，$2$，$\cdots$，$8$)是比较稳健的.

根据韩明(2006a)，该型发动机的寿命服双参数指数分布，其分布函数为

$$F(t)=1-\exp\left[-\frac{t-\mu}{\sigma}\right],$$

其中 $\sigma>0$，$t>\mu>0$.

根据定理 8.6.1，则 $\sigma$ 和 $\mu$ 的最小二乘估计为

$$\begin{cases} \hat{\mu}=\dfrac{AD-BC}{mD-AC}, \\ \hat{\sigma}=\dfrac{mB-A^2}{mD-AC}. \end{cases}$$

其中 $A=\sum\limits_{i=1}^{m}\hat{x}_i$，$B=\sum\limits_{i=1}^{m}\hat{x}_i^{\,2}$，$C=\sum\limits_{i=1}^{m}y_i$，$D=\sum\limits_{i=1}^{m}y_i\hat{x}_i$，$y_i=t_i$，$\hat{x}_i=\ln(1-\hat{p}_{iEB})$，$\hat{p}_{iEB}$ 是 $p_i$($i=1$，$2$，$\cdots$，$8$)的 E-Bayes 估计.

根据表 8-33 和表 8-34，可以得到 $\sigma$ 和 $\mu$ 的最小二乘估计($2\leqslant c\leqslant 8$)，其计算结果如表 8-35 所示.

表 8-35 $\mu$ 和 $\sigma$ 的最小二乘估计($2\leqslant c\leqslant 8$)

| $c$ | 2 | 3 | 4 | 5 | 6 | 7 | 8 | 极差 |
|---|---|---|---|---|---|---|---|---|
| $\hat{\mu}$ | 298.768 | 350.922 | 372.305 | 377.291 | 374.095 | 366.269 | 356.377 | 78.523 |
| $\hat{\sigma}$ | 8535.664 | 9372.463 | 10144.43 | 10282.58 | 10551.25 | 10755.43 | 10921.87 | 2386.206 |

根据双参数指数分布(中 $\mu$ 和 $\sigma$ 的最小二乘估计,可以得到双参数指数分布在时刻 $t$ 时该型发动机可靠度的估计

$$\hat{R}(t)=\exp\left\{-\left(\frac{t-\mu}{\sigma}\right)\right\},\qquad(8.6.6)$$

其中 $\mu$ 和 $\sigma$ 是 $\mu$ 和 $\sigma$ 的最小二乘估计.

根据(8.6.6)和表 8-35,我们可以得到 $\hat{R}R(t)$,其计算结果如表 8-36 所示($2\leqslant c\leqslant 8$).

表 8-36　$\hat{R}(t)$ 的计算结果

| $t$ | 400 | 500 | 800 | 1000 | 1200 | 1400 | 1600 |
|---|---|---|---|---|---|---|---|
| $c=2$ | 0.988210 | 0.976700 | 0.942969 | 0.921131 | 0.899799 | 0.878960 | 0.858605 |
| $c=3$ | 0.994777 | 0.984220 | 0.953215 | 0.933090 | 0.913389 | 0.894105 | 0.875228 |
| $c=4$ | 0.997274 | 0.987491 | 0.958716 | 0.940201 | 0.921649 | 0.903656 | 0.886015 |
| $c=5$ | 0.997794 | 0.988137 | 0.959724 | 0.941238 | 0.923107 | 0.905326 | 0.887887 |
| $c=6$ | 0.997548 | 0.988138 | 0.960438 | 0.942405 | 0.924710 | 0.907347 | 0.890310 |
| $c=7$ | 0.996869 | 0.987643 | 0.960476 | 0.942780 | 0.925411 | 0.908362 | 0.891627 |
| $c=8$ | 0.996014 | 0.986936 | 0.960196 | 0.942773 | 0.925666 | 0.908870 | 0.892378 |
| 极差 | 0.007804 | 0.010236 | 0.017227 | 0.021642 | 0.025867 | 0.029909 | 0.033773 |

从表 8-35 和表 8-36 看到,对不同的 $c(2\leqslant c\leqslant 8)$,虽然 $\hat{\mu}$ 和 $\hat{\sigma}$ 有些波动,但 $\hat{R}(t)$ 是比较稳健的. 在应用中作者建议 $c$ 取区间 $[2,8]$ 的中点,即取 $c=5$.

当 $c=4,5,6$ 时,$\hat{R}(t)$ 的计算结果如图 8-10 所示.

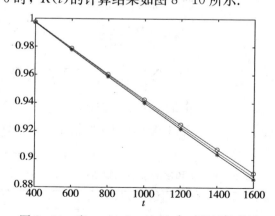

图 8-10　当 $c=4,5,6$ 时,$\hat{R}(t)$ 的计算结果

说明:*,·,。分别表示 $c=4,5,6$ 时 $\hat{R}(t)$ 的计算结果.

# 参考文献

[1] Albert J. Bayesian Computation with R[M]. 2nd ed. New York, Springer, 2009.

[2] Ando T. Bayesian Model Selection and Statistical Modeling[M]. London/Boca Raton: Chapman and Hall/CRC, 2010.

[3] Ando T, Zellner A. Hierarchical Bayesian Analysis of the Seemingly Unrelated Regression and Simultaneous Equations Models Using a Combination of Direct Monte Carlo and Importance Sampling Techniques[J]. Bayesian Analysis, (2010). 5(1): 65—96.

[4] Andrieu C, Robert C P. Computational Advances for and from Bayesian Analysis[J]. Statistical Science. (2004). 19(1): 118—127.

[5] Andrieu C, Thoms J. A tutorial on adaptive MCMC[J]. Statistics and Computing, 2008, 18(4): 343—373.

[6] Arnold B C. Pareto Distributions[M]. 2nd ed. London/Boca Raton: Chapman and Hall/CRC, 2015.

[7] Banerjee S, Carlin B P, Gelfand A E. Hierarchical Modeling and Analysis for Spatial Data [M]. London/Boca Raton: Chapman and Hall/CRC, 2003.

[8] Baio G. Bayesian Methods in Health Economics[M]. London/Boca Raton: Chapman and Hall/CRC, 2012.

[9] Bartholomew D J. A problem in Life testing[J]. Journal of the American Statistical Association, 1957, 52: 350—355.

[10] Besag J. Markov chain Monte Carlo for statistical inference[R]. No. 9.

Center for statistics and social science. Washington University，USA 2001.

[11] Bellhouse D R. The Reverend Thomas Bayes，FRS：A Biography to Celebrate the Tercentenary of His Birth[J]. Statistical Science. 2004，19(1)：3—43.

[12] Bayarri M J，Berger J O. The interplay of Bayesian and frequentist analysis [J]. Statistical Science. 2004，19(1)：321—322.

[13] Berger J O. Statistical decision theory [M]. New York：Springer-Verlag，1980.

[14] Berger J O. Statistical Decision Theory and Bayesian Analysis[M]. 2nd ed. New York，Springer-Verlag，1985. (中译本：统计决策论及贝叶斯分析[M]. 贾乃光译，吴喜之校. 北京：中国统计出版社，1998).

[15] Berger J. O. Bayesian Analysis：A Look at Today and Thoughts of Tomorrow[J]. Journal of the American Statistical Association. 2000，95：1269—1276.

[16] Broemeling L D. Bayesian Biostatistics and Diagnostic Medicine [M]. London/Boca Raton：Chapman and Hall/CRC，2007.

[17] Broemeling L D. Advanced Bayesian Methods for Medical Test Accuracy [M]. Boca Raton：CRC Press，2011.

[18] Brooks S P. Markov chain Monte Carlo method and its application[J]. The Statistician. 1998. 47(1)：69—100.

[19] Box G E P. Sampling and Bayes inference in scientific modelling and robustncss(with discussion)[J]. Journal of Royal Statistical Society(Series A)，1980，143：383—430.

[20] Box G E P，Tiao G C. Bayesian Inference in Statistical Analysis[M]. Reading，Addison-Wesley，1973.

[21] Calabria，G R. Pulcini. n the maximum likelihood and least-squares estimation in the Inverse Weibull distributions[J]，Statistical Application，1990，2(1)：53—66.

[22] Carlin B P，Louis T A. Bayesian Methods for Data Analysis[M]. Third

Edition. London/Boca Raton：Chapman and Hall/CRC，2008.

［23］Cai G L，Xu W Q. Application of E-Bayes Method in stock forecast［C］. International Conference on Information and Computing，2011：504－506.

［24］Clark J S. Models for Ecological Data：An Introduction；Statistical Computation for Environmental Sciences in R：Lab Manual for Models for Ecological Data［M］. Princeton University Press，2007.（中译本：面向生态学数据的贝叶斯统计——层次模型、算法和 R 编程［M］. 沈泽昊，等译，北京：科学出版社，2013）.

［25］Clayton D，Kaldor J. Empirical Bayes estimates of age-standardized relative risks use in disease mapping［J］. Biometrics. 1987，43：671－681.

［26］Chen M H，Kuo L，Lewis P O. Bayesian Phylogenetics：Methods，Algorithms，and Applications ［M］. London/Boca Raton：Chapman and Hall/CRC，2014.

［27］Colosimo B M，Castillo E. Bayesian Process Monitoring，Control and Optimization［M］. London/Boca Raton：Chapman and Hall/CRC，2006.

［28］Cornfield J. The Bayesian outlook and its applications［J］. Biometrics. 1965，28：617－657.

［29］Cramer H. Mathematical Methods in Statistics［M］. Princeton University Press，1946.

［30］Calabria R，Pulcini G. On the maximum likelihood and least-squares estimation in the Inverse Weibull distributions［J］. Statistical Application，1990，2(1)：53－66.

［31］Dempster A P. "Bayesian inference in applied statistics" in Bayesian statistics［M］. Valencia，Spain：Valencia Press. 1980，266－291.

［32］De Finetti B. Theory of probability［M］. Vols. 1 and 2. New York：Wiley，1974，1975.

［33］Dey D K，Ghosh S K，Mallick B K. Generalized Linear Models：A Bayesian Perspective ［M］. Boca Raton：CRC Press，2000.

［34］Dey D K，Ghosh S K，Mallick B K. Bayesian Modeling in Bioinformatics

[M]. London/Boca Raton：Chapman and Hall/CRC，2010.

[35] Downey A B. 贝叶斯思维：统计建模的 Python 学习法[M]. 许扬毅，译. 北京：人民邮电出版社，2015.

[36] Efron B. Bayes' Theorem in the 21st Century[J]. Science，2013，340，1177—1178.

[37] Gilks W R，Best N G，Tan K K C. Adaptive rejection metropolis sampling within Gibbs sampling[J]. Applied Statistics，1995，85(3)：455—472.

[38] Geweke J. Contemporary Bayesian Econometrics and Statistics[M]. Hoboken，N. J：John Wiley，2005.

[39] Gill J. Bayesian Methods：A Social and Behavioral Sciences Approach [M]. Second Edition. London/Boca Raton：Chapman and Hall/CRC，2007.

[40] Good I J. The probabilistic explication of evidence，surprise，causality，explication，and utility[C] / /. In Foundations of Statistical Inference. V. P. Godambe and D. A. Sprott(Eds.). Holt，Rinebert，and Winston，Toronto，1973.

[41] Gholizadeh R，Barahona M J P，Khalilpour M. Fuzzy E-Bayesian and Hierarchical Bayesian Estimations on the Kumaraswamy Distribution Using Censoring Data[J]. International Journal of Fuzzy System Applications，2016，5(2)：74—95.

[42] Han M，Li Y Q. Hierarchical Bayesian Estimation of the Products Reliability Based on Zero-failure data[J]. Journal of Systems Science and Systems Engineering. 1999，8(4)：467—471.

[43] Han M. Estimation of Parameter in the Case of Zero-Failure Data[J]. Journal of Systems Science and Systems Engineering. 2001，10(4)：450—456.

[44] Han M，Ding Y Y. Synthesized expected Bayesian method of parameter estimate[J]. Journal of Systems Science and Systems Engineering. 2004，13(1)：98—111.

[45] Han M，Li X H. Modified Bayesian credible limit method to estimate reliability Parameters[C] //Proceedings of The Fourth International Conference on Quality and Reliability. Beijing：Beijing Institute of Technology press，2005：871—877.

[46] Han M. M-Bayesian credible limit method of parameter and its application [J]. Acta Mathematica Scientia. 2006，26(Supplement)：1123—1130.

[47] Han M. E-Bayesian estimation of failure probability and its application[J]. Mathematical and Computer Modelling，2007a，45，1272—1279.

[48] Han M. E-Bayesian estimation and hierarchical Bayesian estimation of estate probability[C] //The Proceedings of the China Association for Science and Technology. Beijing：Science Press. 2007b，4(1)：16—19.

[49] Han M. Two-sided M-Bayesian credible limits method of reliability parameters and its applications [J]. Communications in Statistics-Theory and Methods，2008，37，1658—1670.

[50] Han M. E-Bayesian estimation and hierarchical Bayesian estimation of failure rate [J]. Applied Mathematical Modelling. 2009a，33（4）：1915—1922.

[51] Han M. E-Bayesian estimation of the products reliability when testing reveals no failure[J]. Chinese Quarterly Journal of Mathematics，2009b，24(3)：407—414.

[52] Han M. E-Bayesian estimation of the reliability derived from binomial distribution[J]. Applied Mathematical Modelling. 2011a，35：2419—2424.

[53] Han M. E-Bayesian estimation and hierarchical Bayesian estimation of failure probability [J]. Communications in Statistics-Theory and Methods. 2011b，40：3303—3314.

[54] Han M. Estimation of Failure Probability and Its Applications in Lifetime Data Analysis[J]. International Journal of Quality，Statistics，and Reliability. Volume 2011，Article ID 719534(doi：10. 1155/2011/719534).

[55] Han M. The M-Bayesian Credible Limits of the Reliability and its Applica-

tions[J]. Communications in Statistics-Theory and Methods，2012，41：3814—3830.

[56] Han M. Estimation of Reliability Derived from Binomial Distribution in Zero-Failure Data[J]. Journal of Shanghai Jiaotong University(Sci. )，2015，20(5)：454—457.

[57] Han M. The E-Bayesian and hierarchical Bayesian estimations of Pareto distribution parameter under different loss functions[J]. Journal of Statistical Computation and Simulation(DOI：10. 1080/00949655. 2016. 1221408). 2017，87(3)：577—593.

[58] Han M. The E-Bayesian and Hierarchical Bayesian Estimations for the System Reliability Parameter[J]. Communications in Statistics-Theory and Methods(DOI：10. 1080/03610926. 2015. 1024861). 2017，46(4)：1606—1620.

[59] Hamada M S，Wilson A G，Reese C S，Martz H F. Bayesian Reliability [M]. New York，Springer，2008.

[60] Huang S，Yu J. Bayesian Analysis of Structural Credit Risk Models with Microstructure Noises[R]. Singapore Management University，2008.

[61] Jeffveys H. Theory of probability[M]. Oxford，Clarendon Press，1939.

[62] Jeffveys H. Scientific Inference [M]. London，Cambridge University Press，1957.

[63] Jeffveys H. Theory of probability[M]. (3ed). Oxford，Clarendon Press，1961.

[64] Jeffveys H. Prior probabilities[J]. IEEE Transactions on Systems Science and Cybernetics，1968，SSC-4：227—241.

[65] Jaheen Z F，Okasha H M. E-Bayesian estimation for the Burr type XII model based on type-2 censoring[J]. Applied Mathematical Modelling. 2011，35：4730—4737.

[66] Jensen S T，Liu X S，Zhou Q，Liu J S. Computational Discovery of Gene Regulatory Binding Motifs：A Bayesian Perspective[J]. Statistical Science. 2004，19(1)：188—204.

[67] Koop，G. Bayesian econometrics [M]. Chichester：John Wiley & Sons

Ltd，2003.

［68］Katsis A，Ntzoufras I. Bayesian Hypothesis Testing for the Distribution of Insurance Claim Counts Using the Gibbs Sampler［J］. Journal of Computational Methods in Sciences and Engineering，2005，5：201—214.

［69］King R，Morgan B，Gimenez O，Brooks S. Bayesian Analysis for Population Ecolog［M］. London/Boca Raton：Chapman and Hall/CRC，2009.

［70］Kruschke J K. Doing Bayesian Data Analysis：A Tutorial with R and BUGS［M］. Elsevier（Singapore），Pte Ltd，2011（英文影印版：贝叶斯统计方法——R 和 BUGS 软件数据分析示例［M］. 北京：机械工业出版社，2015）.

［71］Klugman S A，Panjer H H，Willmot G E. Loss Models：From Data to Decisions［M］（Second Edition）. New York. John Wiley and Sons，In c，2004.（中译本：损失模型：从数据到决策［M］. 吴岚，译. 北京：人民邮电出版社，2009）.

［72］Laplace P S. Théorie Analytique des Probabilités［M］. Paris：Courcier，1812.

［73］Laird N M，Ware J H. Random effects models for longitudinal data［J］. Biometrics，1982，38：963—974.

［74］Lawson A B. Bayesian Disease Mapping：Hierarchical Modeling in Spatial Epidemiology［M］. London/Boca Raton：Chapman and Hall/CRC，2008.

［75］Lawless J F. Statistical models and method for lifetime data. New York：Wiley，1982.（中译本：寿命数据中的统计模型与方法［M］. 茆诗松，濮晓龙，刘忠译，葛广平校. 北京：中国统计出版社，1998）.

［76］Lindley D V. Introduction to Probability and Statistics from a Bayesian Viewpoint［M］. Part 2，Inference，Cambridge：Cambridge University Press，1965.

［77］Lindley D V，Smith A F. Bayes estimates for the linear model［J］. Journal of the Royal Statistical Society. Series B. 1972，34：1—41.

［78］Lindley D V. Approximate Bayesian methods in Bayesian statistics［M］. Valencia，Spain：Valencia Press，1980，223—245.

［79］Lancaster T. An Introduction to Modern Bayesian Econometrics［M］. Malden，MA：Blackwell Publishing Lt，2004.

［80］Lavine M. Sensitivity in Bayesian Statistics：the Prior and the Likelihood ［J］. Journal of American Statistical Society. 1991，86：400－403.

［81］Li F Q. Estimation of Pareto distribution parameter under entropy loss［J］. Journal of Anhui Vocational College of Electronic and Information Technology，2006，1：73－74.

［82］Lehmann E L，Casella G. Theory of point estimation［M］. Second Edition. New York：Springer-Verlag，1998.（中译本：点估计理论［M］. 郑忠国，蒋建成，童行伟，译. 北京：中国统计出版社，2005）.

［83］Lee S Y. Structural Equation Modeling：A Bayesian Approach［M］. John Wiley & Sons Limited，2007.（中译本：结构方程模型：贝叶斯方法［M］. 蔡敬衡，等译. 北京：高等教育出版社，2011）.

［84］Lunn D，Jackson C，Best N，Thomas A，Spiegelhalter D. The BUGS Book：A Practical Introduction to Bayesian Analysis ［M］. London/Boca Raton：Chapman and Hall/CRC，2012.

［85］Martz H F，Waller R A. A Bayesian Zero-Failure(BAZE)Reliability Demonstration Testing Procedure［J］. Journal of Quality Techno logy. 1979，11(3)：128－138.

［86］Martz H F，Waller R A. Bayesian Reliability Analysis［M］. New York，John Wiley，1982.

［87］Moye L A. Elementary Bayesian Biostatistics ［M］. London/Boca Raton：Chapman and Hall/CRC，2007.

［88］Müller Peter，Quintana F A. Nonparametric Bayesian Data Analysis［J］. Statistical Science. 2004，19(1)：95－110.

［89］Naylor J C，Smith A F M. Applications of a method for the efficient computation of posterior distributions ［J］. Applied Statistics. 1982，31：214－225.

［90］Novick M R，Hall W J. A Bayesian indifference procedure ［J］. Journal of

American Statistical Association，1965，60：1104—1117.

[91] Ntzoufras I. Beyesian Modeling Using WinBUGS[M]. Hoboken，New Jersey：John Wiley & Sons，2009.

[92] Osei F B，Duker A A. Hierarchical Bayesian modeling of the space-time diffusion patterns of cholera epidemic in Kumasi，Ghana[J]. Statistica Neerlandica. 2011，65：84—100.

[93] Okasha H M. E-Bayesian estimation for the Lomax distribution based on type-II censored data[J]. Journal of the Egyptian Mathematical Society. 2014，22：489—495.

[94] Paorsian A，Nematollahi N. Estimation of scale parameter under entropy loss function[J]. Journal of Statistical Planning Inference，1996，52：77—91.

[95] Polson N G. Short Communication：The geometric convergence rate of a lindley random walk[J]. Annals of Applied Probability. 1994，4（6）：981—1012.

[96] Poirier D J. The growth of Bayesian methods in statistics and economics since 1970[J]. Bayesian Analysis，2006，1(4)：969—980.

[97] Press S J. Bayesian statistics：principles，models，and applications[M]. New York. John Wiley and Sons，In c，1989.（中译本：贝叶斯统计学：原理、模型及应用[M]. 廖文，等，译. 北京：中国统计出版社，1992).

[98] Qin D. Bayesian econometrics：the first twenty years[J]. Econometric Theory. 1996，12(3)：500—516

[99] Raiffa H，Schlaifer R. Applied Statistical decision theory[R]. Harvard University，Boston，1961.

[100] Rahrouh M. Bayesian zero-failure reliability demonstration[D]. Durham University(England，U. K.)，2005.

[101] Robert C P，Casella G. Introduction to the Special Issue：Bayes Then and Now[J]. Statistical Science. 2004，19(1)：1—2.

[102] Roberts G O，Smith A F M. Bayesian methods via the Gibbs sampler and

related Markov chain Monte Carlo methods[J]. Journal of the Royal Statistical Society. Series B. 1993, 55: 3—23.

[103] Rosner G L, Laud P. An Introduction to Bayesian Biostatistics[M]. London/Boca Raton: Chapman and Hall/CRC, 2015.

[104] Rosenthal J S. Rates of convergence for variance component models[J]. Annals of Statistics, 1995, 23(3): 740—761.

[105] Reyad H, Younis A, Alkhedir A. Quasi-E-Bayesian criteria versus quasi-Bayesian, quasi-hierarchical Bayesian and quasi-empirical Bayesian methods for estimating the scale parameter of the Erlang distribution[J]. International Journal of Advanced Statistics and Probability, 2016, 4(1): 62—74.

[106] Savage L J. The Foundations of Statistics[M]. New York, Wiley, 1954.

[107] Savage L J. The subjective basis of statistical practice[R]. Development of Statistics, University of Michigan, Ann Arbor, 1961.

[108] Shao J, Ibrhim J G. Monte Carlo approximations in Bayesian decision theory[J]. Journal of the American Statistical Association. 1989, 84(3): 727—732.

[109] Smith A F M, Skene A M, Shaw J E H, Naylor J C, Dransfield M. The Implementation of the Bayesian paradigm[J]. Communications in Statistics, 1985, A14: 1079—1102.

[110] Smith A F M, Skene A M, Shaw J E H, Naylor J C. Progress with numerical and graphical methods for practical Bayesian statistics[J]. The Statistician, 1987, 36: 75—82.

[111] Singpurwalla N D. (Eds.)Case studies in Bayesian statistics[M]. New York: Springer-Verlag, 1991.

[112] Singpurwalla N D. (Eds.)Case studies in Bayesian statistics[M]. Volume II. New York: Springer-Verlag, 1995.

[113] Sturtz S, Ligges U, Gelman A. R2WinBUGS: A Package for Running WinBUGS from R[J]. Journal of Statistical Software, 2005, 12(3): 1—16.

［114］Spiegelhalter D J. Incorporating Bayesian Ideas into Health-Care Evaluation［J］. Statistical Science. 2004，19(1)：156—174.

［115］Tierney L，Kadane J B. Accurate approximations for posterior moments and marginals［R］. Department of Statistics，Carnegie Mellon University，Pittsburgh，1984.

［116］Tsutakawa R K. Mixed model for analyzing geographic variability in mortality rates［J］. Journal of American Statistical Association，1988，83：37—42.

［117］Varian H R. A Bayesian Approach to Real Estate Assessment，In Studies in Bayesian Econometrics and Statistics in Honor of Leonard J Savage(Eds S. E. Feinberge and A. Zellner)，North Holland，Amsterdam，1975，195—208.

［118］Wald A. Statistical Decision Functions［M］. New York，Wiley，1950. (中译本：统计决策函数［M］. 上海：上海科学技术出版社，张福保，译. 1963).

［119］Wang J，Li D，Chen D. E-Bayesian estimation and hierarchical Bayesian estimation of the system reliability parameter［J］. Systems Engineering Procedia. 2012，3：282—289.

［120］Woodward P. Bayesian Analysis Made Simple：An Excel GUI for WinBUGS［M］. London/Boca Raton：Chapman and Hall/CRC，2011.

［121］Xu T Q，Chen Y P. Two-sided M-Bayesian credible limits of reliability parameters in the case of zero-failure data for exponential distribution［J］. Applied Mathematical Modelling. 2014，38：2586—2600.

［122］Yau C，Papaspiliopoulos O，Roberts G O，Holmes C. Bayesian non-parametric hidden Markov models with applications in genomics［J］. Journal of the Royal Statistical Society. Series B. 2011，73：37—57.

［123］Yin Q，Liu H B. E-Bayesian estimation of failure rate and its application ［C］//Computer and Communication Technologies in Agriculture Engineering(CCTAE)，2010 International Conference On. 2010：81—84.

［124］Yousefzadeh F，Hadi M. E-Bayesian and Hierarchical Bayesian Estimations for the system reliability Parameter Based on Asymmetric Loss Func-tion[J]. Communication in Statistics-Theory and Methods(doi：10.1080/03610926.2014.968736). 2017，46(1)：1－8.

[125] Zhao S, Cai G L. E-Bayesian statistical analysis for constant stress accel-erated life testing under the exponential distribution[C] //Proceedings of Third ICMS, 2010：260－265.

[126] Zellner A. An Introduction to Bayesian Inference in Econometrics[M]. Chichester：John & Wiley，1971. （中译本：计量经济学贝叶斯推断引论[M]. 张尧庭，译. 上海：上海财经大学出版社，2005).

[127] Zellner A. Bayesian Econometrics[J]. Econometrica, 1985，53(2)：253－270.

[128] Zellner A. Bayesian estimation and prediction using asy mmetric loss functions[J]. Journal of the American Statistical Association. 1986，81：446－451.

[129] Zellner A. Bayesian estimation in econometrics and statistics：the Zellner's view and papers[M]. Cheltenham, Edward Elgar, 1997.

[130] Zellner A，Tobias, J. Further results on Bayesian method of moments analysis of the multiple regression model [J], International Economic Review，2001，42(1)：121－140.

[131] 蔡国梁，吴来林，唐晓芬. 双超参数无失效数据的 E-Bayes 可靠性分析[J]. 江苏大学学报(自然科学版). 2010，31(6)：736－739.

[132] 蔡洪，张士峰，张金槐. Bayes 试验分析与评估[M]. 长沙：国防科技大学出版社，2004.

[133] 成平. 对贝叶斯统计的几点看法[J]. 数理统计与应用概率，1990，5(4)：383－388.

[134] 陈家鼎. 生存分析与可靠性[M]. 北京：北京大学出版社，2005.

[135] 陈希孺. 数理统计中的两个学派——频率学派和 Bayes 学派[J]. 数理统计与应用概率，1990，5(4)：389－400.

[136] 陈希孺. 数理统计学简史[M]. 长沙：湖南教育出版社，2002.

[137] 陈宜辉，姜礼平，吴树和. 无信息先验下几种不同 Bayes 估计的比较[J]. 海军工程大学学报，2001，13(5)：97－99.

[138] 丁东洋，周丽莉，刘乐平. 贝叶斯方法在信用风险度量中的应用研究进行

了综述[J]. 数理统计与管理，2013，32(1)：42－56.

[139] 郭金龙，施久玉，沈继红，刘龙，田金超. 综合 E-Bayes 估计船舶寿命的研究[J]. 哈尔滨工程大学学报. 2008，29(6)：573－377.

[140] 郭金龙. 基于无失效数据船体可靠性的研究[D]，哈尔滨：哈尔滨工程大学，2009.